Massive Decken zwischen eisernen Trägern

und Angaben über Trag-fähigkeit, Belastungen und zulässige Beanspruchung

Herausgegeben vom

Stahlwerks-Verband A.-G.

Düsseldorf 1914

Massive Decken zwischen eisernen Trägern

und Angaben über Tragfähigkeit, Be=lastungen und zulässige Beanspruchung.

Herausgegeben vom

Stahlwerks=Verband A.=G.

Düsseldorf 1914.

1914.

Springer-Verlag Berlin Heidelberg GmbH

ISBN 978-3-662-23312-2 ISBN 978-3-662-25352-6 (eBook)
DOI 10.1007/978-3-662-25352-6

Vorwort.

Die Anerkennung, welche den bisherigen Auflagen unserer Broschüre „Massive Decken zwischen eisernen Trägern" überall gezollt wurde, hat uns zur weiteren Ausgestaltung derselben veranlaßt, und wir hoffen, daß die getroffenen Ergänzungen, — welche hauptsächlich durch Hinzufügen weiterer praktischer Tabellen und Erweiterung des Bezugsquellen-Verzeichnisses für poröse Hohlziegel zum Ausdruck kommen —, allen Benutzern willkommen sein werden.

Im Einzelnen wollen wir noch angeben, daß die textlichen Gruppierungen gegenüber den früheren Auflagen geändert sind, daß die Tabellen der Steineisendecken — neben den früheren — für eine Beanspruchung der Eiseneinlagen von 1200 kg/cm² umgerechnet, und die Tabellen für die Koenen'sche Voutenplatte ganz neu aufgenommen sind, unter Zugrundelegung der neuesten amtlichen Verfügungen und Erlasse.

Neu aufgenommen sind ferner die Tabellen zur Ermittelung der größten Stützweiten von I-Trägern bei gegebenen Gesamtlasten und Trägerentfernungen.

Wir hoffen, daß auch die vorliegende Auflage der Broschüre sich weitere Freunde erwerben wird, und der Kreis derer, die sie mit Nutzen gebrauchen, immer größer werden möge.

Stahlwerks-Verband A.-G.
Düsseldorf.

Inhalts-Verzeichnis.

Angaben über massive Decken zwischen eisernen Trägern.

Allgemeines.

Für die Aufteilung eines Gebäudes in einzelne Geschosse war man **früher,** wenn man von den wenigen Fällen absieht, wo sich diese Aufteilung durch Gewölbe bewirken ließ, **ausschließlich** auf **Holzbalkendecken** angewiesen.

Solchen Holzbalkendecken haften schwerwiegende Mängel an, die man wohl schon früher erkannte, aber dennoch mit in den Kauf zu nehmen genötigt war, so lange es keine Konstruktion gab, um die Holzbalkendecke zu ersetzen.

Als **Nachteile einer Holzbalkendecke** sind neben anderen anzuführen die **mangelnde Feuersicherheit,** die **leichte Schallübertragung,** sowie vor allem die Gefahr der **Zerstörung des Holzes durch Holzkrankheiten.**

Unter den das Holz bedrohenden Krankheiten ist der **Hausschwamm** die am meisten zu fürchtende.

Die Forschung hat sich mit ihm viel beschäftigt, vermag aber **kein für die Praxis brauchbares Mittel zu seiner sicheren Vernichtung oder Verhütung** anzugeben.

Es gibt Gegenden, wo der Schwamm selten ist, andererseits aber auch solche, in denen man von einer vollständigen Verseuchung sprechen darf. Die Unzuträglichkeiten und schweren wirtschaftlichen Schädigungen, die das Auftreten von Schwamm zur Folge hat, sind ganz enorme, und man kann sich gegen sie als Bauherr oder Käufer eines Hauses auch kaum sicher schützen, da das Urteil der Sachverständigen, wen bei Feststellung des Vorhandenseins von Schwamm die Verantwortung trifft, häufig auseinandergeht.

Früher nahm man an, dass der Schwamm aus dem Walde selbst mit eingeschleppt werde und nur feuchtes Holz von ihm befallen werden könnte. Damit fiel die Verantwortung meist allein dem Baumeister zu. Heute gilt als erwiesen, daß die Infektion nicht im Walde, sondern meist erst während des Transportes, auf den Lagerplätzen oder im Bau selbst erfolgt, und auch lufttrockenes Holz vom Schwamm angegriffen werden kann, wenn sonst die Verhältnisse ihm günstig sind, d. h. wenn sich an jenen Stellen die Luft nicht zu erneuern vermag.

In diesem Fall erzeugt nämlich der Schwamm durch chemische Umsetzung selbst die zu seinem Wachstum erforderliche Feuchtigkeit. Meist ist diese aber an und für sich vorhanden. Die Ansprüche, die heute in bezug auf Abkürzung und Ausführungsdauer eines Baues gestellt werden, haben zur Folge, daß die im Wald geschlagenen Hölzer sofort bearbeitet und die gewonnenen Balken und Bretter, ohne daß sie genügend ausgetrocknet sind, im Neubau verwendet werden müssen. Dieses rasche Bauen bedeutet also auch feuchtes Bauen. Aber auch in den Fällen, wo man wirklich lufttrockenes Holz zur Verwendung bringt, läßt sich eine nachträgliche Durchfeuchtung nicht in dem Maße fernhalten, als es im Interesse der Schwammsicherheit des Holzes nötig wäre. Schon eine kurze Regenperiode genügt, um das Holz eine Wassermenge aufnehmen zu lassen, die im Hause erst im Verlaufe vieler Monate verdunstet. Somit bleibt für lange Zeit ein Zustand bestehen, der der Entwickelung der Schwammkrankheit günstig ist, und den zu beseitigen auch die baupolizeilichen Bestimmungen über das Austrocknen von Neubauten nicht genügen.

Aber auch wenn in dem Hause selbst die Bedingungen für eine Entwickelung des Schwammes nicht mehr gegeben sind, kann eine spätere Infizierung von außenher erfolgen. Der Hausschwammpilz, der eine kolossale Lebensfähigkeit und Lebenszähigkeit besitzt, vermag nämlich ohne Schwierigkeit durch Brandmauern zu gehen und kann somit, da er 2 m in der Geraden zu wachsen vermag, ohne aus seiner nächsten Umgebung Nährstoffe zu entnehmen, das Nachbarhaus anstecken.

Die Folgen des Schwammes sind bekannt. Es findet nicht nur eine vollständige Zerstörung der Hölzer und damit eine Gefährdung der Sicherheit des ganzen Gebäudes statt, sondern es sind mit ihm auch Nachteile in sanitärer Beziehung verbunden. Die Luft in von Schwamm befallenen Räumen ist feucht und moderig und wirkt somit schädlich auf die Gesundheit.

Außer dem Schwamm sind noch eine große Zahl anderer Pilze bekannt, die häufig zu einer Zerstörung des Holzes führen. Als Typus dieser ist der Trockenfäulepilz anzusehen. Die Lebensbedingungen für diesen sind andere als beim Schwamm. Lufttrockenes Holz wird von ihm verschont und nur beim Vorhandensein von feuchtem Holz vermag er zu gefährlicher Ausdehnung zu gelangen. Bei Trockenfäuleschäden größeren Umfanges wird also die Frage nach der Verantwortlichkeit leichter und sicherer zu entscheiden sein. Auch der Wurmfraß führt nicht selten eine Zerstörung der Holzkonstruktionen herbei.

Als Mangel einer Holzbalkendecke dürfte auch anzusehen sein, daß durch Aufnahme und Wiederabgabe von Feuchtigkeit ein fortwährendes, wenn auch geringes Quellen und Schwinden stattfindet, auf das häufig Risse im Deckenputz zurückzuführen sind.

Der größte Mangel ist aber das Fehlen der Feuersicherheit. Wohl hat man durch Tränken des Holzes mit Alkalien das Holz schwerer entzündbar und auch schwerer verbrennbar gemacht, eine absolute Feuersicherheit ist aber noch nicht erreicht worden.

Wollte man alle die Mittel anwenden, die zur Beseitigung der geringen Widerstandsfähigkeit des Holzes gegen Schwamm, Fäule, Wurmfraß und Feuer notwendig sind, so würde eine solche Konstruktion überaus teuer werden und sich damit ihre Anwendung verbieten.

Alle die geschilderten Nachteile kennt die **massive Decke** nicht.

Sie besitzt **größere Festigkeit, Dauerhaftigkeit, Unzerstörbarkeit durch organische Einflüsse** und vor allem auch **Feuersicherheit.**

Ein weiterer Vorteil liegt darin, daß sie die **idealste Unterkonstruktion für einen hygienisch völlig einwandfreien Fußboden** bildet. Ein solcher ist in fugenlosem Fußboden mit oder ohne Linoleumbelag gegeben.

Bei den gewöhnlichen Holzfußböden ist es gar nicht zu vermeiden, daß bei regnerischer Bauperiode oder beim Aufwaschen durch die Fugen zwischen den einzelnen Brettern Wasser durchsickert und dadurch die Ausfüllung, die leider häufig nicht den einfachsten Anforderungen in hygienischer Beziehung entspricht, in eine schlammartige modrige Masse verwandelt, die leicht zum Krankheitsträger werden kann. Nun lassen sich natürlich auch bei der Holzbalkendecke solche fugenlose Fußböden herstellen, aber ihre dauernd gute Lage und Haltbarkeit ist eigentlich nur auf massiver Unterlage gesichert, oder aber es sind Kosten erforderlich, die verhältnismäßig größer sind als bei der massiven Decke. Das ersieht man am besten, wenn man sich die Kosten für 1 qm fertiger Fußbodenfläche mit Linoleum belegt im Durchschnitt für ein ganzes Haus, einmal bei einer Ausführung in Holzbalkendecken und das andere Mal bei einer solchen mit massiven Decken berechnet. Trotz billigeren Preises für die eigentliche Holzbalkendecke gegenüber der Massivdecke wird der Unterschied in den Gesamtkosten für die fertige Fußbodenfläche nur unerheblich sein.

Die geschilderten Vorteile haben das Anwendungsgebiet der massiven Decken immer mehr vergrößert und die Holzbalkendecken von der Verwendung in besseren Bauten immer mehr ausgeschlossen.

In folgendem soll Näheres über die verschiedenen Arten der massiven Decken, ihre konstruktive Ausbildung, etwaige Vor- und Nachteile und dergl. gesagt werden.

Einteilung der massiven Decken, sowie ihre gegenseitigen Vor- und Nachteile.

Die massiven Decken lassen sich einteilen in Betondecken und Ziegelsteindecken. Es gibt auch gewisse Kombinationen, bei denen sowohl Beton als auch gebrannte Steine zur Verwendung gelangen. Die Betondecken werden als einfache Kappen, Plandecken oder als armierte Platten zwischen eisernen Trägern oder auch als reine Eisenbetonkonstruktionen ausgeführt. **Gemeinsam ist allen Ausführungen in Beton die starke Geräuschübertragung, die durch die**

Dichtigkeit und Starrheit des Materials begünstigt erscheint, das häufig beobachtete schlechte Anhaften des Deckenputzes, die häufige Bildung von Haarrissen und auch der oft auftretende Ausschlag der Alkalien des Zementes.

Die Schallübertragung findet nicht nur in vertikaler, sondern besonders bei kontinuierlich durchgehenden, durch Trägerlagen nicht unterbrochenen Decken auch in horizontaler Richtung statt, so daß weit entfernt liegende Räume in Mitleidenschaft gezogen werden. Die als einziges Abhülfsmittel empfohlene lose Schüttung von Schlacke oder Sand erfordert unter dem Estrich noch eine feste Schicht von Schlacken- oder Magerbeton. Hierdurch werden Preis und Gewicht nicht unwesentlich erhöht. Die Unwirksamkeit untergespannter falscher Decken aus Rohrgewebe oder Drahtputz, welche als Membrane mitschwingen, ist erwiesen.

Die geringe Isolierfähigkeit gegen Wärme und Schall macht diese Decken zur unmittelbaren Verwendung in Wohnhäusern, Schulen, Krankenanstalten und Verwaltungsgebäuden ungeeignet. **Das schlechte Anhaften des Deckenputzes,** der häufig in großen Stücken abfällt, hat bei einzelnen Verwaltungen zu einschränkenden Verfügungen geführt. So ist beispielsweise ein **Erlaß der Berliner Baudeputation** bekannt, **nach dem Betondecken nur da Anwendung finden sollen, wo ein Putzen der Untersichten nicht stattfindet.**

Für die Betondecken zwischen eisernen Trägern wirkt **das hohe Eigengewicht des Betons** insofern **nachteilig,** als dadurch der Verbrauch an Trägereisen ungünstig beeinflußt wird. **Für die reinen Eisenbetondecken kommen noch gewisse andere Nachteile in Betracht.**

Die zahlreichen sich immer wieder ereignenden **Unfälle und Zusammenstürze beweisen,** daß **die Möglichkeit einer unsoliden Ausführung** bei dieser Bauweise viel eher als bei jeder anderen gegeben ist. Meist sind **Fehler in der Betonherstellung** die Ursache und hierin liegt der große Unterschied gegenüber einer Konstruktion, bei der die hauptsächlich tragenden Teile in reiner Eisenkonstruktion hergestellt sind. Während man **im Eisen vollständig gleichmäßiges bestes Material von bekannten Eigenschaften** besitzt, hat man es **beim Beton** mit einem Material zu tun, dessen **Festigkeitseigenschaften mit Mischungsverhältnis, Korngröße, Reinheit und Zusammensetzung, sowie Art der Verarbeitung in weiten Grenzen wechseln** und das in seinem Verhalten gegen manche Einflüsse noch wenig erforscht ist.

Daß dieses Material in der Hand eines nicht ganz sorgfältig arbeitenden und sachkundigen Unternehmers eine weit größere Gefahr bedingen kann, als es bei gleichen Qualitäten des Unternehmers und der Verwendung von Eisen der Fall, ist einleuchtend. Dabei braucht man nicht gleich an Einsturz und Unglücksfälle zu denken, trotzdem sich ihre Zahl in erschreckender Weise mehrt und dadurch in jeder Bauperiode nicht nur viele Menschenleben, sondern auch große Werte vernichtet werden. Die Herabminderung der Sicherheit, die Tatsache, daß anstatt der verlangten Druckfestigkeit nur ein Bruchteil derselben vorhanden ist, wird oft genug eintreten. Um so häufiger da, wo der Eisenbeton wegen der vorhandenen ungeeigneten Rohmaterialien nicht am Platze ist, und besser nicht verwendet würde. Und das ist öfters der Fall, als gemeinhin angenommen wird[1]).

Größte Reinheit des Stein- und Kiesmaterials ist die unerläßliche Bedingung für einen Beton hoher Druckfestigkeit. Solches Material ist aber nicht überall zu haben, und an seiner Stelle werden dann oft minderwertige verwendet. Daß von Unternehmerfirmen auch in solchen Fällen bereitwilligst die Gewähr für die verlangte Festigkeit übernommen wird, sollte nicht zur Anwendung dieser Bauweise verleiten; denn wenn sich die ungenügende Festigkeit herausstellt, ist es meist zu spät, und **dem Bauherrn ist selten damit gedient, wenn der Unternehmer die schlechte Konstruktion entfernen und eine neue herstellen muß.** Der entstehende **Zeitverlust schädigt ihn** häufig **so sehr, daß er auf die Beseitigung des Mangels verzichtet** und lieber **die minderwertige Ausführung** mit der geringeren Sicherheit, die sie bietet, **abnimmt,** sofern sie nur einigermaßen imstande ist, die gestellten Anforderungen zu erfüllen. **Besonders bei Industriebauten,** bei denen jeder Tag verspäteter Inbetriebnahme Verluste bedeutet, wird man, wie aus manchem Beispiel der Praxis nachzuweisen ist, **häufig** in die **Zwangslage** kommen, **Kompromisse in dieser Beziehung zu schließen.**

Der starre monolitische Charakter eines vollständigen Eisenbetonbaues kann **sehr hinderlich** werden, **wenn** an bestehenden Bauteilen **sich Veränderungen als notwendig erweisen, oder gar die vollständige Entfernung eines Gebäudes erforderlich wird.** Diese Fälle sind sehr häufig, insbesondere bei Geschäftshäusern, Wohnhäusern in Straßenzügen mit wachsendem Verkehr, industriellen Anlagen, Fabriken und bei allen Bauten, die lediglich dem Verkehr dienen, kurz bei allen Bauwerken, die einem Zwecke dienen, von dem sich mit einiger Bestimmtheit annehmen läßt, daß das Ende der Entwickelung noch nicht erreicht ist.

Die Frage, welche Baustoffe in solchen Fällen zu wählen sind, ist eine wirtschaftliche im weiteren Sinne des Wortes: **Neubau- und Unterhaltungskosten** sollen ein **Minimum** werden, die **Sicherheit gegen Feuer und andere Einflüsse** ein **Maximum** und ferner soll die **Anpassungsfähigkeit** der Gebäude **an die Wechselfälle des wirtschaftlichen Lebens** (bei Fabrikanlagen z. B. besonders an die Fortschritte der Technik) ein **Maximum** werden. Der letztere Faktor wird sehr oft zu gering angeschlagen, bei Wohn- und Geschäftshäusern meist ganz übersehen. Es hat dies seinen Hauptgrund wohl darin, daß sich **bei der alten Bauweise** diese Frage ganz von selbst regelte, da man bei baulichen Änderungen und Umbauten selten auf erhebliche, wohl nie auf unüberwindliche Schwierigkeiten stoßen konnte. Die **Auswechslung einer Stütze oder eines Balkens** aus irgend einem Grunde, sei es, um einer erhöhten Belastung Rechnung zu tragen, sei es, um Raum zu schaffen für einen Aufzug, eine Treppe oder dergl., bot **keine Schwierigkeiten.** Durch Augenschein und Maßaufnahme

[1]) Stadtbaurat Steinberger in Darmstadt hat den am Bau verwendeten Betonmassen Proben entnommen und bei diesen durchschnittlich nur 90 kg/cm² Festigkeit festgestellt, während nach den bei der Berechnung zugelassenen Koeffizienten 180 kg/cm² hätten erreicht werden müssen.

konnte man sich, auch ohne die alten Baupläne zur Hand zu haben, von der Beschaffenheit und Tragfähigkeit ein Bild machen und seine Maßnahmen treffen. War das Gebäude in seiner ganzen Anlage unwirtschaftlich geworden, so standen dem vollständigen **Abbruch,** unter Umständen bis zur Fundamentsohle, **keine** besonderen **Schwierigkeiten** im Wege. Der Wert des anfallenden Altmaterials überwiegt fast immer die Abbruchlöhne, so daß meist das für den Abbruch bestimmte Gebäude noch einen gewissen Wert an und für sich hat. Die alten Steine können bei untergeordneten Bauten wieder verwendet werden, das Holz kann unter seinen Brennholzwert, das Eisen unter seinen Schrottwert, der mindestens 1/4 bis 1/2 des Neuwertes beträgt, nicht sinken. Besonders das Eisen erleidet eine verhältnismäßig geringe Entwertung.

Wie liegen nun die Verhältnisse hinsichtlich der Umbaufähigkeit der Eisenbetonbauten und der Neubebauungsfähigkeit von Grundstücken, auf denen solche Bauten errichtet wurden? Die erstere Frage ist schon öfter aufgetaucht und von den Beteiligten dahin beantwortet worden, daß **bauliche Änderungen keine Schwierigkeiten** bieten. Dies ist **durchaus unzutreffend**, besonders bei kleinprofilig armierten Konstruktionen. **Es ist** sogar geradezu **ein Ding der Unmöglichkeit,** z. B. **einen Unterzug zu verstärken oder einen Trägerwechsel einzubauen.** Trägeranschlüsse können nachträglich überhaupt nicht mehr hergestellt werden. Es ist ja auch allgemein bekannt und als großer Mangel zu bezeichnen, daß frischer Beton mit erhärtetem nicht mehr abbindet. Auch die **Nachrechnung eines vorhandenen Trägers ist unmöglich, da man sich über Stärke und Lage der Armierung nachträglich nicht mehr orientieren kann.** Schon die Herstellung einer Öffnung in einer Decke für einen Aufzug z. B. ist in einwandfreier Weise kaum zu bewerkstelligen. Auch das Anbringen von Transmissionen an Decken und Wänden ist bei Eisenbeton-Konstruktionen schwierig, da beim Durchbrechen oder Einbohren von Löchern die Armierung verletzt werden kann. In jedem Fall sind **die Kosten nachträglicher Änderungen unverhältnismäßig hoch gegenüber solchen bei Holz- und Eisenkonstruktionsbauten.** In besonders schwierigen Fällen wird man von den angedeuteten Änderungen Abstand nehmen und sich mit einem wirtschaftlich unvorteilhaften Zustand abfinden müssen. Die Möglichkeit eines solchen Zustandes ist aber auf alle Fälle bei der Wahl des Baustoffes von vornherein ins Auge zu fassen. Tatsächlich haben sich daraus schon ganz bedeutende Schwierigkeiten ergeben, die in Einzelfällen nur dadurch zu überwinden waren, daß man die in Eisenbetonkonstruktion errichtete Anlage abriß und durch eine solche in Eisenkonstruktion ersetzte. Die gleichen Umstände, die bei Eisenbauten zu nachträglichen baulichen Änderungen erfahrungsgemäß geführt haben, werden sich mit der Zeit auch hier einstellen.

Wie steht es nun mit der Neubebauung eines Grundstückes, auf dem sich ein nach der neuen Bauweise errichtetes Gebäude befindet? Hier liegen natürlich die Verhältnisse noch unendlich viel schlechter. Der Abbruch eines solchen Gebäudes wird nicht nur nichts einbringen, sondern noch eine sehr große Summe verschlingen[1]).

[1]) Am 4. II. 1911 zusammengestürzter Bachmannscher Speicher in Bremen. Gesamtkosten des Baues ca. 85000 Mk.; Aufräumungskosten ca. 50000 Mk.

Die oft **unüberlegte Verwendung des Eisenbetons im Fabrikbau** ist besonders bedenklich, denn hier läßt sich noch weniger sagen, was die Zukunft bringt. Wohl haben sich in vielen Fabrikationszweigen Normaltypen von Maschinen, Apparaten und sonstigen Einrichtungsgegenständen herausgebildet, die auf einer sehr hohen Stufe der Entwicklung stehen, so daß nicht anzunehmen ist, daß in dieser Hinsicht noch große Überraschungen bevorstehen (wie z. B. in der Textilindustrie). Dagegen ist man in vielen großen Werken der Metallindustrie durch jahrelange Erfahrung dazu gekommen, die Gebäude, soweit es die Verhältnisse überhaupt gestatten, möglichst „normal" anzulegen, ungeachtet dessen, daß sie dem momentanen Bedürfnis nicht genau entsprechen. Es werden also die Gebäude möglichst einheitlich und regelmäßig gebaut, alle Umfassungswände zum Erweitern nach allen Seiten vorgesehen, alle Anschlüsse von Trägern und Verbänden „normal" zugerichtet, was sich besonders bei Eisenfachwerk sehr einfach gestaltet. Bei einer derartigen Konstruktion ist der Aufwand bei Betriebsänderungen, ja sogar bei Fabriksverlegungen natürlich sehr gering. Bei Eisenbetongebäuden sind, wie früher schon hervorgehoben, bauliche Veränderungen nur schwer vorzunehmen; bei **Fabriksverlegungen werden sich,** wenn solche in absehbarer Zeit eintreten, **die Mängel der monolithen Bauweise in vollem Umfange zeigen**. Fabriken, die in ihrer Gesamtanlage unwirtschaftlich geworden sind oder einer Stadterweiterung weichen müssen, oder deren Gebäude aus irgend einem Grunde einen solchen Wertzuwachs erfahren haben, daß eine Verlegung des ganzen Betriebes geboten erscheint, können infolge der großen Abbruchs- und Neubaukosten der Betongebäude gegenüber Eisenbauten große Einbußen erleiden; ja es ist sehr wohl denkbar, daß **in besonders ungünstigen Fällen,** wenn z. B. armierte, für Neubauten nicht verwendbare Fundamente vorhanden sind, oder stark armierte Stützen und Unterzüge, dicke weitgespannte Deckenplatten zu beseitigen sind, **eine direkte Entwertung des Baugeländes** zu erwarten ist. Häufiger dürfte dieser Fall bei Wohn- und Geschäftshäusern eintreten. In den größeren Städten werden alljährlich ältere Gebäude in großer Zahl bis auf die Fundamentsohle beseitigt, um Neubauten von größerer Rentabilität Platz zu machen. Dies erfolgt vorwiegend in Straßenzügen mit wachsendem Verkehr: Wohnhäuser machen Geschäftshäusern Platz, im weiteren Verlauf der Entwicklung fallen auch diese wieder, um noch größeren Bauten, Hotels, Warenhäusern das Feld zu überlassen.

Der moderne Städtebau legt den späteren Charakter eines Straßenzuges als Wohn- oder Verkehrs- und Geschäftsstraße von vornherein fest. Auf diese Weise wird für die Zukunft in höherem Maße, als es seither möglich war, vermieden, daß an die Stelle von Wohnhäusern Geschäftshäuser treten. Das Bedürfnis, Umbauten und Neubauten vorzunehmen, wird in dieser Hinsicht nicht mehr so häufig wie in den letzten Jahren eintreten. **Was sich jedoch nicht vermeiden läßt, das ist, daß sich die Verkehrsstraßen im Laufe der Zeit zu solchen höherer Ordnung entwickeln.** Mit dem Ausbau der weiteren Umgebung wächst der Verkehr in diesen Straßen, und damit macht sich das Bedürfnis geltend, an die Stelle der ursprünglichen kleineren Geschäftshäuser größere Bauten,

Restaurants, Hotels, Warenhäuser, eventuell auch öffentliche Gebäude treten zu lassen. Diese Entwicklung ist eine Folge der City-Bildung, die man überall beobachten kann, und die oft ungeheuer schnell voranschreitet. **In den Weltstädten** ist es eine **häufige Erscheinung, daß große Bauten,** die erst **vor wenigen Jahren errichtet** worden waren, **wieder niedergelegt werden, um den Bauplatz für** noch **größere Anlagen freizumachen. Wegen des Zinsausfalles** müssen **solche Bauten mit größter Beschleunigung** vorgenommen werden, und man hat es **daher** seither auch meist vorgezogen, **in Eisen statt in Eisenbeton** zu bauen, **um die Abbindezeit zu vermeiden.** Mit derselben Hast werden natürlich auch die alten Gebäude niedergelegt, was keine Schwierigkeiten hat, wenn sie aus Holz, Stein und Eisen bestehen. **Eisenbetongebäude werden der Neubebauung ungeheuere Schwierigkeiten entgegensetzen,** und es ist zu erwarten, daß die Spekulation diese Gebäude meidet. Das hat zur Folge, daß, wenn man erst einige Zeit hindurch Erfahrungen gesammelt hat, in gewissem Sinne einc Grundstücksentwertung eintritt. **Es ist eben für die Wertbemessung derartiger Grundstücke von Wichtigkeit, daß sie leicht und schnell wieder bebaut werden können.** Das Niederlegen eines Eisenbetongebäudes wird rechnerisch ungünstig, wie z. B. schlechter Baugrund. Wie hoch die Kosten des Niederlegens sein werden, läßt sich zurzeit noch schlecht sagen. Bei Versuchen (Probebelastungen) hilft man sich oft in der Weise, daß man die riesigen Trümmer an Ort und Stelle vergräbt. Beim Abtragen mangelhaft ausgeführter Bauten hat man es meist mit schlechtem und frischem Beton zu tun gehabt. Daß die Kosten bei gutem altem Beton besonders bei starker Armierung sehr hoch sein werden, liegt auf der Hand. Sehr ungünstig dürfte dabei noch ins Gewicht fallen, daß die großen Trümmer (eine weitgehende Zerkleinerung ist zu kostspielig) schlecht zu verladen und zu transportieren sind, daß das Abbruchmaterial zu Auffüllungszwecken nicht zu gebrauchen ist und daher unter Umständen auf große Entfernungen wird weggefahren werden müssen. In dieser Hinsicht dürften auch die Brandversicherungen noch ihre unliebsamen Erfahrungen machen, die die Wegräumung des Schuttes vergüten. Eisenbeton gilt zwar als feuersicher; er ist dies jedoch nur in dem Sinne vollständig, als er nicht selbst brennt und die Einsturzgefahr verringert. Inwieweit die Druckfestigkeit bei längerer Erhitzung leidet, hängt von der Temperatur, welcher der Beton ausgesetzt war, der Zeitdauer der Hitzeeinwirkung und ganz besonders von dem Material ab. Kalksteinbeton ist naturgemäß nur in geringem Maße hitzebeständig, aber auch die übrigen Betonarten gehen in der Druckfestigkeit bei Temperaturen über 1000° so beträchtlich herunter, daß für die bei der Errichtung festgesetzte Nutzlast keine genügende Sicherheit mehr verbleibt.

Letzteres mag nur nebenbei erwähnt werden; von der weitaus größten Wichtigkeit bei der Beurteilung der Wirtschaftlichkeit eines Baustoffes ist die voraussichtliche Lebensdauer des betreffenden Bauwerkes. Der **Eisenbeton** mag **der ideale Baustoff** sein **für Gebäude, die in unveränderter Form für alle Zeiten bestehen sollen.** Tatsache ist jedoch, daß er heute auch in gewaltigem Umfang für Bauwerke verwendet wird, von denen nicht anzunehmen ist, daß sie von ewigem Bestand sind. **Von den Bauten, die heute fallen, sind die wenigsten**

baufällig; die wenigsten sterben sozusagen an Altersschwäche, obwohl sie aus zum Teil wenig beständigen Stoffen wie Holz usw. errichtet wurden. **Die Erscheinungen unseres Wirtschaftslebens, denen sie zum Opfer fallen, werden in keiner Weise von dem Aufkommen einer neuen Bauweise verändert.** Die Mißstände, die durch die Schwierigkeit der Beseitigung oder Änderung monolither Baukonstruktionen kommen und kommen müssen, werden wohl nicht mehr lange auf sich warten lassen; wahrscheinlich bringen uns die nächsten Jahre schon Klarheit darüber.

Es kann daher nicht dringend genug darauf hingewiesen werden, daß es durchaus verfehlt ist, alle unsere Bauten gewissermaßen für die Ewigkeit zu errichten; am allerwenigsten ist dies angebracht in einer Zeit, in der überhaupt nichts mehr beständig zu sein scheint wie der Wechsel.

Vorstehende Ausführungen sollten dartun, daß der Eisenbeton neben manchen Vorzügen auch schwerwiegende Nachteile besitzt und daß er darum nur dort Verwendung finden sollte, wo solche möglichst ausgeschaltet und andererseits die Vorteile, die er unter Umständen bieten kann, auch voll zur Geltung gebracht werden können.

In allen anderen Fällen dürfte **eine Ausführung von Ziegelhohlsteindecken zwischen Trägern** mehr am Platze erscheinen und sich auch **bei gewissenhaftem Kostenvergleich** als **die wirtschaftlichste Ausführung** erweisen. Die Verwendung poröser Ziegelsteine vermindert die Hellhörigkeit und stellt die Rissebildung ab. Ein weiterer Vorteil der Verwendung leichterer Materialien liegt in der besseren Haftbarkeit des Deckenputzes sowie in dem Umstand, daß bei späteren Bauarbeiten, welche an den Decken vorkommen, deren Ausführung erleichtert wird. **Im Gegensatz zu Eisenbetondecken sind sie besser schalldämpfend, weil sie aus porösem Material bestehen, Hohlräume enthalten und nicht aus einem einzigen Körper hergestellt werden. Der Träger** andererseits **hat so große Vorzüge, daß er nicht** leicht **durch ein anderes Konstruktionsmittel ersetzt werden kann.** Am besten wird das bewiesen durch die Versuche, ihn auch beim Eisenbeton nutzbar zu machen, bezw. ihn durch analoge Konstruktionen nachzubilden. Alle diese Versuche zielen darauf hin, sich von der Sorgfalt der Arbeiter und den Zufälligkeiten auf dem Bau unabhängig zu machen und die Bauarbeit durch Werkstattarbeit nach bestimmten Normalien zu ersetzen. **Die Vorzüge des Trägers** sollen in nachstehenden kurz vor Augen geführt werden.

Der **Träger** stellt einen **fertigen Konstruktionsteil** dar, der leicht zu transportieren und im Gegensatz zu den Eiseneinlagen der Eisenbetonkonstruktionen leicht zu kontrollieren ist. **Beschädigungen** durch Stoß, Schlag oder Erschütterungen, die seine Festigkeit beeinträchtigen könnten, sind so gut wie **ausgeschlossen.** Verlegung und Vermauern erfordert **keine besonders geschulten Arbeitskräfte.** Durch das Einbringen der Trägerlage wird der Bau in keiner Weise aufgehalten. Es ist möglich den ganzen Bau unter Dach zu bringen, ohne auf die Fertigstellung der Konstruktionen warten zu müssen. Aber auch bei geschoßweiser Deckenherstellung läßt sich die **Arbeitszeit erheblich** gegenüber anderen Bauweisen **abkürzen,** da nach dem Verlegen der Träger, die auch anderen Handwerkern sehr erwünscht sind, weil sie ihnen Rüstungen ersparen, die Ausführung der Deckenplatten in allereinfachster Weise erfolgen kann. Die **Schalung** wird nämlich **an die Träger unmittelbar angehängt** und damit eine erhebliche Kostenersparnis erzielt. Gerade Rüstung und Schalung erfordern im Eisenbetonbau nicht unwesentliche Kosten. Die angehängte Schalung bietet weiter den Vorteil, daß **der darunter liegende Raum nicht durch Stützen und Stiele beengt** und somit sogleich nach Fertigstellung der Decke auch andere Arbeiten möglich sind. In der fertigen Decke ermöglicht der Träger die **Anbringung und Verlegung von Transmissionen,** Laufkatzen usw. **in einfachster und billigster Weise,** während bei Eisenbetonkonstruktionen diese Aufhängung sowie spätere Änderungen derselben schwierig und kostspielig sind.

Schließlich ist die Berechnung und Projektierung eines Bauwerkes, bei welchem Träger Verwendung finden, einfacher, so daß auch der bauleitende Architekt selbst in der Lage bleibt, die Verantwortung für die richtige und sachgemäße Ausführung übernehmen zu können und sie nicht gänzlich auf den Unternehmer abzuwälzen braucht. So bequem letzteres sein mag, so wenig steht es doch eigentlich mit den Pflichten und Aufgaben, die der Architekt als Vertrauensmann seines Bauherrn hat, im Einklang.

Allgemeines über Kosten von Trägerdecken.

Über **die Kosten solcher Decken** lassen sich allgemein geltende Angaben nicht machen. Die Preise für Trägereisen wechseln an den einzelnen Plätzen nicht sehr erheblich, wohl aber werden je nach der näher oder entfernter belegenen Bezugsquelle brauchbarer Steine die Preise für die Herstellung der Deckenplatte und der mit ihr verbundenen Arbeiten verschieden sein.

Um einen wirklich zuverlässigen Kostenvergleich mit Ausführungen in anderen Bauweisen zu gewinnen, ist es notwendig, die jeweils entstehenden Kosten bis zur vollständigen Herstellung der Fußbodenfläche im Durchschnitt für das ganze Haus zu ermitteln. Unter normalen Verhältnissen, d. h. mittlerer Spannweite und bei mittleren Nutzlasten, wird sich dabei immer ergeben, daß **Ziegelhohlsteindecken zwischen Trägern die wirtschaftlichste Ausführung** darstellen.

Es ist nicht möglich, den Beweis dafür in überall und allgemein geltender Form zu führen. Immerhin wird der Fachmann an der Hand einiger herausgegriffener Beispiele sich ein Bild machen können und imstande sein, die gemachten Angaben sinngemäß auf die in seinem speziellen Fall vorliegenden Verhältnisse zu übertragen.

Für ein normales Etagenmiethaus und Düsseldorfer Verhältnisse sind die Kosten für das qm fertigen Fußbodens bei Verwendung von Holzbalkendecken, Eisenbetondecken und Trägerdecken ermittelt und im einzelnen in den abgedruckten Anschlägen zusammengestellt. Daselbst finden sich auch nähere Angaben über die Art der Ausführung. Die vorliegende Grundrißordnung geht aus der Zeichnung hervor. Danach kostet 1 qm fertige Fußbodenfläche

	Bei Holzfußboden	bei Linoleumbelag
auf Holzbalkendecke . .	11,25 Mk.	13,65 Mk.
auf Eisenbetondecke . .	13,25 „	14,00 „
auf Trägerdecke	12,95 „	13,60 „

Beachtenswert sind die verhältnismäßig geringen Mehrkosten, es sind rd. $1{,}7 \cdot 792 = \sim 1350$ Mark, die bei einer Ausrüstung des Gebäudes mit massiven Decken anstatt Holzbalkendecken entstehen, und bei Linoleumbelag ergibt sich gar kein Unterschied mehr zugunsten der Holzbalkendecke. Ferner geht aus den Zahlen hervor, daß die **Trägerdecke billiger** wird **als die Eisenbetondecke.** Dazu muß bemerkt werden, daß für Düsseldorf wie das Rheinland überhaupt die Verhältnisse für den Eisenbeton günstig liegen, weil hier gutes Kiesmaterial billig zu haben, geeignete Ziegelhohlsteine dagegen teuer sind.

In anderen Gegenden wird der Unterschied zugunsten der Trägerdecke weit größer sein.

Das Verhältnis der Kosten von Eisenbetondecken zu Trägerdecken ist noch in einem zweiten Beispiel, bei einem Einfamilienhaus dargestellt. Auch hier ergeben sich geldliche Vorteile bei Wahl von Trägerdecken, da 1 qm Fußbodenfläche kostet

	bei Holzfußboden	bei Linoleum
auf Eisenbetondecken . . .	13,80 Mk.	14,30 Mk.
auf Trägerdecken	12,30 ,,	13,10 ,,

Bei all diesen Berechnungen sind außer Ansatz geblieben die Ersparnisse, welche durch Abkürzung der Bauzeit bei Verwendung von Trägern erzielt werden. Im gewöhnlichen Wohnhausbau mit an und für sich kürzerer Bauzeit gewinnt **dies Moment** vielleicht nicht **ausschlaggebende Bedeutung.** Wohl aber ist ihm große Aufmerksamkeit zu schenken, **wenn es sich um industrielle Bauten, Geschäfts- oder Lagerhäuser handelt.** Diese müssen häufig zu einem ganz bestimmten Zeitpunkt bezugsfähig sein, sei es, daß sich der Umzug nur in einer ganz bestimmten geschäftsstillen Zeit bewirken läßt, sei es, daß die Neubauten notwendige Erweiterungen für übernommene größere Bestellungen darstellen. **Eine nicht rechtzeitige Fertigstellung bedeutet Zinsverluste und** unter Umständen **nicht wieder einzubringenden entgangenen Gewinn:** Die rechtzeitige Fertigstellung eines Eisenbetonbaues erfordert an sich wegen der für jedes Geschoß erforderlichen Abbindezeit längere Dauer, ist aber zudem viel zu sehr von Gunst oder Ungunst der Witterung abhängig, als daß man sie so sicher gewährleisten könnte als beim Eisenbau.

Liegen solche Verhältnisse vor, dann wird **trotz höherer Kosten eine** solche **Bauweise** zu wählen sein, **die die rechtzeitige Ausnutzung der geschaffenen Werte ermöglicht. Die höheren Baukosten** sind **in diesem Falle** nichts anderes als eine **Versicherungsprämie für die rechtzeitige Fertigstellung.**

Etagenmietshaus.

III. Obergeschoß.

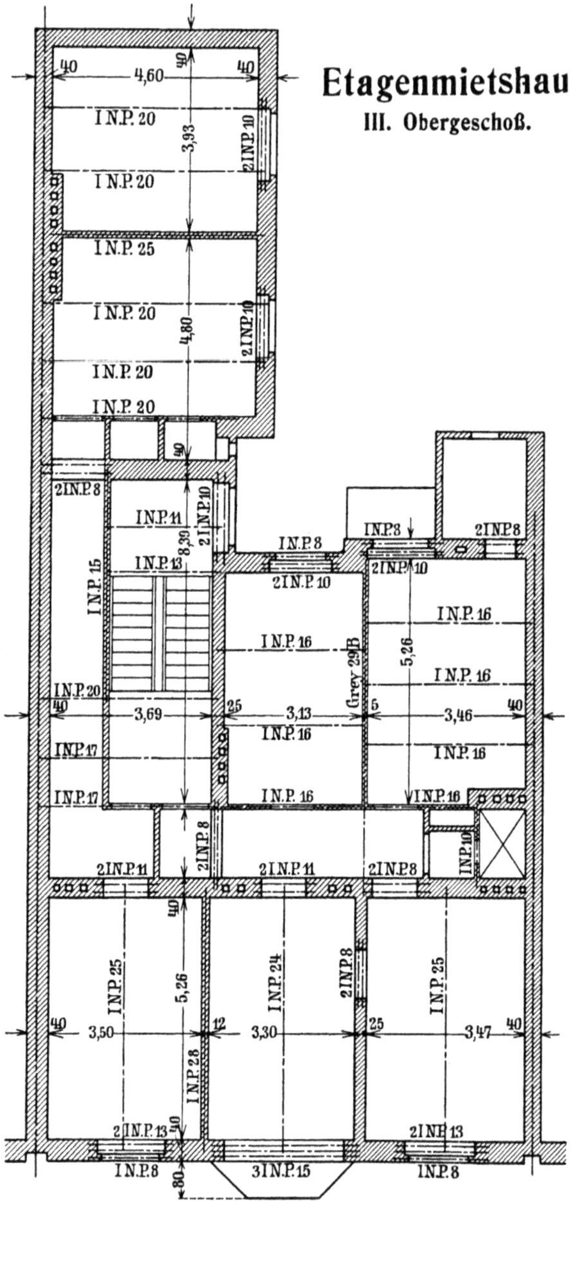

Vergleichende Anschläge für die fertige Herstellung einer Decke mit Holzfußboden bezw. Linoleumfußboden in einem Etagenmietshaus.

Pos.	Stück-zahl	Gegenstand	Geldbetrag im Einzelnen ℳ	Geldbetrag im Einzelnen ₰	Geldbetrag im Ganzen ℳ	Geldbetrag im Ganzen ₰
		A. Holzbalkendecken. Ausführung: Über dem Keller Schlackenbetonkappen zwischen Trägern mit Aschenauffüllung, Lagerhölzer u. gestrichener Fußboden. Im Treppenhause Schlackenbetonkappen zwischen Trägern mit geputzter Untersicht, Aschenauffüllung, Lagerhölzer, gestrichener Fußboden. Im übrigen Holzbalkendecken mit Ausstakung, Lehmschlag, Aschenauffüllung, Spalierdeckenputz und gestrichener Fußboden.				
1.	12 845	kg Träger in Normalprofilen liefern ‰ kg	130	85	1 680	77
2.	12 845	kg Träger verlegen . . . . ‰ kg	16	—	205	52
3.	1,76	cbm Unterlagssteine liefern und verlegen . . . . à cbm	65	—	114	40
4.	74,9	lfd. m Trägerummantelung à lfd. m	—	45	33	71
5.	251,59	qm Schlackenbetonkappen, 15 cm stark . . . . à qm	3	—	754	77
6.	251,59	qm Ascheauffüllung über diesen à qm	—	35	88	06
7.	385	lfd. m Lagerhölzer 8/8 cm à lfd. m	—	45	173	25
8.	251,59	qm Tannenholzfußboden 26 mm à qm	2	45	616	40
9.	100	qm Deckenputz im Treppenhaus à qm	—	80	80	—
10.	251,59	qm Fußboden ölen, kitten, zweimal streichen und lackieren . à qm	—	75	188	69
11.	33,36	cbm baukantiges Tannenholz zu Deckenbalken . . . . . à cbm	42	—	1 401	12
12.	1103	lfd. m Balkenholz abzubinden à lfd. m	—	35	386	05
		Zu übertragen			5 722	74

Pos.	Stück-zahl	Gegenstand	Geldbetrag im Einzelnen M	Pf	im Ganzen M	Pf
		Übertrag			5 722	74
13.	140	kg Flacheisenanker . . . . à kg	—	35	49	—
14.	540,41	qm Balkenlage ausstaken und mit Lehm und Asche auffüllen à qm	1	20	648	49
15.	540,41	qm Tannenholzfußboden 26 mm stark liefern und aufnageln . . à qm	2	45	1 324	—
16.	540,41	qm Spalierdeckenputz . . à qm	1	40	756	57
17.	540,41	qm Fußboden ölen, kitten, streichen und lackieren . . . . . à qm	—	75	405	31
		Gesamtsumme			8 906	11
		1 qm Fußbodenfläche mit Holzfußboden im Durchschnitt für das ganze Haus berechnet, kostet demnach $\frac{8906,11}{251,59 + 540,41}$ = rd. **11,25 Mk.**				
		Ausführung:				
		Über dem Keller und im Treppenhaus Schlackenbetonkappen zwischen Trägern mit Ascheauffüllung, Estrich und Linoleum. Im übrigen Holzbalkendecke mit Linoleum.				
		Gesamtkosten wie vor	8 906	11		
		Hiervon ab:				
		Pos. 6 Ascheauffüllung . . 88,06				
		Pos. 7 Lagerhölzer . . . 173,25				
		Pos. 8 Tannenholzfußboden 616,40				
		Pos. 10 Fußbodenstreichen . 188,69	1 066	40	7839	71
		Hinzu kommen:				
18.	251,59	qm Decken 9—10 cm hoch mit Asche zu überfüllen, ordentlich festzustampfen und mit Zementschlempe zu übergießen und darauf eine 1 1/2 cm starke Feinschicht zur Aufnahme eines Linoleumbelages geeignet aufzubringen . . à qm	1	80	452	86
19.	792	qm Linoleum auf allen Decken zu liefern und zu verlegen . à qm	3	20	2 534	40
		Gesamtkosten			10 826	97

Pos.	Stück-zahl	Gegenstand	Geldbetrag im Einzelnen ℳ	Geldbetrag im Einzelnen ₰	Geldbetrag im Ganzen ℳ	Geldbetrag im Ganzen ₰
		1 qm Fußbodenfläche mit Linoleum im Durchschnitt für das ganze Haus berechnet kostet demnach $\frac{10826,97}{792}$ = rd. **13,65 Mk.**				
		B. Eisenbetondecken.				
		Ausführung:				
		Über allen Geschossen auch im Treppenhaus Eisenbetondecken u. Balken zur Aufnahme der Wandlasten, Ascheauffüllung, Lagerhölzer und Fußboden mit Anstrich.				
1.	792	qm Eisenbetondecken und Balken aller Geschosse . . . . à qm	8	30	6573	60
2.	792	qm Ascheauffüllung . . . à qm	—	35	277	20
3.	1220	lfd. m Lagerhölzer 8/8 cm liefern und verlegen . . . . à lfd. m	—	45	549	—
4.	792	qm Fußboden . . . . . à qm	2	45	1940	40
5.	640,41	qm Deckenputz . . . . . à qm	—	85	544	35
6.	792	qm Fußbodenanstrich . . à qm	—	75	943	—
		Gesamtkosten			10478	55
		1 qm Fußbodenfläche mit Holzfußboden kostet somit im Durchschnitt für das ganze Haus berechnet $\frac{10478,55}{792}$ = **13,25 Mk.**				
		Ausführung:				
		Über allen Geschossen auch im Treppenhaus Eisenbetondecken u. Balken zur Aufnahme der Wandlasten, Auffüllung mit Feinschicht und Linoleumbelag.				
1.	792	qm Eisenbetondecken . . . à qm	8	30	6573	60
		Zu übertragen			6573	60

Pos.	Stück-zahl	Gegenstand	Geldbetrag im Einzelnen ℳ	Geldbetrag im Einzelnen ₰	Geldbetrag im Ganzen ℳ	Geldbetrag im Ganzen ₰
		Übertrag			6 573	60
2.	792	qm Decken mit Asche zu überschütten, ordentl. festzustampfen, mit Zementschlempe zu übergießen und darüber eine 1 ½ cm starke Feinschicht zur Aufnahme eines Linoleumbelags geeignet zu bringen à qm	1	80	1 425	60
3.	792	qm Linoleum zu liefern und zu verlegen . . . . à qm	3	20	2 534	40
4.	640,41	qm Deckenputz . . . . . à qm	—	85	544	35
		Gesamtkosten			11 077	95
		1 qm Fußbodenfläche mit Linoleum kostet somit im Durchschnitt für das ganze Haus berechnet $\frac{11077{,}95}{792}$ = rd. **14,00 Mk.**				
		C. Trägerdecken.				
		Ausführung:				
		Ziegelhohlsteindecken zwischen Trägern mit Ascheauffüllung, Lagerhölzer, gestrichener Fußboden.				
1.	20 250	kg Träger in Normalprofilen . ‰	130	85	2 649	72
2.	800	kg Träger Differd. Spezial-Profile ‰	136	90	109	52
3.	21 050	kg Träger zu verlegen . . . ‰	16	—	336	80
4.	792	qm Ziegelhohlsteindecken ohne Eiseneinlage . . . . à qm	3	50	2 772	—
5.	640,41	qm Deckenputz . . . . . à qm	—	80	512	33
6.	391	lfd. m feuersichere Bekleidung der Trägerflanschen . . . à lfd. m	—	45	175	95
7.	3,6	cbm Unterlagssteine . . . à cbm	65	—	234	—
8.	792	qm Ascheauffüllung . . . à qm	—	45	356	40
9.	1220	lfd. m Lagerhölzer 8/8 cm à lfd. m	—	45	549	—
		Zu übertragen			7695	72

Pos.	Stück-zahl	Gegenstand	Geldbetrag im Einzelnen ℳ	₰	im Ganzen ℳ	₰
		Übertrag			7695	72
10.	792	qm Tannenholzfußboden . à qm	2	45	1940	40
11.	792	qm Fußbodenanstrich . . . à qm	—	75	594	—
		Gesamtkosten			10230	12
		1 qm Fußbodenfläche mit Holzfußboden kostet somit im Durchschnitt für das ganze Haus berechnet $\frac{10230{,}12}{792}$ = rd. **12,95 Mk.**				
		Ausführung:				
		Über allen Geschossen und im Treppenhaus Ziegelhohlsteindecken mit Auffüllung, Feinschicht und Linoleum, Gesamtkosten wie vor	10 230	12		
		Hiervon ab:				
		Pos. 8 Auffüllung . . . 356,40				
		Pos. 9 Lagerhölzer . . 549,00				
		Pos. 10 Fußboden . . . 1940,40				
		Pos. 11 Fußbodenanstrich 594,00	3 439	80		
		Hinzu kommen:			6 800	32
1.	792	qm Decken mit Asche zu überschütten, ordentl. festzustampfen, mit Zementschlempe zu übergießen u. darüber eine 1½ cm starke Feinschicht zur Aufnahme eines Linoleumbelages zu bringen . à qm	1	80	1 425	60
2.	792	qm Linoleum . . . . . . à qm	3	20	2 534	40
		Gesamtkosten			10 760	32
		1 qm Fußbodenfläche mit Linoleum belegt kostet somit im Durchschnitt für das ganze Haus berechnet $\frac{10760{,}32}{792}$ = rd. **13,60 Mk.**				

Einfamilienhaus.

Hochparterre.

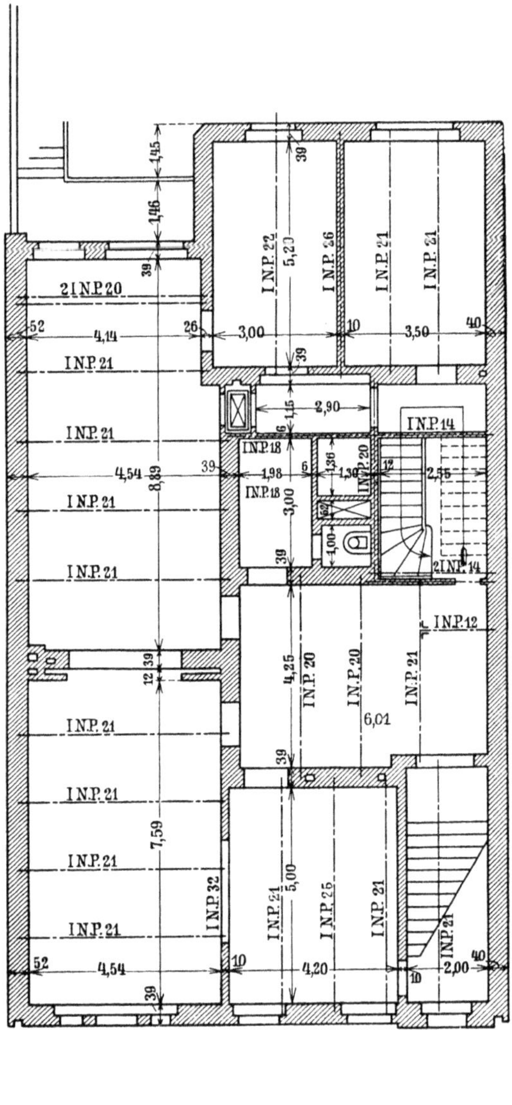

Vergleichende Anschläge für die fertige Herstellung einer Decke mit Holzfußboden bezw. Linoleumfußboden in einem Einfamilienwohnhaus.

Pos.	Stück-zahl	Gegenstand	Geldbetrag im Einzelnen ℳ	Geldbetrag im Einzelnen ₰	Geldbetrag im Ganzen ℳ	Geldbetrag im Ganzen ₰
		A. Trägerdecken.				
		Ausführung:				
		Über allen Geschossen u. im Treppenhause Ziegelhohlsteindecken zwischen Trägern, mit Schlackenauffüllung, Lagerhölzern, gestrichenem Holzfußboden und Putz				
1.	12 700	kg Träger in Normalprofilen liefern ‰ kg	130	15	1 652	91
2.	12 700	kg Träger verlegen . . . . ‰ kg	16	—	203	20
3.	578,75	qm Ziegelhohlsteindecken anzufertigen . . . . à qm	4	10	2 372	88
4.	578,75	qm Ascheauffüllung . . . à qm	—	35	202	56
5.	233,00	lfd. m Trägerummantelung à lfd. m	—	45	104	85
6.	890	lfd. m Lagerhölzer 8/8 cm à lfd. m	—	45	400	50
7.	578,75	qm Tannenholzfußboden 26 mm stark liefern und aufnageln . à qm	2	45	1 417	94
8.	380,52	qm Deckenputz . . . . . à qm	—	85	323	44
9.	578,75	qm Fußboden ölen, kitten, streichen und lackieren . . . . . à qm	—	75	434	06
		Gesamtsumme			7 112	34
		1 qm Fußbodenfläche mit Holzfußboden im Durchschnitt für das ganze Haus berechnet, kostet demnach $\frac{7112,34}{578,75}$ = rd. **12,30 Mk.**				
		Ausführung:				
		Über allen Geschossen u. im Treppenhause Ziegelhohlsteindecken zwi-				

Pos.	Stück-zahl	Gegenstand	Geldbetrag im Einzelnen ℳ	₰	im Ganzen ℳ	₰
		schen Trägern mit Ascheauffüllung, Estrich, Putz und Linoleumbelag.				
1.	12 700	kg Träger in Normalprofilen liefern à ‰ kg	130	15	1 652	91
2.	12 700	kg Träger verlegen . . . à ‰ kg	16	—	203	20
3.	578,75	qm Ziegelhohlsteindecken anzufertigen . . . . à qm	4	10	2 372	88
4.	578,75	qm Aschebeton . . . . . à qm	—	80	463	—
5.	578,75	qm Estrichschicht 1½ cm stark à qm	1	—	578	75
6.	233,00	lfd. m Trägerummantelung à lfd. m	—	45	104	85
7.	578,75	qm Linoleum zu liefern und verlegen	3	20	1 852	—
8.	380,52	qm Deckenputz . . . . . à qm	—	85	323	44
		Gesamtsumme			7 551	03
		1 qm Fußbodenfläche mit Linoleum im Durchschnitt für das ganze Haus berechnet $\frac{7551{,}03}{578{,}75}$ = rd. **13,10 Mk.**				
		B. Eisenbetondecken.				
		Ausführung:				
		Über allen Geschossen u. im Treppenhause Eisenbetondecken u. Balken zur Aufnahme von Wandlasten, mit Ascheauffüllung, Lagerhölzern, Fußboden, Putz u. Fußbodenanstrich.				
1.	578,75	qm Eisenbetondecken und Balken aller Geschosse . . . . à qm	9	—	5 208	75
2.	578,75	qm Ascheauffüllung . . . à qm	—	35	202	56
3.	890	lfd. m Lagerhölzer 8/8 cm liefern und verlegen . . . . à lfd. m	—	45	400	50
4.	578,75	qm Fußboden . . . . . à qm	2	45	1 417	94
		Zu übertragen			7 229	75

Pos.	Stück-zahl	Gegenstand	Geldbetrag im Einzelnen ℳ	Geldbetrag im Einzelnen ₰	Geldbetrag im Ganzen ℳ	Geldbetrag im Ganzen ₰
		Übertrag			7 229	75
5.	380,52	qm Deckenputz . . . . . à qm	—	85	323	44
6.	578,75	qm Fußbodenanstrich . . à qm	—	75	434	06
		Gesamtsumme			7 987	25
		1 qm Fußbodenfläche mit Holzfußboden im Durchschnitt für das ganze Haus berechnet, kostet demnach $\frac{7987,25}{578,75}$ = rd. **13,80 Mk.**				
		Ausführung:				
		Über allen Geschossen u. im Treppenhause Eisenbetondecken u. Balken zur Aufnahme von Wandlasten, Ascheauffüllung mit Feinschicht u. Linoleumbelag.				
1.	578,75	qm Eisenbetondecken und Balken aller Geschosse . . . . à qm	9	—	5 208	75
2.	578,75	qm Aschebeton 5 cm stark à qm	—	50	289	38
3.	578,75	qm 1½ cm starke Feinschicht à qm	1	—	578	75
4.	578,75	qm Linoleum zu liefern und zu verlegen . . . . à qm	3	20	1 852	—
5.	380,52	qm Deckenputz . . . . . à qm	—	85	323	44
		Gesamtsumme			8 252	32
		1 qm Fußbodenfläche mit Linoleumbelag kostet somit im Durchschnitt für das ganze Haus berechnet $\frac{8252,32}{578,75}$ = rd. **14,30 Mk.**				

Massive Decken zwischen I-Trägern.

A. Ohne Eiseneinlage.

Decken ohne Eiseneinlage kommen in zwei verschiedenen Ausführungsformen zur Anwendung und zwar 1. als gewölbte und 2. als scheitrechte Kappen.

In beiden Fällen wird von diesen Decken ein Horizontalschub ausgeübt, der sich bei allen Mittelfeldern jedoch gegenseitig aufhebt und bei den Endfeldern durch entsprechende Verankerungen leicht wirkungslos gemacht werden kann, falls diese Endfelder gegen schwache, freistehende oder nicht genügend belastete Wände stossen.

Im allgemeinen werden Decken ohne Eiseneinlagen nur für geringere Spannweiten und geringere Belastungen gewählt.

1. Gewölbte Kappen. Zur Überdeckung von Räumen, in denen eine ebene Deckenuntersicht nicht erforderlich ist, wie z. B. in Werkstätten, Lagerhäusern und Kellereien wendet man vorzugsweise die gewölbten Kappen an, da diese wegen ihrer statisch günstigeren Form und Wirkung eine bessere Ausnutzung des verwendeten Materials gestatten und daher billiger auszuführen sind als scheitrechte Deckenplatten.

Je nach der Wahl des Materials und dessen Druckfestigkeit wird man gewölbte Kappen in Spannweiten von 1,00 bis 2,00 m bei mittleren Belastungsannahmen ausführen können. Nachstehend sind einige gebräuchliche Ausführungsarten angegeben.

a) Betonkappen:

Fig. 1.

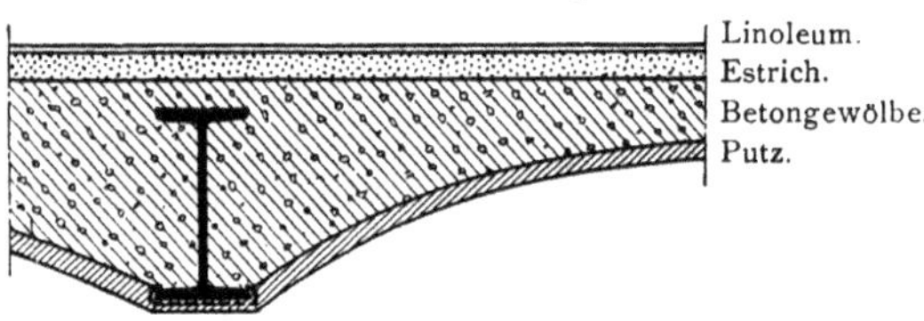

Fig. 2.

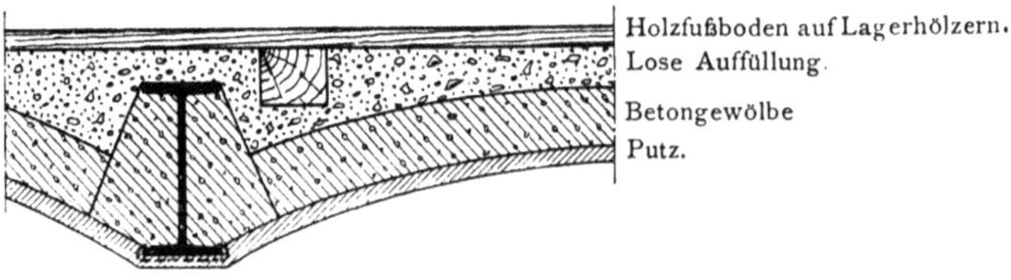

Betonkappen, wie in Fig. 1 und 2 zur Darstellung gebracht, werden je nach dem Zwecke ihrer Bestimmung aus Kiesbeton, Schlackenbeton oder Bimsbeton hergestellt.

Die Ausführung mit Kiesbeton ist überall dort zu empfehlen, wo an die Widerstandskraft und Festigkeit der Decke größere Ansprüche gestellt werden und bei höheren Nutzlasten weite Trägerteilungen erwünscht sind (ca. 1,50—2,00 m).

Bei geringeren Nutzlasten und Spannweiten, wie solche im gewöhnlichen Wohnhausbau vorkommen, bietet die Anordnung von Schlacken- oder Bimsbetonkappen insofern gegenüber den Kiesbetonkappen Vorteile, als beide Materialien wegen ihres geringen spezifischen Gewichtes die Eigenlast der Decke verringern und damit den Eisenbedarf ermäßigen.

Gewölbte Kappen aus Bims- resp. Schlackenbeton

σ zul. = 5 kg/cm².

Gewölbestärke im Scheitel	maximale Spannweiten in Metern bei Gesamtlasten von p + q in kg/qm					
	500	600	700	800	900	1000
10 cm	2,00	1,84	1,68	1,58	1,49	1,42
12 cm	2,18	2,00	1,85	1,73	1,63	1,55
15 cm	2,74	2,50	2,32	2,18	2,04	1,94

Gewölbte Kappen aus Kiesbeton (Stampfbeton)

σ zul. = 15 kg/cm².

Gewölbestärke im Scheitel	maximale Spannweiten in Metern bei Gesamtlasten von p + q in kg/qm						
	750	850	1000	1250	1500	1750	2000
10 cm	2,83	2,66	2,54	2,20	2,00	1,85	1,73
12 cm	—	2,91	2,68	2,40	2,19	2,03	1,90
15 cm	—	—	3,35	3,00	2,75	2,54	2,07

Anm. Bei der Berechnung der maximalen Spannweiten ist p + q = Eigengew. + Nutzlast als gleichmäßig verteilt angenommen und der Stich der Gewölbe mit 10 cm eingesetzt.

Hieraus ergibt sich ohne weiteres, daß dort, wo die Beschaffung von Schlacken und Bimssand keine allzu großen Schwierigkeiten verursacht, die letztgenannten Ausführungen billiger zu bewirken sind als solche aus Kiesbeton. Ein weiterer Vorzug der Schlacken- oder Bimsbetonkappen gegenüber Ausführungen mit Kiesbeton ist darin zu erblicken, daß diese durch ihr poröses

Gefüge eine bedeutende Isolierfähigkeit gegen Schall und Wärme besitzen, während durch die Starrheit und Dichtigkeit des Kiesbetons die Geräuschübertragung begünstigt wird.

Bei den Ausführungen mit Beton aus **Kesselschlacken** ist darauf zu achten, daß das Eisen nicht mit den Schlacken in Berührung kommt, da dieses von den meist noch in solchen Schlacken enthaltenen Säuren etc. angegriffen werden kann. Es ist in solchen Fällen der Träger ganz mit einem Kiesbetonstreifen zu umstampfen oder zum mindesten mit Zementschlämme zu streichen.

b) Steinkappen:

Fig. 3.

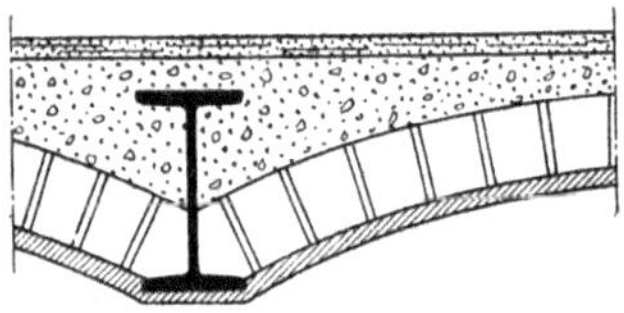

Zur Ausführung von Steinkappen, wie in Fig. 3 dargestellt, werden meistens Ziegelsteine, Ziegelhohlsteine oder Schwemmsteine verwendet, und zwar ist für die Wahl des Materials ebenfalls der Zweck ausschlaggebend, welchem die Decke dienen soll. Für größere Belastungen und Spannweiten käme also die Ausführung mit Ziegelsteinen in Frage, da diese eine größere Druckfestigkeit aufweisen, für mittlere und kleinere Spannweiten und Belastungen stellt sich hingegen die Ausführung mit Ziegelhohlsteinen oder Schwemmsteinen billiger, da diese beiden Materialien ein bedeutend geringeres Eigengewicht haben, und somit den Trägerbedarf verringern. Ebenso trifft das über die Isolierfähigkeit der Schlacken und Bimsbetonkappen gesagte auch auf Ausführungen mit Ziegelhohlsteinen und Schwemmsteinen zu, da beide Materialien ein sehr poröses Gefüge besitzen.

Die Herstellung dieser Steingewölbe erfordert naturgemäß eine längere Zeit wie das Stampfen der Betonkappen, andererseits können die Steingewölbe aber früher ausgeschalt und in Benutzung genommen werden.

Fig. 4.

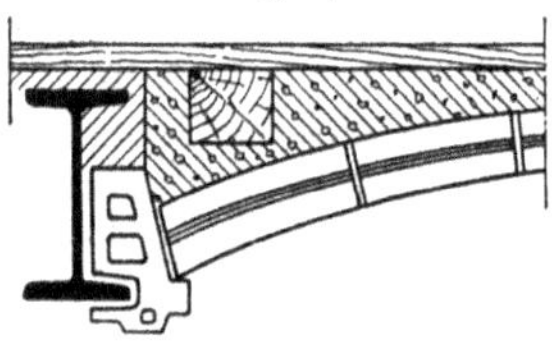

Auch die in Fig. 4 gezeigte Ausführung von gewölbten Kappen mit Hohlnutensteinen (sogenannte Hourdisplatten) kommt häufig zur Anwendung. Diese Hourdisplatten sind gewölbte Ton-Hohlziegel, welche in Abmessungen von 25 cm Länge, 15 cm Breite und 5 cm Stärke fabrikmäßig hergestellt werden.

Die Hauptvorzüge dieser Deckenart sind die außerordentliche Leichtigkeit und schnelle Herstellungsweise ohne Schalungsverbrauch.

Für die statische Bestimmung der Gewölbestärken bei den gewölbten Kappen lassen sich allgemein zu verwendende Formeln nicht angeben, doch sind für die im normalen Hochbau vorkommenden Fälle die benötigten Stärken durch die Praxis festgelegt und allgemein bekannt geworden, so daß nur bei außerordentlich ungünstigen Spannweiten und Lastenstellungen eine Berechnung nach der Gewölbe-Theorie erforderlich wird.

Eine überschlägliche und schnelle Nachprüfung für die unbedingte Sicherheit der Gewölbe kann jedoch in der Form vorgenommen werden, daß man den Horizontalschub im Scheitel bestimmt und diesen durch die zur Verfügung stehende Druckfläche dividiert.

Unter der Annahme, daß die Druckkraft nicht in der Gewölbemitte, sondern ungünstiger exzentrisch am Rande des mittleren Kernes angreift, ergibt sich für die Ermittlung der Spannungen im Gewölbe

$$\sigma_b = \frac{2 \,.\, H}{F}.$$

Der ermittelte Spannungswert darf dann im max. $\frac{1}{6}$ der Druckfestigkeit des betr. Materials betragen; diese Forderung ist bei normalen Fällen wohl immer erfüllt, da die Gewölbestärken aus Konstruktionsgründen so stark ausgeführt werden, daß die wirkliche Druckfestigkeit nie voll ausgenutzt wird.

Gewölbte Kappen aus Normal-Vollziegeln

σ zul. = 12 kg/cm².

Steinstärke	maximale Spannweiten in Metern bei Gesamtlasten von p + q in kg/qm										
	750	**850**	**1000**	**1250**	**1500**	**1750**	**2000**	**2250**	**2500**	**2750**	**3000**
1/2 St. 12 cm	2,76	2,60	2,40	2,10	1,93	1,76	1,70	—	—	—	—
1/1 St. 25 cm	—	—	—	—	2,84	2,62	2,45	2,32	2,19	2,09	2,00

Gewölbte Kappen aus Normal-Hohlziegeln

σ zul. durchschn. 8 kg/cm² (ohne Abzug der Hohlräume).

Steinstärke	maximale Spannweiten in Metern bei Gesamtlasten von p + q in kg/qm										
	500	**650**	**750**	**850**	**1000**	**1250**	**1500**	**1750**	**2000**	**2250**	**2500**
1/2 St. 12 cm	2,78	2,44	2,28	2,11	1,96	1,75	1,60	—	—	—	—
1/1 St. 25 cm	—	—	—	—	2,84	2,54	2,32	2,14	2,00	1,88	1,78

Gewölbte Kappen aus Schwemmsteinen (Vollsteinen)

σ zul. 3 kg/cm².

Steinstärke	maximale Spannweiten in Metern bei Gesamtlasten von p + q in kg/qm					
	500	600	700	800	900	1000
10 cm	1,55	1,41	1,31	1,23	1,15	—
12 cm	1,69	1,55	1,44	1,33	1,27	1,20
14 cm	1,83	1,68	1,55	1,45	1,37	1,30
16 cm	1,96	1,78	1,66	1,55	1,49	1,39
25 cm	—	—	2,06	1,93	1,83	1,73

Anm. Bei der Berechnung der maximalen Spannweiten ist p + q = Eigengew. + Nutzlast als gleichmäßig verteilt angenommen und der Stich der Gewölbe mit 10 cm eingesetzt.

2. Scheitrechte Kappen (Plandecken).

Für die Ausführung der Decken mit ebener Untersicht (Plandecken) kommen dieselben Materialien wie bei den gewölbten Kappen in Frage, doch sind die Spannweiten geringer zu wählen, da diese Konstruktionen in vielen Fällen als biegungsfeste Platten aufzufassen sind, das Material aber nur geringe Zugbeanspruchungen aufzunehmen imstande ist.

Für die Ermittlung der Plattenstärken bei ebenen Kiesbetondecken können auch die nachstehend aufgeführten Formeln benutzt werden, die für die Praxis gute und brauchbare Werte liefern, jedoch sollten die Spannweiten 1,50 m möglichst nicht überschreiten:

$\sigma_b =$	20 kg/cm²	25 kg/cm²	30 kg/cm²
d =	$0{,}335 \cdot l\sqrt{Q}$	$0{,}3 \cdot l \cdot \sqrt{Q}$	$0{,}272 \cdot l\sqrt{Q}$

hierin sind σ_b = zulässige Beanspruchung des Materials,
d = Plattenstärke in cm,
l = Spannweite in Meter,
Q = Gesamtlast in kg/m².

Scheitrechte Schlacken- oder Bimsbetonkappen können nur bei Trägerentfernungen von 1,00—1,25 m eingebaut werden, und bedient man sich zur Ermittlung der Plattenstärken der in der Praxis gebräuchlichen Formel:

$$d = \frac{1}{10} l + 3 \; \ldots\ldots \; \text{cm},$$

worin l in cm einzusetzen ist.

Gültige Werte liefert die obige Formel, jedoch nur für die im gewöhnlichen Hochbau vorkommenden Nutzlasten bis höchstens 500 kg/m².

Einige Ausführungen scheitrechter Kappen aus Kies-, Schlacken- und Bimsbeton sind in den Fig. 5 und 6 zur Darstellung gebracht.

Fig. 5.

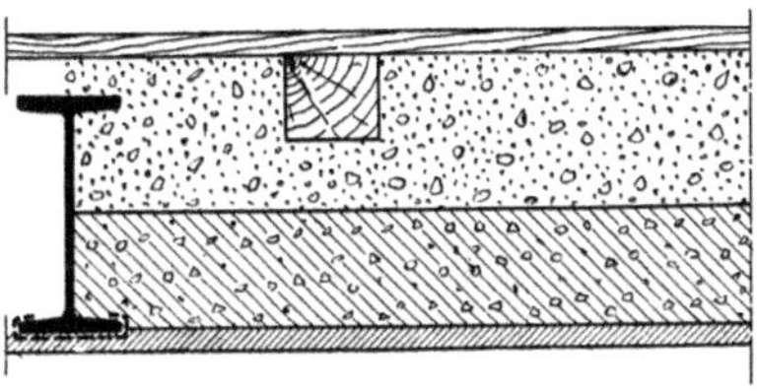

Fig. 6.

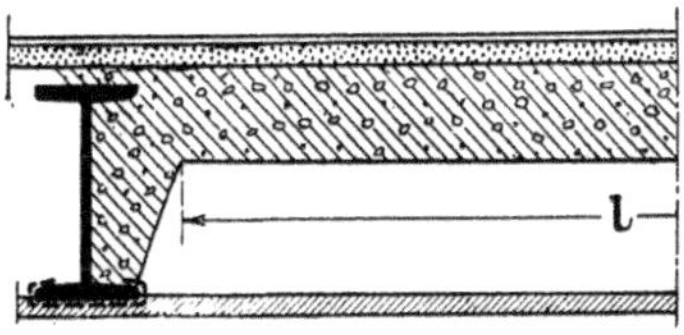

Die in Fig. 6 gezeigte Aufstelzung der Deckenplatte wird zweckmäßig dort angewendet, wo eine Auffüllung nicht erforderlich ist, auf große Isolierfähigkeit gegen Schall und Wärme also kein großer Wert gelegt wird.

Die Ausführung bietet insofern wirtschaftliche Vorteile, als die Stärke der Tragplatte wegen der mehr gewölbeartigen Wirkung gegenüber den nicht gestelzten Decken verringert werden kann.

Bei Ausführungen mit Kiesbeton wird man für die Bestimmung der Plattenstärken die vorher angegebenen Formeln anwenden können, hierbei jedoch als l die Entfernung zwischen den Aufstelzungen in Rechnung setzen. Die Forderung einer ebenen Untersicht kann durch Anordnung einer leichten Spalier- oder Rabitz-Unterdecke etc. erfüllt werden.

Scheitrechte Kappen aus Ziegelvollsteinen werden kaum angewendet, dagegen sind Ausführungen mit porösen gebrannten Lochsteinen sehr häufig, da diese viel leichter im Gewichte sind und trotzdem eine für den Deckenbau ausreichende Druckfestigkeit besitzen.

Scheitrechte Kappen aus Schlacken resp. Bimsbeton

σ zul. 5 kg/cm².

Kappenstärke	maximale Spannweiten in Metern bei Gesamtlasten von p + q in kg/qm					
	500	**600**	**700**	**800**	**900**	**1000**
12 cm	0,98	0,90	0,84	—	—	—
15 cm	1,12	1,02	0,94	0,87	—	—
20 cm	1,27	1,16	1,07	1,00	0,95	0,89

Scheitrechte Kappen aus Kiesbeton (Stampfbeton)

σ zul. 15 kg/cm².

Kappenstärke	maximale Spannweiten in Metern bei Gesamtlasten von p + q in kg/qm							
	650	750	850	1000	1250	1500	1750	2000
10 cm	1,36	1,27	1,19	1,08	—	—	—	—
12 cm	1,48	1,39	1,31	1,20	1,07	—	—	—
15 cm	—	1,55	1,46	1,34	1,20	1,10	1,03	0,95

Anm. Bei der Berechnung der maximalen Spannweiten ist p + q = Eigenlast + Nutzlast als gleichmäßig verteilt angenommen und ein Stich von 2 cm eingesetzt.

Das große Interesse, welches den Decken mit Ziegelhohlsteinen in allen Baukreisen entgegengebracht wird, ist am besten durch die Tatsache gekennzeichnet, daß im Laufe der letzten Zeit fortwährend Veränderungen und Verbesserungen sowohl in der Formgebung der Steine sowie in der Zusammensetzung des Materials getroffen sind, so daß die heute auf den Markt kommenden Steinarten als mustergültiges Deckenbaumaterial angesehen werden können.

Die vielfachen Steinarten sind auf der Bildtafel Seite 174 zur Anschauung gebracht, wobei bemerkt sein soll, daß damit die Zahl der vorkommenden Steinarten noch keineswegs erschöpft ist, sondern nur die markantesten Formen zur Abbildung gebracht sind.

Die Firmen, welche poröse Hohlziegel für Deckenbauten fabrizieren, sind in dem Bezugsquellen-Verzeichnis S. 164 bis 173 aufgeführt.

Für die Ausführung von scheitrechten Kappen werden entweder glattwandige Hohlziegel oder Hohlziegelformsteine gewählt.

Überall dort, wo Hohlziegelformsteine leicht zu beschaffen sind, weil leistungsfähige Ziegeleien am Platze oder in der Nähe sind, wird man vielleicht dem Hohlziegelformstein den Vorzug geben, da dieser durch seine verschiedenartigen Profilierungen, der Decke eine größere mechanische Verbundwirkung sichert, so daß die Ausschalung dieser Decken früher erfolgen kann als bei Ausführungen mit glattwandigen Steinen, da hier die Tragfähigkeit im wesentlichen von der Bindekraft des Mörtels abhängig ist.

Eine Berechnung dieser ebenen Platten aus Hohlziegel oder Hohlziegelformsteinen erübrigt sich in den meisten Fällen, da — wenigstens bei den hauptsächlich in Frage kommenden Systemen — die zulässigen Belastungen und Spannweiten nach den stattgefundenen Probebelastungen aufgestellt und von den Baupolizeibehörden übernommen sind, die je nach Auffassung mit Über- oder Unterschreitungen dieser Spannweiten die Ausführungen zulassen.

Nachstehend soll jedoch gezeigt werden, wie ein Stabilitätsnachweis für solche Decken geführt werden kann, wenn diese als Gewölbe aufgefaßt werden.

Es sei: P die Gesamtlast in kg ($P = p \cdot l$) $p = kg/m^2$
l „ Spannweite in cm
f „ Pfeilhöhe in cm,

dann ist $H = \frac{P \cdot l}{8 \cdot f}$.

In der Annahme, daß die Drucklinie im Scheitel durch das obere Drittel, bei den Kämpfern durch das untere Drittel führt, ergibt sich für die Beanspruchung im Scheitel die Randspannung:

$$\sigma = \frac{2 \cdot H}{F}.$$

z. B.: eine Hohlziegelformsteindecke aus 10 cm hohen Steinen sei 1,50 m weit zwischen eisernen I-Trägern gespannt und mit 600 kg/m² Gesamtlast beansprucht; dann wird:

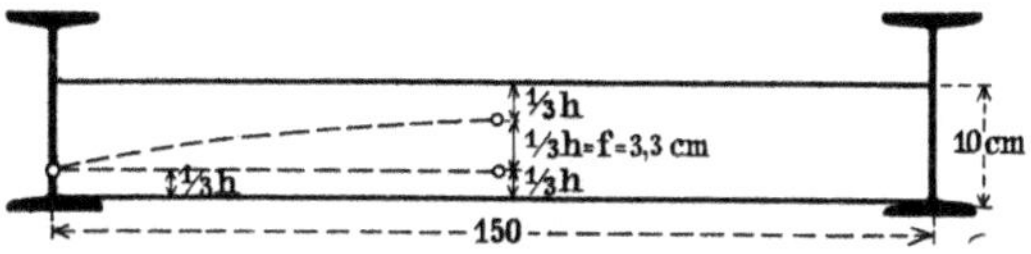

Fig. 7.

$$H = \frac{600 \cdot 1{,}5 \cdot 150}{8 \cdot 3{,}3} = 5150 \text{ kg}$$

$$\sigma = \frac{2 \cdot 5150}{10 \cdot 100} = 10{,}3 \text{ kg/cm}^2$$

Die errechnete Randspannung wird in diesem Falle zulässig sein, vorausgesetzt, daß gutes Ziegelmaterial und zum Wölben verlängerter Zementmörtel verwendet wird.

Die mittlere Druckfestigkeit der meisten porösen Steinarten beträgt ca. 200 kg/cm², so daß bei einer 10fachen Sicherheit eine reine Druckbeanspruchung bis 20 kg/cm² unbedenklich ist. Um den scheitrechten Decken ohne Eiseneinlage eine bessere Gewölbewirkung zu geben, empfiehlt es sich, diese mit einem kleinen Stich von 1—2 cm auszuführen.

Von den Hohlziegelformsteinen sollen die bekannteren Systeme nachstehend veranschaulicht und ihre besonderen Eigenheiten kurz besprochen werden:

Die Försterdecke.

Die Form der Förstersteine und den Einbau der Decken zwischen den eisernen Trägern zeigen die Abbildungen 8÷11.

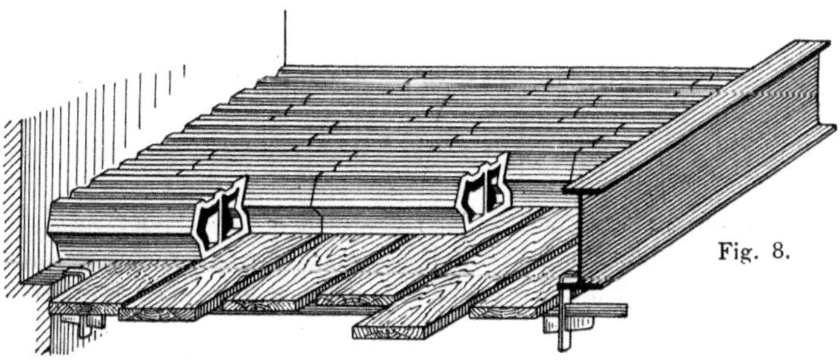

Fig. 8.

Querschnitt.

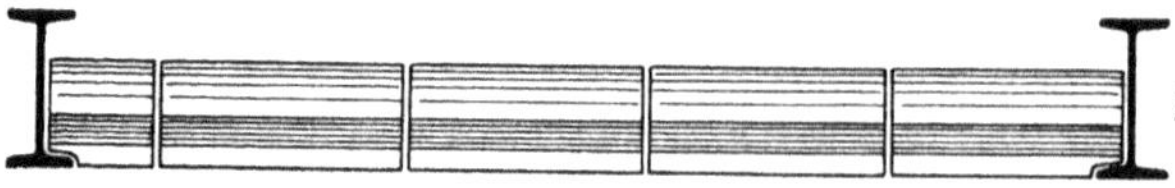

Fig. 9.

Normalstein.

Fig. 10.

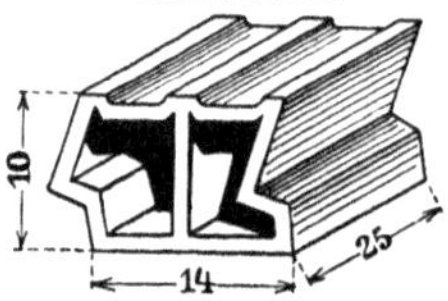

Längenschnitt.

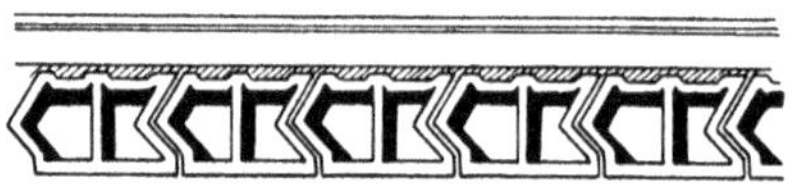

Fig. 11.

Das Bemerkenswerteste an den Förstersteinen sind die an der oberen und unteren Hälftc entgegengesetzt angeordneten Widerlager, durch welche der Druck, den ein Stein von oben erhält, auf eine größere Anzahl Steine übertragen wird. Da die Hohlziegelformsteine im Verband verlegt werden, ergibt sich die Notwendigkeit halbe oder dreiviertel Anfänger zu verwenden, diese können ebenfalls von allen Ziegeleien, die Deckensteine fabrizieren, fertig bezogen werden, so daß ein Bearbeiten der Steine auf der Baustelle, welches viel Zeit erfordern würde, nicht nötig ist, und der Prozentsatz an Bruch der Steine bis auf ein Minimum herabgedrückt wird.

Die für die Försterdecke zugelassenen Spannweiten und Belastungen sind in der nachstehenden Tabelle zusammengestellt, wozu noch bemerkt sei, daß es sich hierbei um Grenzwerte handelt, die nach Möglichkeit nicht überschritten werden sollten.

Material	Format cm	Stärke der Deckenplatte cm	Eigengewicht der Deckenplatte kg	Steinverbrauch pro qm Deckenplatte Stück	Zulässige Spannweiten in Metern bei Gesamtlasten von p + q kg/qm						
					500	**650**	**750**	**850**	**1000**	**1100**	**1250**
Poröse Ziegelhohlsteine . . .	10 . 14 . 25	10	90	25	1,50	1,40	1,33	1,27	1,16	1,10	1,00
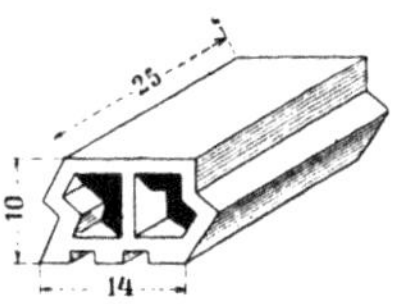	13 . 14 . 25	13	120	25	1,80	1,68	1,60	1,52	1,40	1,32	1,20

Die Dresseldecke verfolgt in der Hauptsache denselben Zweck, wie die Försterdecke und unterscheiden sich die hierzu verwendeten Steine nur durch eine andere Anordnung und Formgebung der seitlichen Falze von den Förstersteinen. Fig. 12 zeigt die Ausführung einer Dresseldecke, wo die Steinreihen quer zur Trägerlängsachse angeordnet sind, während nach Fig. 13 die Steine parallel zum Träger verlegt sind, und der in der Mitte verbleibende Teil mit Kiesbeton ausgestampft ist.

Zu der Dresseldecke sind besonders konstruierte Anfängersteine erhältlich, deren Form so gehalten ist, daß die unteren Trägerflanschen vollkommen durch den Ziegel umschlossen sind und ein vollkommener Schutz gegen Rost und Feuer gewährleistet wird.

Die Formgebung dieser Anfänger ist ebenfalls aus den angegebenen Abbildungen ersichtlich.

Fig. 12.

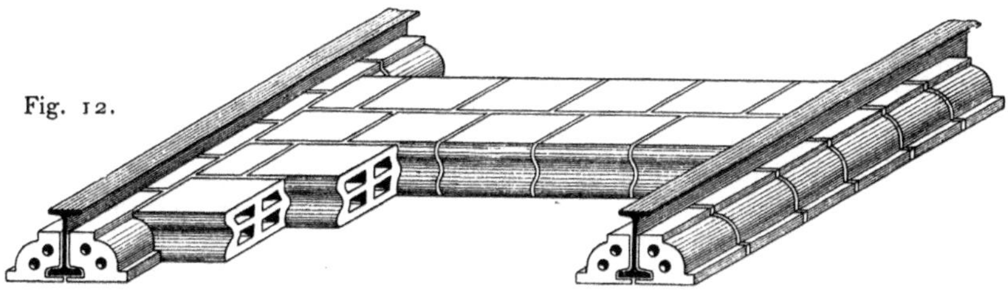

Fig. 13.

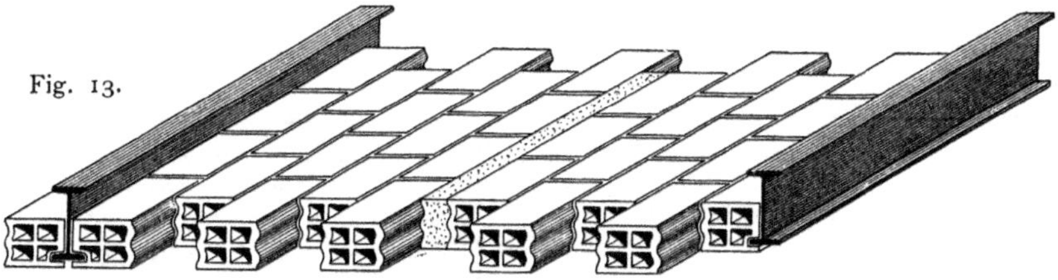

Für die Dresseldecke, welche in Stärken von 10, 12 und 16 cm zur Ausführung kommt, sind die zulässigen Spannweiten und Belastungen in nachstehender Tabelle zusammengestellt.

Material	Format cm	Stärke der Deckenplatte cm	Eigengewicht der Deckenplatte kg	Steinverbrauch pro qm Deckenplatte Stück	Zulässige Spannweiten in Metern bei Gesamtlasten von p + q kg/qm						
					500	**600**	**750**	**850**	**1000**	**1100**	**1200**
Poröse Ziegelhohlsteine . . . . 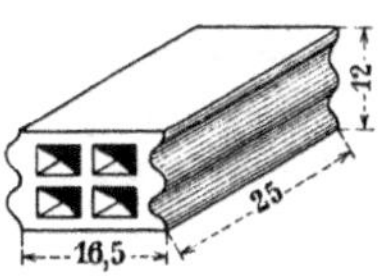	10 . 16,5 . 25	10	100	27	1,52	1,38	1,24	1,17	—	—	—
	12 . 16,5 . 25	12	120	27	1,82	1,65	1,49	1,38	1,29	1,23	1,17
	16 . 16,5 . 25	16	160	27	—	—	1,91	1,80	1,65	1,58	1,51

Die Rheinische Formsteindecke (Fig. 14).

Bei dem Rheinischen Formstein ist einem wichtigen praktischen Gesichtspunkt insofern Rechnung getragen, als für die Ausführung der Decken nur eine einzige Sorte von Steinen erforderlich ist.

Fig. 14.

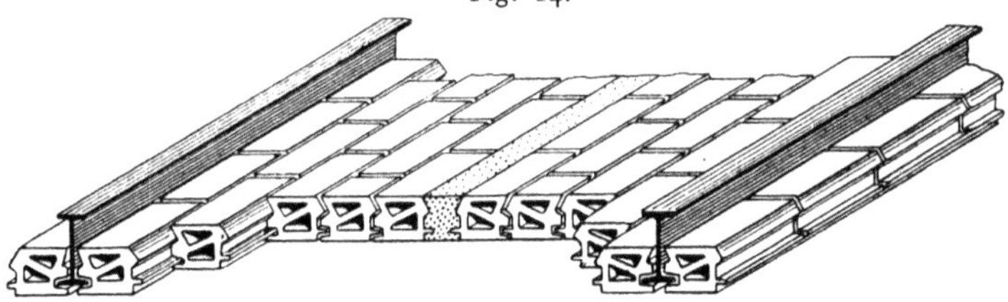

Die Form des Steines ist so gewählt, daß halbe, dreiviertel oder auch besondere Anfängersteine entbehrlich sind und eine vorzügliche Trägerummantelung stattfindet. Die einzelnen Steine greifen scharf ineinander, und für die Druckverteilung ist die Anordnung der schrägen Stege günstig. Der Schluß des Gewölbes wird durch Einstampfen eines Betonstreifens bewirkt.

Nachstehend die Tabelle über zulässige Spannweiten und Belastungen der „Rheinischen Formsteindecke“.

Material	Format	Stärke der Deckenplatte	Eigengewicht der Deckenplatte	Steinverbrauch pro qm Deckenplatte	Zulässige Spannweiten in Metern bei Gesamtlasten von $p + q$ kg/qm·						
					500	**600**	**750**	**850**	**1000**	**1100**	**1250**
	cm	cm	kg	Stück							
Poröse Ziegelhohlsteine . . . . 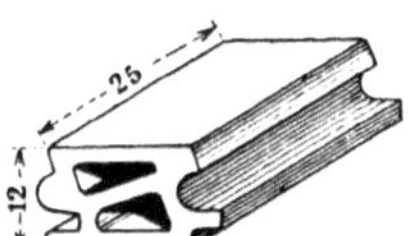	12 . 15 . 25	12	120	27	2,00	1,75	1,60	1,50	1,40	1,35	1,25

Die Securadecke (Fig. 15 ÷ 17).

Die Securasteine besitzen gegenüber anderen Deckensteinen eine wesentlich größere Höhe und als charakteristisches Merkmal in statischer Beziehung schräge in der mittleren Richtung der Drucklinie von links nach rechts anstrebende Stege, die dem Gewölbedruck richtig begegnen.

Durch die größere Höhe — die Steine werden 17 und 22 cm hoch hergestellt — wird die Trägerkonstruktionshöhe durch den Stein selbst ausgefüllt und es kann daher eine besondere Auffüllung meist in Wegfall kommen. In vielen Fällen wird dadurch eine Verminderung des Eigengewichtes und auch eine Ersparnis an Kosten erzielt werden. Die Steine werden in den Abmessungen, wie sie in der Zeichnung angegeben sind, mit dazu passenden Anfängersteinen und Schlußkeilen geliefert. Einige Arten der Ausführung zeigen die folgenden Skizzen.

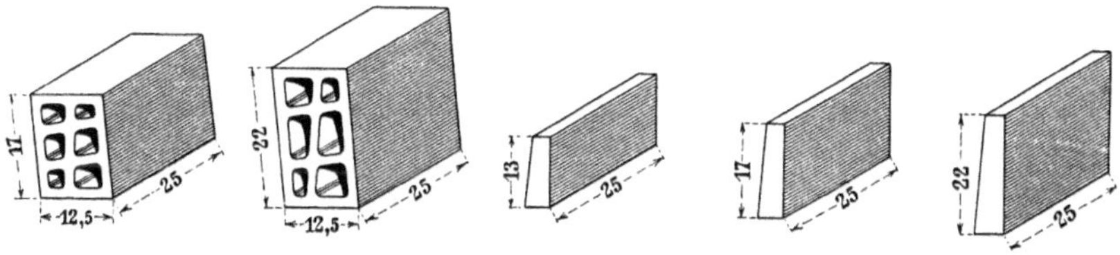

Fig. 15.

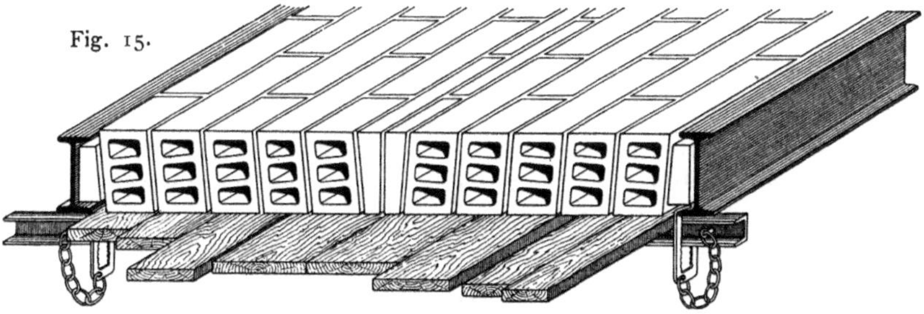

Decke 12,5 cm hoch (flach verlegt).

Fig. 16.

Gestelzte (überhöhte) Decke (flach verlegt).

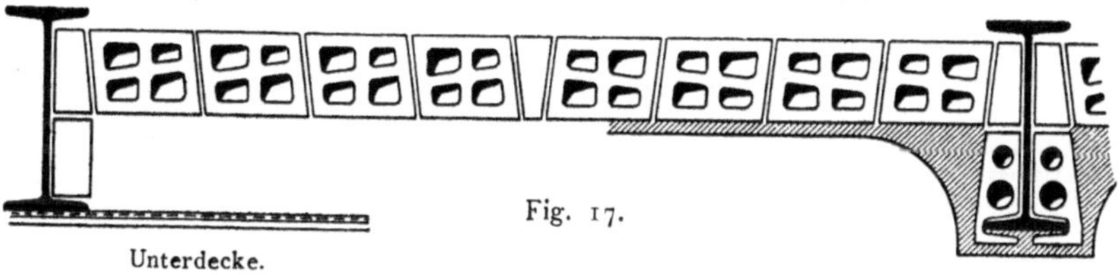

Unterdecke.

Fig. 17.

Über die Berechnung der Secura-Decke D. R. P. sind nachstehend ausführliche Angaben gemacht.

Berechnung der Spannweiten

nach Genehmigung des Königlichen Polizeipräsidiums Berlin.

J. No. 770III G. R. 04, vom 24. 11. 04.

Es ist: $\left(p \cdot 100 \cdot \frac{l}{2}\right) \cdot \frac{l}{4} = H \cdot \frac{d}{2}$, ferner:

$$H = \frac{1}{2}\,\sigma \cdot {}^3/_4\,d \cdot 100 = \frac{3\,\sigma\,\frac{d}{4} \cdot 100}{2} \text{ und damit}$$

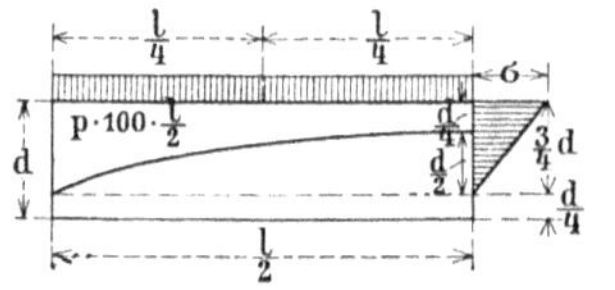

$$l = \sqrt{\frac{H \cdot \frac{d}{2} \cdot 2 \cdot 4}{p \cdot 100}} = \sqrt{\frac{{}^1/_2\,\sigma \cdot {}^3/_4\,d \cdot \frac{d}{2} \cdot 2 \cdot 4}{p}} = \sqrt{\frac{1{,}5\,\sigma\,d^2}{p}}$$

Hierin ist σ die zulässige höchste Druckspannung bei der Annahme einer Druckverteilung auf die ganze Fläche des Steines ohne Abzug der Hohlräume.

Für die Berechnung der Spannweiten sind die nachstehenden Eigengewichte der Decken abgeleitet.

a) Wohnhaus.

Decke I.

Steine, 22 cm hoch . .	220 kg/qm
4 cm Schlackenbeton à 1000 kg	40 ,,
Holzfußboden	30 ,,
Putz etc.	25 ,,
	315 kg/qm
Für die Berechnung rund	320 kg/qm

Decke II.

Steine, 17 cm hoch . .	179 kg/qm
4 cm Schlackenbeton .	40 ,,
Holzfußboden	30 ,,
Putz etc.	25 ,,
	274 kg/qm
Für die Berechnung rund	280 kg/qm

b) Fabrikgebäude.

Decke I.

Steine, 22 cm hoch . .	220 kg/qm
8 cm Schlackenbeton à 1000 kg	80 ,,
2 cm Zementestrich . .	40 ,,
Putz etc.	25 ,,
	365 kg/qm
Für die Berechnung rund	370 kg/qm

Decke II.

Steine, 17 cm hoch . .	179 kg/qm
8 cm Schlackenbeton .	80 ,,
2 ,, Zementestrich . .	40 ,,
Putz etc.	25 ,,
	324 kg/qm
Für die Berechnung rund	330 kg/qm

Zugelassen ist für Decke I: $\sigma = 7{,}3$ kg/cm²; Decke II: $\sigma = 9{,}4$ kg/cm².

Mit $l = \sqrt{\frac{1{,}5\,\sigma\,d^2}{p}}$

ergeben sich die in der nachstehenden Tabelle zusammengestellten größten Spannweiten.

Tabelle der Maximalspannweiten,

nach der vom Königlichen Polizeipräsidium Berlin genehmigten Berechnung aufgestellt.

Fig. 1.

Fig. 2.

Material	Format Maße in cm	Bei einem Eigengewicht der Decke von kg/qm	Zulässige Spannweiten der Decke in Metern bei einer Nutzlast in kg/qm 200	250	300	400	500	600	800	1000
Poröse Ziegelhohlsteine nach Figur 1	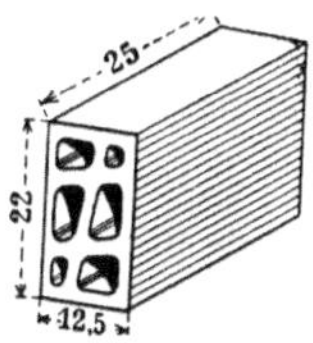	320	3,19	3,07	2,92	2,71	2,54	2,40	2,17	2,00
		370	3,04	2,92	2,81	2,62	2,46	2,34	2,12	1,96
	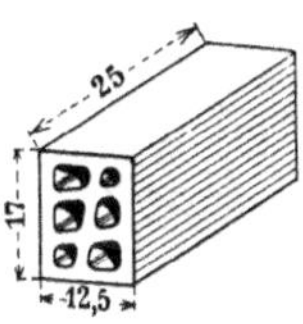	280	2,91	2,77	2,64	2,44	2,28	2,14	1,94	1,78
		330	2,77	2,64	2,54	2,36	2,21	2,09	1,89	1,75
nach Figur 2	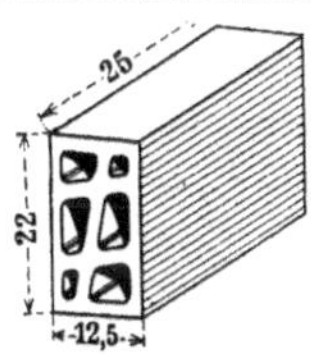	320	2,61	2,49	2,39	2,22	2,08	1,96	1,78	1,63
		370	2,49	2,39	2,30	2,14	2,02	1,91	1,74	1,60
	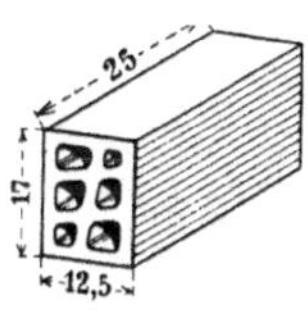	280	2,22	2,12	2,02	1,87	1,75	1,64	1,48	1,36
		330	2,12	2,02	1,94	1,80	1,69	1,60	1,45	1,34

Bei der Berechnung nach Figur 2 wurde die Gewölbestärke d um 4 cm niedriger angenommen als nach Figur 1, so daß dem Herabgehen unter den Flansch mehr als ausreichend Rechnung getragen ist.

Die Hourdisdecke (Fig. 18 ÷ 20). Die in den nachstehenden Abbildungen gezeigten Ausführungsformen mit sogenannten Hourdisplatten sind nur bei engen und gleichmäßigen Trägerteilungen zu verwenden, da die Platten in bestimmten fixen Abmessungen (50—100 cm) fabrikationsmäßig hergestellt werden.

Die Breite der Hourdisplatten beträgt 20 cm, die Höhe 7½ cm. Diese außerordentlich leichten Platten finden hauptsächlich in landwirtschaftlichen Baulichkeiten, wie Stallungen und Molkereien usw. Anwendung.

Fig. 18.

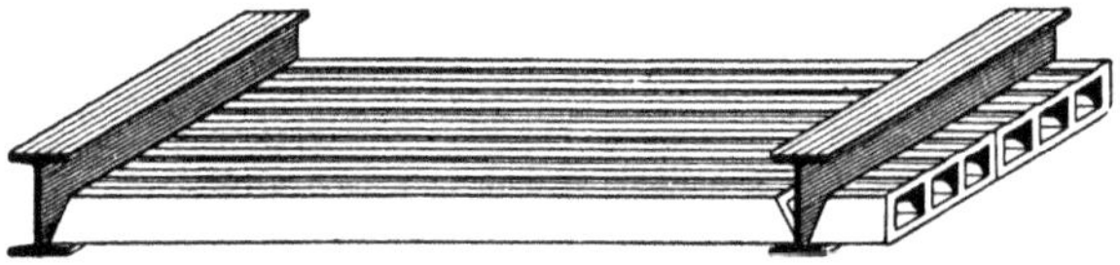

Fig. 18 zeigt die Hourdisplatten direkt auf die Trägerflanschen aufgelagert, während bei der Abbildung Fig. 19 Widerlagersteine zum Schutze der Trägerflanschen angeordnet sind, auf welchen die Platten seitlich auflagern.

Fig. 19.

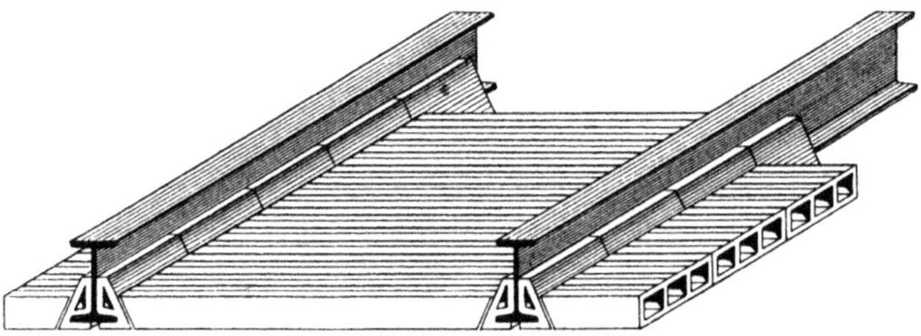

In der Fig. 20 ist noch ein Trägerummantelungsstein gezeigt, bei dessen Anwendung die Tragbalken markiert sind und der durch den vorstehenden Ansatz eine bessere Auflagerung der Platten gestattet.

Fig. 20.

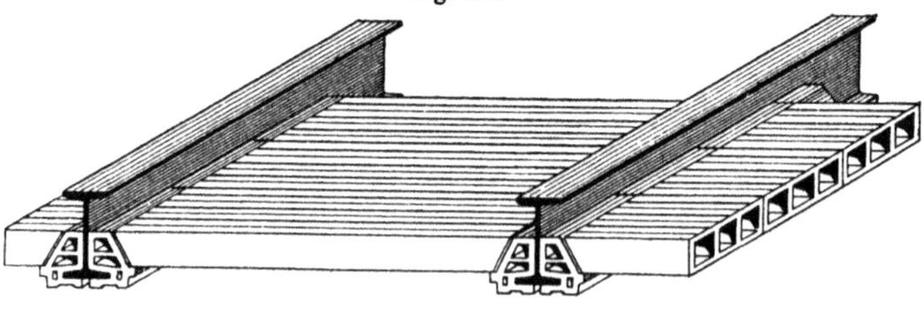

Die Hourdisplatten haben trotz ihrer geringen Stärke eine sehr hohe Tragfähigkeit. (Nach einem Prüfungsattest der Kgl. Versuchsstation Gr.-Lichterfelde = 6160 kg/qm.)

B. Decken mit Eiseneinlagen.

Decken mit Eiseneinlagen ermöglichen die leichte Überwindung größerer Spannweiten, ohne dabei einen Schub auf Träger oder Wände auszuüben, so daß Verankerungen usw. nicht erforderlich werden.

Die außerordentlich große Tragfähigkeit der Decken mit Eisen-Bewehrung ergibt sich durch das überaus günstige Zusammenwirken der verwendeten Materialien in statischer Hinsicht, wodurch naturgemäß auch wirtschaftliche Vorteile erzielt werden.

Die Kleine'sche Decke.

Unter den Decken mit Eiseneinlagen ist die Kleine'sche Decke vorbildlich für die größte Zahl unserer modernen Deckenkonstruktionen geworden. Das Wesentliche der Kleine'schen Decke ist die Herstellung einer ebenen tragfähigen Steinplatte mit in die Fugen eingebetteten von Auflager zu Auflager reichenden hochkantig gestellten Eisen unter Verwendung von Bausteinen meist rechteckigen Querschnittes. Dabei ist man an ein bestimmtes Mauermaterial nicht gebunden. Es läßt sich vielmehr jedes beliebige ortsübliche Steinmaterial verwerten, wenn schon natürlich die Verwendung porös gebrannter Ziegelhohlsteine oder Schwemmsteine wegen des geringen Gewichtes Vorteile bietet. Außer dem Gewicht spielt die Druckfestigkeit des Steinmaterials, dessen Nachweis von verschiedenen Behörden durch Prüfungszeugnisse eines Materialprüfungsamtes verlangt wird, eine große Rolle. In der maßgebenden obersten Schicht der Deckenplatte erreichen auch poröse Steine durch den ausgegossenen Zement, mit dem sich die Poren vollsaugen, eine bedeutende Druckfestigkeit. Die Steine können je nach Belastung und Spannweite flachseitig oder hochkantig oder auch flachseitig abwechselnd mit hochkantigen Verstärkungsrippen vermauert werden. Die erforderliche Eiseneinlage läßt sich für jeden Fall genau berechnen. Stärken von 25×1 mm reichen für gewöhnliche Spannweiten und Belastungen vollständig aus.

Der meist gebrauchte Kleine'sche Deckenstein zeigt die nachstehende Form und Abmessungen.

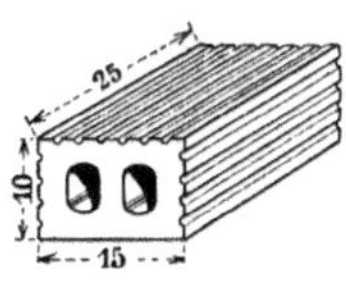

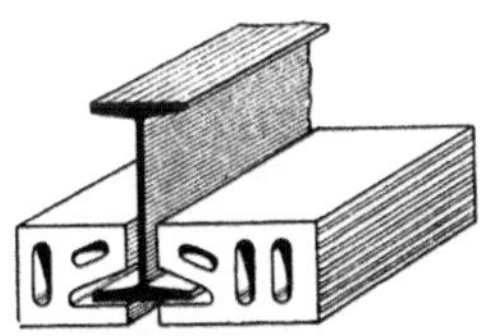

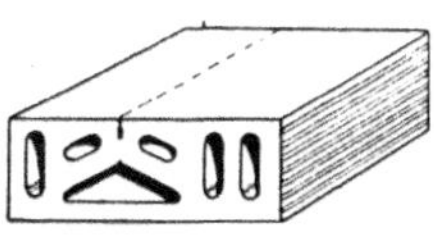

Sein wesentlichster Vorteil besteht darin, daß man mit einem einzigen Steinformat, welches überall in handelsüblichen Abmessungen erhältlich ist, fast alle Aufgaben der Raumüberdeckung im Wohnungs- und Fabrikbau lösen kann.

Besondere dazu passende Anfängersteine werden in verschiedenen Formen geliefert, die ebenfalls die Skizzen zeigen.

Einige gebräuchliche Ausführungsarten der Kleine'schen Decken sind in den nachstehenden Fig. 1 ÷ 3 veranschaulicht:

Fig. 1. Kleine'sche Decke. Schnitt quer zu den Trägern.

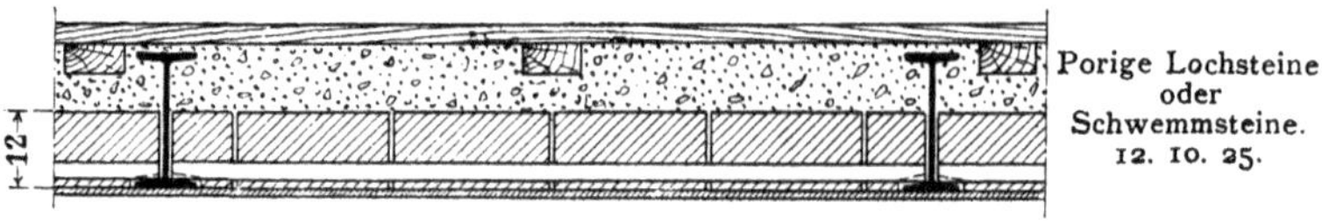

Fig. 1a. Decke aus Lochsteinen
12 · 10 · 25 cm.
Schnitt parallel mit den Trägern.

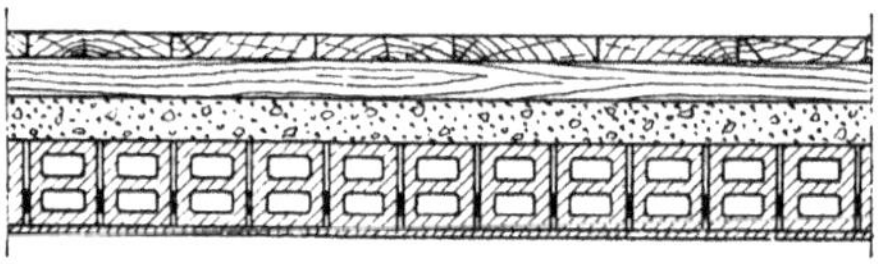

Fig. 1b. Decke aus Schwemmsteinen
12 · 10 · 25 cm.
Schnitt parallel mit den Trägern.

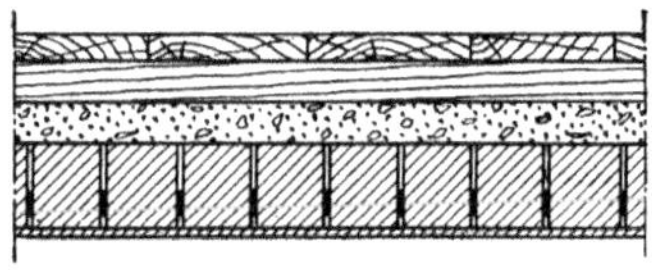

Fig. 2. Decke aus Ziegeln von Normalformat, 1/2 St. st.

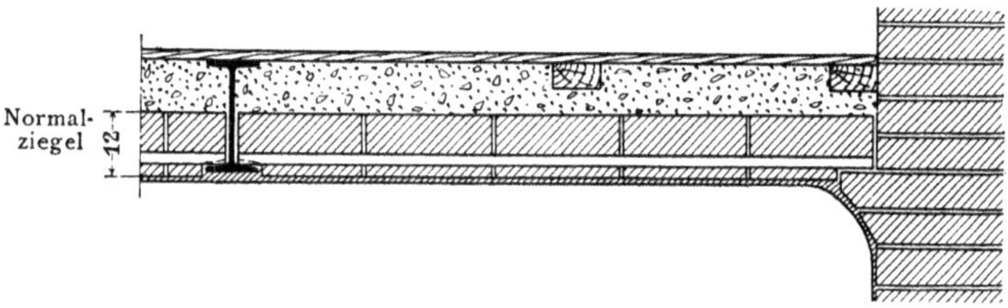

Fig. 2a. Decke aus Ziegeln von Normalformat, 1/2 St. st.
Schnitt parallel mit den Trägern.

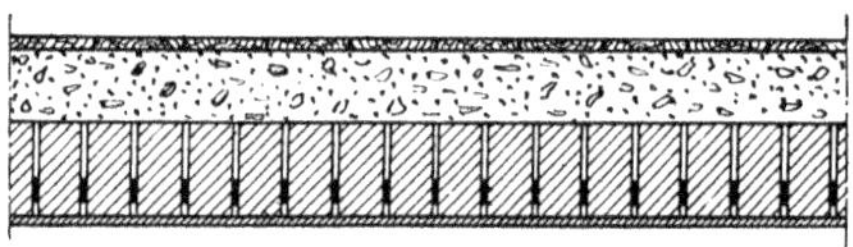

Fig. 2b. Deckenplatte aus Ziegelflachschicht mit Verstärkungsrippen.

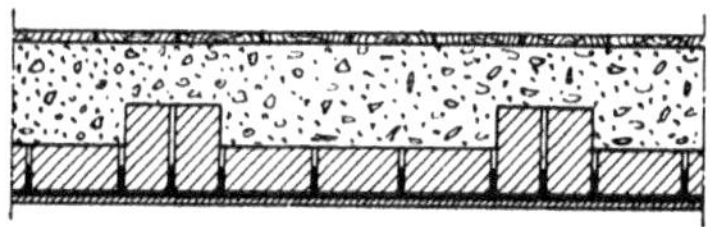

Fig. 3. Decke gestelzt mit Unterdecke.

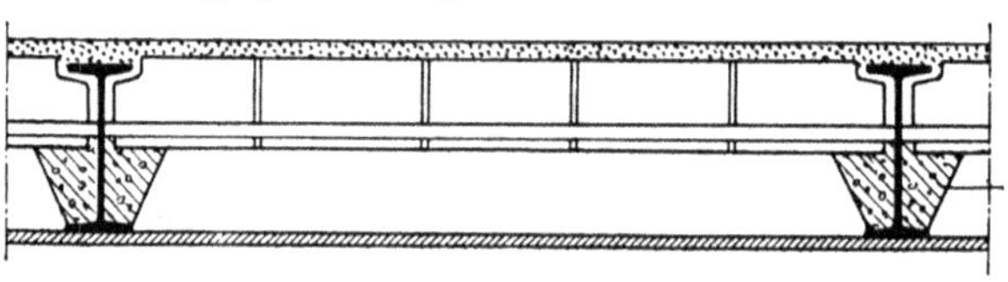

Auch die **Försterdecke** wird vielfach als eisenbewehrte Decke zur Anwendung gebracht.

Der Raum für die Eiseneinlagen wird geschaffen, indem der in dem Wölbstein an der Oberfläche zwischen den beiden Nuten liegende Steg mit dem Maurerhammer beseitigt wird, so daß der Stein eine ausgehöhlte Form erhält. In diese Kanäle werden Rund- oder Bandeiseneinlagen eingebracht, die dann mit Mörtel umfüllt werden. Dieser Anordnung muß ein besonderer technischer Vorzug zugebilligt werden, weil die Eiseneinlagen dabei nicht nur in einer Mörtelfuge liegen, sondern vollständig durch Mörtel bezw. das Tonmaterial der Wölbsteine so sicher umschlossen sind, daß bei Feuer weder die Stichflamme das Eisen erreichen kann, noch andere schädliche Einflüsse, wie beispielsweise mit Ammoniak durchsetzte Stallniederschläge, einwirken können. Der Försterstein kann als glückliche Form eines Deckensteines gelten, der sowohl für Decken mit als ohne Eiseneinlage gleich brauchbar erscheint.

Untenstehende Fig. 4 ÷ 7 geben Aufschluß über die verschiedenen Ausführungsarten der Försterdecke mit Eiseneinlagen.

Decke aus Förstersteinen mit Eiseneinlagen.

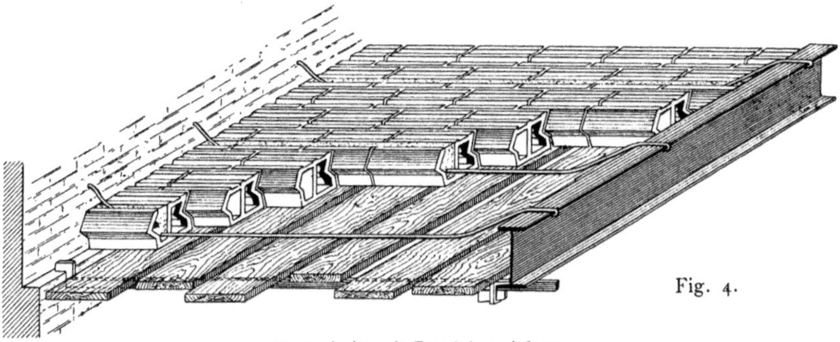

Fig. 4.

Querschnitt mit Rundeiseneinlage.

Fig. 5.

Querschnitt mit Bandeiseneinlage.

Fig. 6.

Förstersteine mit verschiedenen Eiseneinlagen:

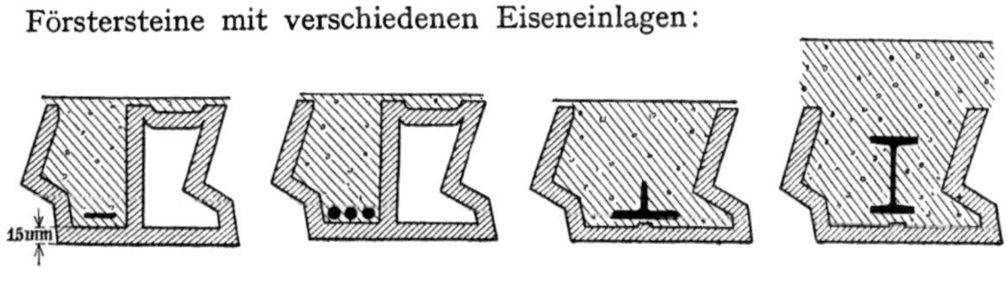

Perspektivische Ansicht der Försterdecke mit Eiseneinlagen.

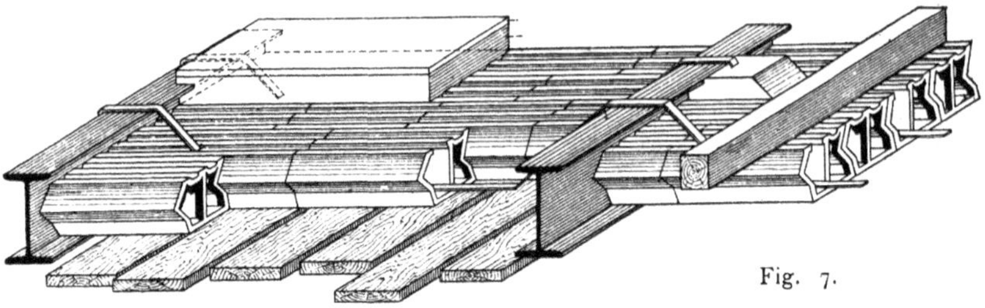

Fig. 7.

Die auf S. 32 und 33 beschriebene **Secura-Decke** kann als Decke mit Eiseneinlagen ebenfalls ausgeführt werden, in diesem Falle wird die Decke nicht im Verbande, sondern in Einzellamellen gewölbt und die Eiseneinlage in die durchgehenden Stoßfugen eingebettet. Als eisenarmierte Decke sei ferner noch die untenstehend abgebildete **Koenen'sche Voutenplatte** (Fig. 8, 9 u. 10) erwähnt, welche sowohl in statischer wie architektonischer Hinsicht weitgehenden Ansprüchen genügt.

Koenensche Voutenplatte.

Mittelfeld.

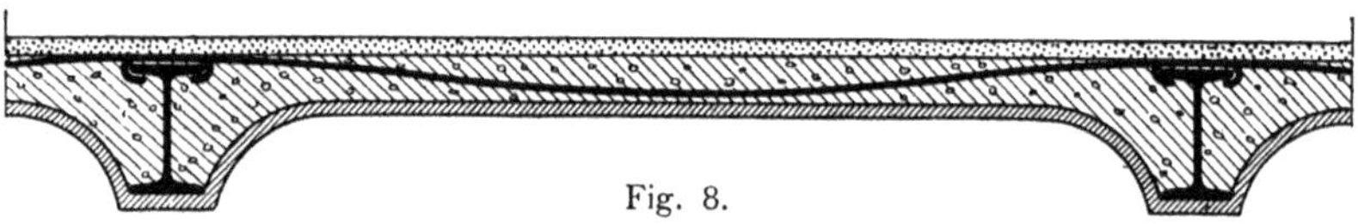

Fig. 8.

Endfeld.

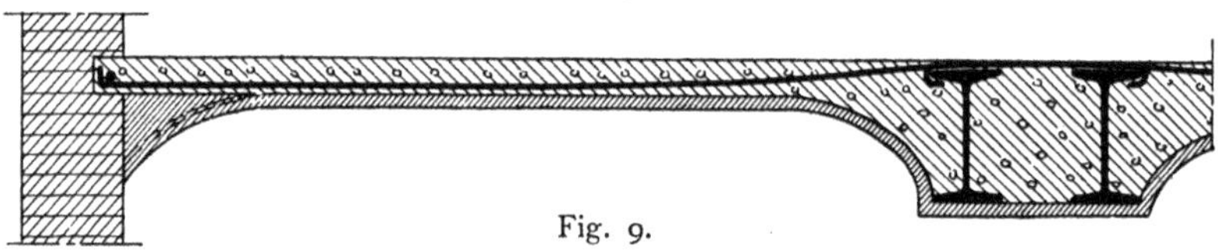

Fig. 9.

Grundriß.

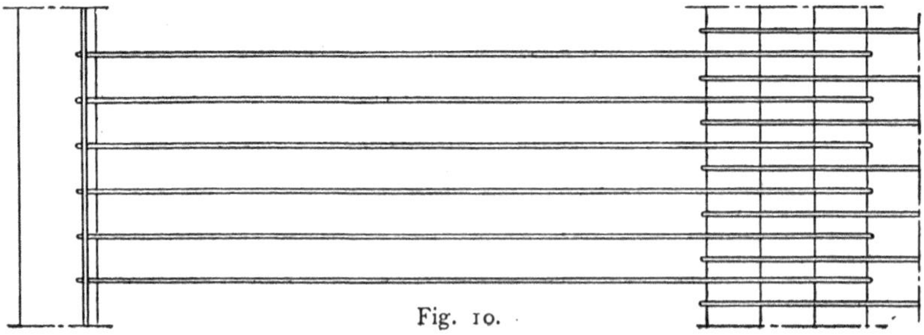

Fig. 10.

Durch die voutenförmigen Verstärkungen an den Auflagern resp. Trägern und der guten Verankerung der Rundeisen mit den Trägerflanschen wird an diesen Stellen eine feste Einspannung der Deckenplatte erzielt, welche die Streckenmomente erheblich verringert, sodaß nach einem neueren Erlaß des Berl. Pol.-Präs. die Mittelfelder mit $M = \frac{q \cdot l^2}{18}$ und die Endfelder mit $M = \frac{q \cdot l^2}{12}$ berechnet werden können (s. Tabellen auf S. 69—72).

Die eigenartig konkav-konvex gebogenen Eiseneinlagen nehmen die auftretenden Transversalkräfte auf, die sie durch die Voute auf den Trägerflansch resp. Mauerwerkskörper übertragen.

Die voutenförmigen Ausrundungen an den Auflagern und Trägern, welche bei der Koenen'schen Voutenplatte in erster Linie die statische Wirksamkeit der Decke erhöhen, verleihen dieser auch ein sehr gefälliges Aussehen. Für die voutenförmige Ausstampfung ist bei den Trägerberechnungen ein Gewichtszuschlag je nach der Höhe der Träger zu machen.

Eine gleichfalls viel ausgeführte Deckenart ist die nachstehend zur Abbildung gebrachte **kombinierte Beton-Schwemmsteindecke.**

Bei der Herstellung werden die Schwemmsteine auf der Schalung reihenweise verlegt und zwar so, daß zwischen den einzelnen Steinreihen Zwischenräume von 4—6 cm Breite verbleiben.

Diese Zwischenräume werden, nachdem die Eiseneinlagen eingelegt sind, mit Kiesbeton ausgestampft und gleichzeitig wird die mindestens 5 cm starke Betonschicht aufbetoniert. Die Schwemmsteine bilden in diesem Falle gewissermaßen nur das Ausfüllungsmaterial zwischen den einzelnen eisenarmierten Betonstegen.

Die Berechnungsweise dieser Decken erfolgt in derselben Weise wie bei den Eisenbetondecken, da sämtliche Druckspannungen von der aufbetonierten Kiesbetonschicht, und alle Zugspannungen durch die Eiseneinlagen aufgenommen werden.

Bei der Berechnung ist nur der T-förmige Querschnitt aus Kiesbeton in Rechnung zu setzen und als Plattenbalken zu behandeln.

Längenschnitt.

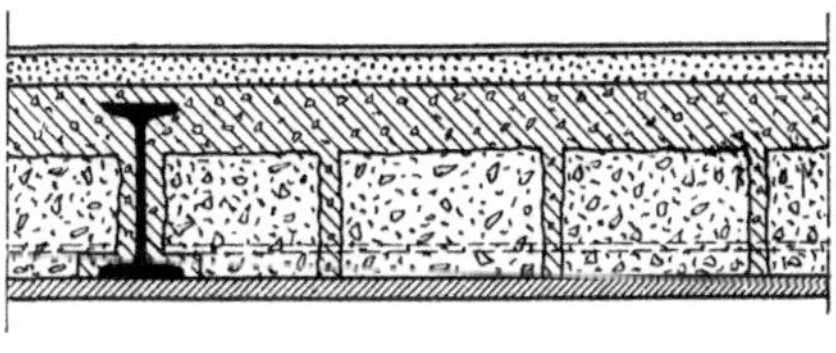

Querschnitt.

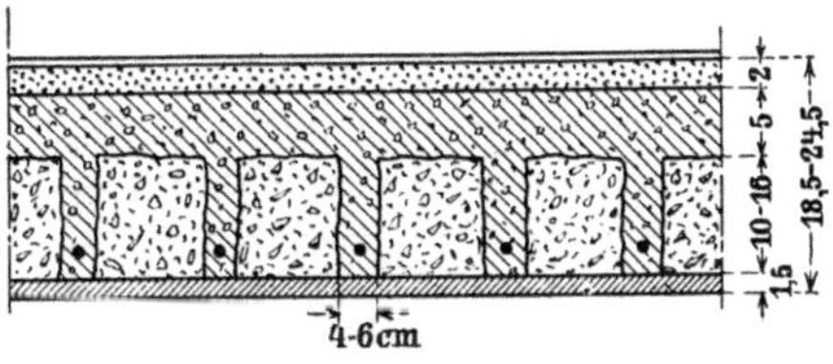

Für die statische Berechnung der Kleine'schen Decken sowohl wie für sämtliche sonstigen Steineisendecken, bei denen das Deckenmaterial aus Vollziegeln oder porösen Lochziegeln besteht, kommen die auf Seite 42 zum Abdruck gebrachten „Amtlichen Bestimmungen" in Anwendung.

Amtliche Bestimmungen für die Berechnung und Ausführung von Decken mit Eiseneinlagen.

Decken mit Eiseneinlagen sind Verbundkonstruktionen. Die Berechnung dieser Decken erfolgt nach **den Bestimmungen für die Ausführung von Konstruktionen aus Eisenbeton bei Hochbauten vom 24. Mai 1907** und dem nachstehend abgedruckten **Runderlaß des Ministers der öffentlichen Arbeiten: betreffend baupolizeiliche Behandlung ebener massiver Decken bei Hochbauten vom 21. Januar 1909.**

Unter Aufhebung meiner Runderlasse v. 6. Mai 1904 (III. B. 2790)[1]) und vom 11. April 1905 (III. B. 1993)[2]) bestimme ich hinsichtlich der baupolizeilichen Behandlung ebener massiver Decken bei Hochbauten das Nachstehende:

Die Bestimmungen für die Ausführungen von Konstruktionen aus Eisenbeton bei Hochbauten[3]) vom 24. Mai 1907 finden auf ebene Decken aus Ziegelsteinen mit Eiseneinlagen sinngemäß Anwendung, sofern die statischen Verhältnisse, namentlich die Form und Lage der Eisenstäbe, den Voraussetzungen entsprechen, die den genannten Bestimmungen im II. und III. Abschnitt zugrunde liegen. Das Elastizitätsmaß des Ziegelkörpers kann dabei zum 25. Teile von dem des Eisens angenommen werden ($n = 25$).

Die bei der Biegung in der Steinlage auftretende größte Druckspannung soll, die Verwendung von Zementmörtel vorausgesetzt, nicht 15 v. H. der durch amtliche Zeugnisse nachzuweisenden Druckfestigkeit der Steine überschreiten, in keinem Falle aber mehr als 35 kg/qcm betragen. Eine zur Erhöhung der Tragfestigkeit aufgebrachte Betonschicht bleibt, wenn sie weniger als **3 cm** stark ist, bei der Tragfähigkeitsberechnung außer Betracht; **bei mindestens 3 cm** aber **nicht mehr als 5 cm** Stärke kann die Tragfähigkeit nach obigen Vorschriften für Steindecken mit Eiseneinlagen, also mit $n = 25$ berechnet werden. Fällt jedoch die Nulllinie innerhalb dieser Betonschicht, oder hat letztere eine größere Stärke als 5 cm, dann ist die Decke stets als eine Eisenbetondecke nach den Bestimmungen vom 24. Mai 1907, also mit $n = 15$ zu berechnen, wobei die Ziegelsteine nur als Ausfüllung der Zugzone zu betrachten sind. Das Mischungsverhältnis der Betonschicht darf nicht magerer sein, als ein Raumteil Zement auf drei Raumteile Kiessandgemenge. Die Schubbeanspruchung der Deckensteine darf das Maß von 2,5 kg/qcm nicht überschreiten.

---

[1]) Zentralblatt der Bauverwaltung 1904, S. 258.

[2]) Zentralblatt der Bauverwaltung 1905, S. 221.

[3]) Zentralblatt der Bauverwaltung 1907, S. 301.

Plattenförmige Decken, die beiderseits auf den unteren Flanschen eiserner Träger aufruhen und dicht an die Stege dieser Träger anschließen, dürfen halb eingespannt angesehen und nach der Formel $M = \frac{pl^2}{10}$ berechnet werden. Werden die Decken indessen nach Art von Plattenbalken in der Weise ausgebildet, daß die eisernen Träger nur von einzelnen, mehr oder weniger scharf ausgebildeten Balken belastet werden und die Ziegelsteinplatte nur die Zwischenräume dieser Balken überdeckt und ausfüllt, so sind sie nur als freiliegend anzusehen. Das gleiche gilt von solchen Decken, die nicht unmittelbar auf dem unteren Trägerflansch, sondern auf einem überhöhten Auflager aufruhen.

Die Übereinstimmung der Güte der zur Verwendung kommenden Ziegelsteine mit der durch die Prüfungszeugnisse amtlicher Untersuchungsanstalten nachgewiesenen, ist fortdauernd sorgfältig zu überwachen. Daher ist eine Wiederholung der Prüfung durch solche Anstalten nach den Weisungen und unter entsprechender Mitwirkung der Polizeiverwaltung in angemessenen Zwischenräumen erforderlich.

Auf ebene Decken ohne Eiseneinlagen sind vorstehende Vorschriften nicht anwendbar. Wenn sie nach ihrer Einzelgestaltung nicht als gewölbeartige Konstruktionen angesehen und berechnet werden können, wird ihre Tragfähigkeit in der Regel durch Probebelastungen, die bis zum Bruche durchgeführt werden, zu ermitteln sein. Als zulässige Nutzlast ist ein Zehntel der aufgebrachten Probelast, die den Bruch herbeiführte, anzusehen. Die Genehmigung ist nur für die bei den Probedecken gewählte Spannweite, Stärke und Auflagerart zu erteilen, auch wenn die Bruchlast mehr als das Zehnfache der beabsichtigten Nutzlast betragen sollte.

Wegen der Verpflichtung zur Tragung der Kosten, welche durch die baupolizeiliche Prüfung der vorerwähnten Konstruktionen, die Überwachung ihrer Ausführung und die Bauabnahme entstehen, gilt das im Erlasse vom 16. April 1904 (III B. 2786)[1]) Gesagte.

Ew. . . wollen die Baupolizeibehörden entsprechend anweisen.

Der Minister der öffentlichen Arbeiten.

In Vertretung: v. Coels.

An die Herren Regierungspräsidenten
und den Herrn Polizeipräsidenten hier.
III B. 8. 439/08.

Für die Handhabung der letztgenannten Bestimmungen sind **mit Genehmigung des Ministers** vom Berliner Polizeipräsidenten **nachstehende Gesichtspunkte** aufgestellt, um den berechtigten Wünschen der solche Decken ausführenden Firmen gerecht zu werden.

---

[1]) Zentralblatt der Bauverwaltung 1904, S. 253.

Auszug aus einer Verfügung des Polizeipräsidenten.

Abteilung III Tageb. No. 768 III. G. R. 1909 vom 30. Juni 1909.

Mit Genehmigung des Herrn Ministers wird bei Handhabung des Erlasses vom 21. Januar 1909 betreffend baupolizeiliche Behandlung ebener massiver Decken bei Hochbauten im allgemeinen von folgenden Gesichtpunkten ausgegangen werden:

1. Steinplattendecken der üblichen Kleine'schen Art können, wenn auch die Nulllinie bei der Berechnung in die Hohlräume fällt, wie bisher unter Voraussetzung eines vollen Querschnittes als Platten (nicht Plattenbalken) berechnet werden.
2. Für die zulässige Schubspannung der Deckensteine, deren Höchstwert nach dem genannten Erlasse auf 2,5 kg/qcm festgesetzt ist, darf dann ein größerer Wert und zwar bis höchstens 4,5 kg/qcm angenommen werden, wenn größere Druckfestigkeiten der Deckensteine als 225 kg/qcm nachgewiesen werden. Diese höheren Schubspannungen (Tx) müssen in einem entsprechenden Verhältnis zur Steinfestigkeit stehen. ($Tx = \frac{Ks \cdot 2{,}5}{225} \leqq 4{,}5$ kg/qcm).
3. Die Haftspannung zwischen den Eiseneinlagen und dem Fugenmörtel kann entsprechend den Bestimmungen für Eisenbetonkonstruktionen zu 4,5 kg/qcm werden.
4. Decken, die auf gestelzten Auflagern über den Unterflanschen von eisernen Trägern aufliegen und bei denen eine Verspannung zwischen Decke und Trägeroberflansch durch Beton hergestellt wird, können wie die unmittelbar auf den Unterflanschen aufruhenden Decken als halb eingespannte angesehen, d. h. mit der Formel $M = \frac{pl^2}{10}$ berechnet werden. Indessen müssen die gestelzten Auflager aus Beton 1 : 3 bestehen und mit möglichst flacher Neigung an die Decken anschließen.
5. Decken ohne Aufbetonierung können, wenn sie als Endfelder einerseits unmittelbar auf Trägerflanschen oder auf gestelzten Auflagern und andererseits auf Mauern aufruhen, ebenfalls als halb eingespannt angesehen werden.
6. Der zur Verstärkung über den Decken aufgebrachte Beton darf bei einem Mischungsverhältnis von einem Raumteil Zement auf drei Raumteile Kiessand höchstens mit 35 kg/qcm auf Druck beansprucht werden.

Berechnung von Steineisendecken.

Im nachfolgenden bezeichne:

h die Steinhöhe in cm

f_e den Querschnitt der Eiseneinlage pro m Deckenbreite

n das Verhältnis der Elastizitätsmodule von Eisen zu Ziegelstein

σ_s die zulässige Beanspruchung des Steinmaterials
σ_e die zulässige Beanspruchung des Eisens
a die Entfernung vom Schwerpunkt der Eiseneinlage bis Unterkante Deckenstein
b die Breite der Deckenplatte
M das auftretende Moment infolge der Gesamtbelastung, dann ist die Lage der Nulllinie bestimmt durch:

$$X = \frac{nf_e}{b}\left[\sqrt{1 + \frac{2b\,(h-a)}{nf_e}} - 1\right] \quad \text{worin } n = 25 \text{ zu setzen ist.}$$

Das zulässige Moment beträgt

$$M = \frac{\sigma_s}{2}\,bx\left(h - a - \frac{x}{3}\right)$$

oder

$$= \sigma_e f_e \left(h - a - \frac{x}{3}\right)$$

Für eine Gesamtbelastung q pro qm Decke wird das Moment $M = q\frac{l^2}{10}$; im Vergleich mit den beiden letzten Werten ergeben sich Werte für die größte Stützweite l mit Rücksicht auf die größte Steinbeanspruchung und mit Rücksicht auf die größte Eisenbeanspruchung

$$l^2 = \frac{5\,\sigma_s}{q}\,bx\left(h - a - \frac{x}{3}\right); \quad l = \sqrt{\frac{5\,\sigma_s}{q}\,bx\left(h - a - \frac{x}{3}\right)}$$

und

$$l^2 = \frac{10\,\sigma_e\,f_e}{q}\left(h - a - \frac{x}{3}\right); \quad l = \sqrt{\frac{10\,\sigma_e\,f_e}{q}\left(h - a - \frac{x}{3}\right)}$$

Die größte Querkraft am Auflager beträgt $V = \frac{q\,l}{2}$.

Die Schubspannung im Steinmaterial berechnet sich unter Berücksichtigung der Steinhohlräume

$$\text{zu } \tau_0 = \frac{V}{b_1\left(h - a - \frac{x}{3}\right)} \quad \text{worin } b_1 = 100 - \frac{100}{16} \cdot 2 \cdot 4{,}0 = 50 \text{ cm beträgt.}$$

Bezeichnet man mit u den Umfang der Eiseneinlagen für den lfdm. Decke so beträgt die Haftspannung

$$\tau_1 = \frac{V}{u \cdot \left(h - a - \frac{x}{3}\right)}.$$

Auf Grund der vorstehenden Angaben sind in den folgenden **Tabellen für verschiedene Steinhöhen mit und ohne Aufbetonierung**, sowie **bei verschiedenen Armierungen die größten Stützweiten bei gegebener Gesamtbelastung pro qm Decke** berechnet worden. Ebenso sind die Schub- und Haftspannungen berechnet worden, und als Grenzwerte 2,5 resp. 4,5 kg/cm², entsprechend den Vorschriften, eingeführt.

Deckenplatte aus 10 cm hohen Ziegelhohlsteinen

($\sigma_e = 1000$ kg/qcm).

Abmessungen der Eiseneinlagen in mm		20.1	20.1	20.1,5	20.1,5	20.2	20.2	20.3	20.3	20.4
Entfernung der Eisen voneinander in cm		16	32	16	32	16	32	16	32	16
Eisenquerschnitt in qcm pro Meter Deckenbreite		1,25	0,625	1,875	0,938	2,50	1,25	3,75	1,875	5,00
Nutzbare Höhe (h−a) in cm		8,5	8,5	8,5	8,5	8,5	8,5	8,5	8,5	8,5
Abstand der Nulllinie von Deckenoberkante X in cm		2,01	1,49	2,39	1,77	2,69	2,01	3,16	2,39	3,52
Maximalmoment in cmkg		9788	5000	14440	7420	19000	9788	27940	14440	36650
Beanspruchung im Stein σ_s in kg/qcm		12,43	8,38	15,70	10,60	18,60	12,43	23,72	15,70	28,40
Beanspruchung des Eisens σ_e in kg/qcm		1000	1000	1000	1000	1000	1000	1000	1000	1000
Größte Stützweiten l der Deckenplatte in Meter, größte Schubspannungen τ_0, größte Haftspannungen τ_1 für eine Gesamtbelastung in kg/qm der Deckenplatte von										
500	l in m	1,400	1,000	1,700	1,220	1,948	1,400	2,360	1,700	2,710
	τ_0 kg/qcm	0,893	0,625	1,103	0,771	1,280	0,893	1,582	1,103	1,847
	τ_1 kg/qcm	1,70	2,46	2,05	2,87	2,325	3,245	2,75	3,84	3,08
550	l in m	1,333	0,954	1,620	1,160	1,850	1,335	2,250	1,620	2,580
	τ_0 kg/qcm	0,93	0,655	1,156	0,809	1,344	0,93	1,661	1,156	1,936
	τ_1 kg/qcm	1,78	2,495	2,155	3,01	2,445	3,405	2,89	4,03	3,225
600	l in m	1,276	0,913	1,55	1,110	1,780	1,275	2,160	1,550	2,470
	τ_0 kg/qcm	0,98	0,684	1,21	0,842	1,403	0,98	1,74	1,21	2,025
	τ_1 kg/qcm	1,862	2,61	2,255	3,13	2,555	3,555	3,025	4,21	3,37
650	l in m	1,225	0,877	1,490	1,065	1,705	1,225	2,075	1,490	2,375
	τ_0 kg/qcm	1,015	0,713	1,26	0,877	1,461	1,015	1,806	1,26	2,11
	τ_1 kg/qcm	1,935	2,72	2,34	3,265	2,660	3,70	3,145	4,385	3,52
700	l in m	1,180	0,845	1,435	1,030	1,650	1,180	2,00		2,290
	τ_0 kg/qcm	1,055	0,74	1,31	0,91	1,515	1,055	1,876		2,186
	τ_1 kg/qcm	2,015	2,82	2,44	3,385	2,76	3,845	3,26		3,645
750	l in m	1,142	0,817	1,385	0,990	1,590	1,140	1,925		2,210
	τ_0 kg/qcm	1,091	0,768	1,350	0,943	1,57	1,091	1,94		2,265
	τ_1 kg/qcm	2,084	2,93	2,52	3,51	2,855	3,975	3,38		3,775
800	l in m	1,105	0,790	1,340	0,960	1,540	1,105	1,870		2,140
	τ_0 kg/qcm	1,126	0,790	1,392	0,974	1,62	1,126	2,005		2,332
	τ_1 kg/qcm	2,15	3,01	2,595	3,62	2,945	4,11	3,485		3,89
850	l in m	1,072	0,767	1,300	0,930	1,495	1,070	1,815		2,075
	τ_0 kg/qcm	1,165	0,815	1,44	1,002	1,67	1,165	2,07		2,405
	τ_1 kg/qcm	2,22	3,11	2,68	3,735	3,04	4,23	3,60		4,01
900	l in m	1,041	0,745	1,265	0,908	1,452	1,042	1,760		2,02
	τ_0 kg/qcm	1,198	0,838	1,478	1,033	1,72	1,196	2,127		2,48
	τ_1 kg/qcm	2,28	3,195	2,75	3,845	3,124	4,35	3,70		4,13
1000	l in m	0,988	0,707	1,200	0,860	1,375		1,670		
	τ_0 kg/qcm	1,260	0,885	1,560	1,090	1,815		2,240		
	τ_1 kg/qcm	2,40	3,37	2,90	4,06	3,295		3,90		

Deckenplatte aus 12 cm hohen Ziegelhohlsteinen
($\sigma_e = 1000$ kg/qcm).

Abmessungen der Eiseneinlagen in mm	20 . 1	20 . 1	20 . 1,5	20 . 1,5	20 . 2	20 . 2	20 . 3	20 . 3	20 . 4
Entfernung der Eisen voneinander in cm	16	32	16	32	16	32	16	32	16
Eisenquerschnitt in qcm pro Meter Deckenbreite	1,25	0,625	1,875	0,938	2,50	1,25	3,75	1,875	5,00
Nutzbare Höhe (h−a) in cm	10,5	10,5	10,5	10,5	10,5	10,5	10,5	10,5	10,5
Abstand der Nulllinie von Deckenoberkante X in cm	2,265	1,665	2,70	2,0	3,05	2,265	3,60	2,70	4,02
Maximalmoment in cmkg	12180	6215	18000	9220	23700	12180	34875	18000	45800
Beanspruchung im Stein σ_s in kg/qcm	11,03	7,51	13,90	9,38	16,4	11,03	20,85	13,90	24,95
Beanspruchung des Eisens σ_e in kg/qcm	1000	1000	1000	1000	1000	1000	1000	1000	1000

Größte Stützweiten l der Deckenplatte in Meter, größte Schubspannungen τ_0, größte Haftspannungen τ_1 für eine Gesamtbelastung in kg/qm der Deckenplatte von

Gesamtbelastung		20 . 1	20 . 1	20 . 1,5	20 . 1,5	20 . 2	20 . 2	20 . 3	20 . 3	20 . 4
500	l in m	1,560	1,115	1,897	1,359	2,175	1,560	2,640	1,897	3,025
	τ_0 kg/qcm	0,80	0,561	0,988	0,691	1,147	0,80	1,42	0,988	1,65
	τ_1 kg/qcm	1,525	2,135	1,835	2,57	2,085	2,915	2,47	3,43	2,75
550	l in m	1,490	1,062	1,810	1,295	2,075	1,49	2,520	1,81	2,885
	τ_0 kg/qcm	0,841	0,589	1,037	0,725	1,202	0,841	1,49	1,037	1,73
	τ_1 kg/qcm	1,602	2,235	1,928	2,695	2,185	3,06	2,595	3,605	2,885
600	l in m	1,425	1,018	1,732	1,240	1,988	1,425	2,415	1,732	2,760
	τ_0 kg/qcm	0,877	0,614	1,083	0,756	1,257	0,877	1,555	1,083	1,808
	τ_1 kg/qcm	1,671	2,340	2,015	2,815	2,285	3,195	2,71	3,76	3,015
650	l in m	1,368	0,977	1,665	1,191	1,910	1,368	2,320	1,665	2,654
	τ_0 kg/qcm	0,914	0,637	1,128	0,789	1,308	0,914	1,62	1,128	1,883
	τ_1 kg/qcm	1,735	2,435	2,095	2,93	2,385	3,320	2,82	3,92	3,140
700	l in m	1,320	0,942	1,604	1,150	1,840	1,320	2,232	1,604	2,560
	τ_0 kg/qcm	0,95	0,663	1,170	0,818	1,359	0,95	1,68	1,170	1,958
	τ_1 kg/qcm	1,805	2,525	2,175	3,05	2,470	3,445	2,92	4,07	3,26
750	l in m	1,275	0,911	1,550	1,110	1,780	1,275	2,157	1,55	2,470
	τ_0 kg/qcm	0,982	0,688	1,210	0,848	1,406	0,982	1,74	1,21	2,02
	τ_1 kg/qcm	1,868	2,615	2,25	3,15	2,56	3,57	3,025	4,21	3,375
800	l in m	1,232	0,881	1,500	1,072	1,720	1,232	2,090	1,500	2,390
	τ_0 kg/qcm	1,011	0,71	1,250	0,873	1,45	1,011	1,798	1,25	2,085
	τ_1 kg/qcm	1,925	2,70	2,325	3,24	2,64	3,675	3,125	4,34	3,475
850	l in m	1,195	0,855	1,455	1,042	1,670	1,195	2.025	1,455	2,320
	τ_0 kg/qcm	1,042	0,731	1,286	0,901	1,498	1,042	1,85	1,286	2,15
	τ_1 kg/qcm	1,985	2,785	2,395	3,35	2,72	3,795	3,215	4,48	3,59
900	l in m	1,162	0,831	1,414	1,012	1,621	1,162	1,970		2,255
	τ_0 kg/qcm	1,075	0,752	1,325	0,927	1,54	1,075	1,905		2,213
	τ_1 kg/qcm	2,045	2,865	2,465	3,445	2,80	3,905	3,32		3,69
1000	l in m	1,103	0,788	1,342	0,959	1,540	1,103	1,870		2,140
	τ_0 kg/qcm	1,132	0,793	1,399	0,975	1,625	1,132	2,01		2,335
	τ_1 kg/qcm	2,155	3,02	2,60	3,625	2,955	4,12	3,50		3,89

Deckenplatte aus 10 cm hohen Ziegelhohlsteinen mit 3 cm Aufbetonierung

($\sigma_e = 1000$ kg/qcm).

	Abmessungen der Eiseneinlagen in mm	20.2	20.3	20.4	20.5	26.2	26.3	26.4	26.5	30.2	30.3	30.4	30.…
	Entfernung der Eisen voneinander in cm	16	16	16	16	16	16	16	16	16	16	16	16
	Eisenquerschnitt in qcm pro m Deckenbreite	2,50	3,75	5,00	6,25	3,25	4,875	6,50	8,125	3,75	5,625	7,50	9,37…
	Nutzbare Höhe (h – a) in cm	11,5	11,5	11,5	11,5	11,2	11,2	11,2	11,2	11,0	11,0	11,0	11,…
	Abstand der Nulllinie von Deckenoberkante X in cm	3,21	3,79	4,25	4.62	3,52	4,14	4,61	5,00	3,69	4,32	4,81	5,2…
	Maximalmoment in cmkg	26100	38410	50400	62200	32550	47900	62750	77500	36600	53750	70500	869…
	Beanspruchung im Stein σ_s in kg/qcm	15,58	19,80	23,50	27,08	18,44	23,55	28,20	32,50	20,30	26,05	31,20	36,1…
	Beanspruchung des Eisens σ_e in kg/qcm	1000	1000	1000	1000	1000	1000	1000	1000	1000	1000	1000	100…
Größte Stützweiten l der Deckenplatte in Meter, größte Schubspannungen τ_0, größte Haftspannungen τ_1 für eine Gesamtbelastung in kg/qm der Deckenplatte von													
550	l in m	2,175	2,64	3,025	3,36	2,43	2,95	3,38	3,75	2,575	3,125	3,58	3,97…
	τ_0 kg/qcm	1,147	1,417	1,65	1,855	1,332	1,654	1,923	2,165	1,451	1,80	2,095	2,35…
	τ_1 kg/qcm	2,085	2,465	2,747	2,97	1,903	2,275	2,565	2,792	1,813	2,18	2,464	2,69…
600	l in m	2,085	2,525	2,895	3,22	2,325	2,825	3,235	3,59	2,465	2,99	3,425	3,80…
	τ_0 kg/qcm	1,196	1,478	1,721	1,94	1,389	1,724	2,01	2,262	1,515	1,88	2,189	2,46…
	τ_1 kg/qcm	2,172	2,570	2,870	3,105	1,985	2,375	2,68	2,915	1,895	2,275	2,575	2,81…
650	l in m	2,01	2,425	2,78	3,095	2,235	2,71	3,105	3,45	2,375	2,87	3,29	
	τ_0 kg/qcm	1,245	1,54	1,795	2,019	1,446	1,795	2,09	2,353	1,578	1,951	2,278	
	τ_1 kg/qcm	2,265	2,675	2,99	3,23	2,065	2,475	2,785	3,035	1,973	2,366	2,677	
700	l in m	1,93	2,34	2,68	2,98	2,155	2,615	2,99	3,33	2,285	2,77	3,17	
	τ_0 kg/qcm	1,293	1,60	1,86	2,095	1,503	1,865	2,165	2,443	1,64	2,025	2,36	
	τ_1 kg/qcm	2,35	2,785	3,10	3,35	2,145	2,572	2,89	3,155	2,048	2,455	2,778	
750	l in m	1,865	2,265	2,59	2,88	2,08	2,525	2,89		2,205	2,675	3,065	
	τ_0 kg/qcm	1,338	1,656	1,925	2,168	1,554	1,927	2,245		1,693	2,10	2,445	
	τ_1 kg/qcm	2,43	2,882	3,21	3,475	2,22	2,66	2,993		2,118	2,543	2,875	
800	l in m	1,805	2,19	2,51	2,785	2,015	2,445	2,80		2,135	2,59		
	τ_0 kg/qcm	1,382	1,71	1,99	2,219	1,604	1,99	2,319		1,75	2,168		
	τ_1 kg/qcm	2,51	2,97	3,315	3,585	2,293	2,746	3,09		2,188	2,63		
850	l in m	1,75	2,125	2,43	2,70	1,95	2,375	2,715		2,075	2,51		
	τ_0 kg/qcm	1,424	1,762	2,05	2,305	1,652	2,055	2,39		1,803	2,239		
	τ_1 kg/qcm	2,59	3,06	3,41	3,693	2,36	2,835	3,188		2,253	2,71		
900	l in m	1,703	2,085	2,366	2,628	1,903	2,306	2,64		2,02	2,444		
	τ_0 kg/qcm	1,470	1,83	2,11	2,38	1,71	2,115	2,46		1,862	2,30		
	τ_1 kg/qcm	2,673	3,18	3,52	3,805	2,44	2,92	3,28		2,327	2,79		
1000	l in m	1,615	1,96	2,245	2,49	1,80	2,185			1,91	2,315		
	τ_0 kg/qcm	1,545	1,914	2,225	2,50	1,795	2,225			1,954	2,425		
	τ_1 kg/qcm	2,808	3,325	3,705	4,00	2,563	3,068			2,44	2,935		

Deckenplatte aus 15 cm hohen Ziegelhohlsteinen

(σ_e = 1000 kg/qcm).

Abmessungen der Eiseneinlagen in mm		**20.2**	**20.3**	**20.4**	**20.5**	**26.2**	**26.3**	**30.2**	**30.3**
Entfernung der Eisen voneinander in cm		**11,5**	**11,5**	**11,5**	**11,5**	**11,5**	**11,5**	**11,5**	**11,5**
Eisenquerschnitt in qcm pro Meter Deckenbreite		3,48	5,22	6,96	8,70	4,52	6,79	5,22	7,83
Nutzbare Höhe (h—a) in cm		13,5	13,5	13,5	13,5	13,2	13,2	13,0	13,0
Abstand der Nulllinie X von Deckenoberkante in cm		4,04	4,78	5,32	5,80	4,44	5,21	4,66	5,43
Maximalmoment in cmkg		**42300**	**62200**	**81700**	**100600**	**53000**	**77850**	**59800**	**87700**
Beanspruchung im Stein σ_s in kg/qcm		17,21	21,85	26,20	30,00	20,35	26,10	22,42	28,90
Beanspruchung des Eisens σ_e in kg/qcm		1000	1000	1000	1000	1000	1000	1000	1000
550	l in m	**2,77**	**3,365**	**3,85**	**4,275**	**3,105**	**3,76**	**3,29**	**3,995**
	τ_0 kg/qcm	1,31	1,62	1,88	2,12	1,52	1,88	1,65	2,02
	τ_1 kg/qcm	1,64	1,94	2,16	2,34	1,495	1,79	1,42	1,71
600	l in m	**2,655**	**3,22**	**3,685**	**4,095**	**2,97**	**3,60**	**3,155**	**3,82**
	τ_0 kg/qcm	1,365	1,69	1,96	2,21	1,58	1,965	1,725	2,135
	τ_1 kg/qcm	1,715	2,025	2,26	2,44	1,56	1,87	1,485	1,785
650	l in m	**2,55**	**3,09**	**3,54**	**3,935**	**2,855**	**3,46**	**3,03**	**3,67**
	τ_0 kg/qcm	1,42	1,76	2,04	2,305	1,65	2,045	1,79	2,225
	τ_1 kg/qcm	1,785	2,11	2,35	2,54	1,625	1,95	1,545	1,855
700	l in m	**2,46**	**2,98**	**3,41**	**3,79**	**2,75**	**3,33**	**2,925**	**3,54**
	τ_0 kg/qcm	1,475	1,83	2,125	2,39	1,71	2,12	1,86	2,305
	τ_1 kg/qcm	1,85	2,195	2,44	2,635	1,690	2,02	1,605	1,925
750	l in m	**2,375**	**2,88**	**3,30**	**3,665**	**2,66**	**3,22**	**2,825**	**3,42**
	τ_0 kg/qcm	1,525	1,885	2,20	2,475	1,77	2,195	1,925	2,39
	τ_1 kg/qcm	1,915	2,265	2,53	2,735	1,75	2,085	1,66	1,995
800	l in m	**2,30**	**2,79**	**3,195**		**2,57**	**3,12**	**2,735**	**3,31**
	τ_0 kg/qcm	1,575	1,95	2,27		1,83	2,27	1,99	2,465
	τ_1 kg/qcm	1,98	2,34	2,61		1,805	2,16	1,72	2,06
850	l in m	**2,23**	**2,705**	**3,10**		**2,495**	**3,025**	**2,65**	
	τ_0 kg/qcm	1,625	2,01	2,34		1,885	2,34	2,05	
	τ_1 kg/qcm	2,04	2,41	2,69		1,86	2,225	1,77	
900	l in m	**2,165**	**2,63**	**3,01**		**2,425**	**2,94**	**2.58**	
	τ_0 kg/qcm	1,67	2,07	2,405		1,94	2,405	2,11	
	τ_1 kg/qcm	2,095	2,48	2,77		1,91	2,29	1,82	
950	l in m	**2,11**	**2,56**	**2,935**		**2,36**	**2,86**	**2,51**	
	τ_0 kg/qcm	1,715	2,125	2,48		1,99	2,47	2,165	
	τ_1 kg/qcm	2,160	2,55	2,85		1,965	2,35	1,87	
1000	l in m	**2,055**	**2,49**			**2,305**		**2,445**	
	τ_0 kg/qcm	1,76	2,18			2,045		2,225	
	τ_1 kg/qcm	2,21	2,615			2,02		1,92	

Größte Stützweiten l der Deckenplatte in Meter, größte Schubspannungen τ_0, größte Haftspannungen τ_1 für eine Gesamtbelastung in kg/qm der Deckenplatte von

Abmessungen der Eiseneinlagen in mm	20.2	20.3	20.4	20.5	26.2	26.3	30.2	30.3
Entfernung der Eisen voneinander in cm	**11,5**	**11,5**	**11,5**	**11,5**	**11,5**	**11,5**	**11,5**	**11,5**
Eisenquerschnitt in qcm pro Meter Deckenbreite	3,48	5,22	6,96	8,70	4,52	6,79	5,22	7,83
Nutzbare Höhe (h—a) in cm	13,5	13,5	13,5	13,5	13,2	13,2	13,0	13,0
Abstand der Nulllinie X von Deckenoberkante in cm	4,04	4,78	5,32	5,80	4,44	5,21	4,66	5,43
Maximalmoment in cmkg	**42300**	**62200**	**81700**	**100600**	**53000**	**77850**	**59800**	**87700**
Beanspruchung im Stein σ_s in kg/qcm	17,21	21,85	26,20	30,00	20,35	26,10	22,42	28,90
Beanspruchung des Eisens σ_e in kg/qcm	1000	1000	1000	1000	1000	1000	1000	1000

Größte Stützweiten l der Deckenplatte in Metern, größte Schubspannungen τ_0, größte Haftspannungen τ_1 für eine Gesamtbelastung in kg/qm der Deckenplatte von

Gesamtbelastung kg/qm		20.2	20.3	20.4	20.5	26.2	26.3	30.2	30.3
1050	l in m	**2,005**	**2,43**			**2,245**		**2,385**	
	τ_0 kg/qcm	1,81	2,23			2,10		2,28	
	τ_1 kg/qcm	2,265	2,68			2,065		1,97	
1100	l in m	**1,96**	**2,38**			**2,19**		**2,33**	
	τ_0 kg/qcm	1,85	2,29			2,145		2,335	
	τ_1 kg/qcm	2,32	2,75			2,115		2,01	
1150	l in m	**1,92**	**2,325**			**2,145**		**2,28**	
	τ_0 kg/qcm	1,89	2,34			2,195		2,39	
	τ_1 kg/qcm	2,375	2,81			2,165		2,06	
1200	l in m	**1,88**	**2,275**			**2,10**		**2,23**	
	τ_0 kg/qcm	1,935	2,39			2,24		2,435	
	τ_1 kg/qcm	2,425	2,865			2,21		2,10	
1250	l in m	**1,84**	**2,230**			**2,055**		**2,185**	
	τ_0 kg/qcm	1,97	2,435			2,29		2,49	
	τ_1 kg/qcm	2,47	2,925			2,255		2,145	
1300	l in m	**1,80**	**2,185**			**2,015**			
	τ_0 kg/qcm	2,01	2,49			2,33			
	τ_1 kg/qcm	2,525	2,985			2,295			
1350	l in m	**1,77**				**1,98**			
	τ_0 kg/qcm	2,05				2,38			
	τ_1 kg/qcm	2,57				2,345			
1400	l in m	**1,735**				**1,945**			
	τ_0 kg/qcm	2,09				2,42			
	τ_1 kg/qcm	2,62				2,385			
1450	l in m	**1,71**				**1,91**			
	τ_0 kg/qcm	2,125				2,363			
	τ_1 kg/qcm	2,665				2,43			
1500	l in m	**1,68**							
	τ_0 kg/qcm	2,16							
	τ_1 kg/qcm	2,705							

Deckenplatte aus 15 cm hohen Ziegelhohlsteinen mit 3 cm Aufbetonierung

(σ_e = 1000 kg/qcm).

Abmessungen der Eiseneinlagen in mm		26.2	26.3	26.4	26.5	30.2	30.3	30.4	30.5	35.2	35.3	35.4
Entfernung der Eisen voneinander in cm		11,5	11,5	11,5	11,5	11,5	11,5	11,5	11,5	11,5	11,5	11,5
Eisenquerschnitt in qcm pro Meter Deckenbreite		4,52	6,79	9,05	11,31	5,22	7,83	10,44	13,05	6,09	9,13	12,17
Nutzbare Höhe (h−a) in cm		16,2	16,2	16,2	16,2	16,0	16,0	16,0	16,0	15,75	15,75	15,75
Abstand X der Nulllinie von Deckenoberkante in cm		5,02	5,90	6,59	7,15	5,29	6,19	6,88	7,46	5,58	6,50	7,21
Maximalmoment in cmkg		65700	96500	126700	156400	74400	109200	143300	176500	84600	124000	162000
Beanspruchung im Beton σ_b in kg/qcm		18,00	23,05	27,45	31,70	19,75	25,30	30,40	35,00	21,82	28,10	33,75
Beanspruchung im Eisen σ_e in kg/qcm		1000	1000	1000	1000	1000	1000	1000	1000	1000	1000	1000
Größte Stützweiten l der Deckenplatte in Metern, größte Schubspannungen τ_0, größte Haftspannungen τ_1 für eine Gesamtbelastung in kg/qm der Deckenplatte von												
550	l in m	3,455	4,19	4,80	5,33	3,675	4,455	5,11	5,665	3,92	4,745	5,425
	τ_0 kg/qcm	1,36	1,69	1,96	2,21	1,48	1,83	2,135	2,40	1,615	2,00	2,335
	τ_1 kg/qcm	1,34	1,61	1,81	1,965	1,275	1,53	1,735	1,89	1,205	1,455	1,655
600	l in m	3,31	4,015	4,59	5,11	3,52	4,265	4,885		3,755	4,54	5,195
	τ_0 kg/qcm	1,425	1,765	2,05	2,31	1,545	1,91	2,23		1,69	2,09	2,44
	τ_1 kg/qcm	1,405	1,68	1,885	2,05	1,33	1,60	1,81		1,26	1,52	1,725
650	l in m	3,18	3,85	4,41	4,905	3,385	4,10	4,69		3,605	4,37	
	τ_0 kg/qcm	1,48	1,84	2,13	2,40	1,61	1,99	2,32		1,755	2,18	
	τ_1 kg/qcm	1,460	1,75	1,965	2,135	1,385	1,665	1,88		1,31	1,585	
700	l in m	3,065	3,71	4,255	4,71	3,26	3,95	4,52		3,475	4,21	
	τ_0 kg/qcm	1,54	1,90	2,215	2,48	1,67	2,065	2,41		1,825	2,26	
	τ_1 kg/qcm	1,52	1,81	2,04	2,21	1,44	1,725	1,955		1,36	1,645	
750	l in m	2,96	3,585	4,105		3,15	3,815	4,37		3,355	4,065	
	τ_0 kg/qcm	1,59	1,97	2,29		1,725	2,135	2,49		1,885	2,34	
	τ_1 kg/qcm	1,57	1,88	2,11		1,49	1,785	2,02		1,405	1,70	
800	l in m	2,865	3,47	3,975		3,05	3,695			3,25	3,935	
	τ_0 kg/qcm	1,64	2,035	2,37		1,78	2,21			1,95	2,41	
	τ_1 kg/qcm	1,62	1,935	2,18		1,54	1,845			1,455	1,755	
850	l in m	2,78	3,365	3,86		2,96	3,58			3,155	3,82	
	τ_0 kg/qcm	1,695	2,10	2,44		1,84	2,275			2,01	2,49	
	τ_1 kg/qcm	1,67	2,00	2,245		1,585	1,90			1,50	1,81	
900	l in m	2,705	3,275			2,875	3,48			3,065		
	τ_0 kg/qcm	1,74	2,16			1,89	2,34			2,065		
	τ_1 kg/qcm	1,72	2,055			1,635	1,96			1,54		
950	l in m	2,63	3,185			2,80	3,39			2,985		
	τ_0 kg/qcm	1,79	2,22			1,945	2,405			2,125		
	τ_1 kg/qcm	1,765	2,115			1,675	2,01			1,585		
1000	l in m	2,565	3,105			2,73	3,305			2,905		
	τ_0 kg/qcm	1,84	2,28			1,995	2,47			2,175		
	τ_1 kg/qcm	1,81	2,17			1,72	2,065			1,625		
1050	l in m	2,50	3,035			2,66				2,84		
	τ_0 kg/qcm	1,88	2,34			2,04				2,24		
	τ_1 kg/qcm	1,855	2,225			1,76				1,67		
1100	l in m	2,44	2,965			2,60				2,775		
	τ_0 kg/qcm	1,925	2,39			2,09				2,29		
	τ_1 kg/qcm	1,895	2,275			1,805				1,705		
1150	t in m	2,395	2,90			2,545				2,71		
	τ_0 kg/qcm	1,975	2,445			2,14				2.34		
	τ_1 kg/qcm	1,945	2,325			1,845				1,74		

		26 . 2	26 . 3	26 . 4	26 . 5	30 . 2	30 . 3	30 . 4	30 . 5	35 . 2	35 . 3	35 . 4
Abmessungen der Eiseneinlagen in mm		**26 . 2**	**26 . 3**	**26 . 4**	**26 . 5**	**30 . 2**	**30 . 3**	**30 . 4**	**30 . 5**	**35 . 2**	**35 . 3**	**35 . 4**
Entfernung der Eisen voneinander in cm		**11,5**	**11,5**	**11,5**	**11,5**	**11,5**	**11,5**	**11,5**	**11,5**	**11,5**	**11,5**	**11,5**
Eisenquerschnitt in qcm pro Meter Deckenbreite		4,52	6,79	9,05	11,31	5,22	7,83	10,44	13,05	6,09	9,13	12,17
Nutzbare Höhe (h—a) in cm		16,2	16,2	16,2	16,2	16,0	16,0	16,0	16,0	15,75	15,75	15,75
Abstand der Nulllinie x von Deckenoberkante in cm		5,02	5,90	6,59	7,15	5,29	6,19	6,88	7,46	5,58	6,50	7,21
Maximalmoment in cmkg		**65700**	**96500**	**126700**	**156400**	**74400**	**109200**	**143300**	**176500**	**84600**	**124000**	**162000**
Beanspruchung im Beton σ_b in kg/qcm		18,00	23,05	27,45	31,70	19,75	25,30	30,40	35,00	21,82	28,10	33,75
Beanspruchung im Eisen σ_e in kg/qcm		1000	1000	1000	1000	1000	1000	1000	1000	1000	1000	1000
Größte Stützweiten l der Deckenplatte in Metern, größte Schubspannungen τ_0, größte Haftspannungen τ_1 für eine Gesamtbelastung in kg/qcm der Deckenplatte von												
1200	l in m	**2,335**	**2,835**			**2,49**				**2,655**		
	τ_0 kg/qcm	2,01	2,50			2,185				2,39		
	τ_1 kg/qcm	1,985	2,38			1,885				1,79		
1250	l in m	**2,295**				**2,44**				**2,60**		
	τ_0 kg/qcm	2,055				2,23				2,44		
	τ_1 kg/qcm	2,025				1,925				1,82		
1300	l in m	**2,245**				**2,395**				**2,55**		
	τ_0 kg/qcm	2,095				2,28				2,49		
	τ_1 kg/qcm	2,065				1,965				1,855		
1350	l in m	**2,205**				**2,345**						
	τ_0 kg/qcm	2,135				2,32						
	τ_1 kg/qcm	2,105				2,00						
1400	l in m	**2,165**				**2,305**						
	τ_0 kg/qcm	2,175				2,36						
	τ_1 kg/qcm	2,14				2,035						
1450	l in m	**2,13**				**2,265**						
	τ_0 kg/qcm	2,215				2,41						
	τ_1 kg/qcm	2,18				2,07						
1500	l in m	**2,095**				**2,225**						
	τ_0 kg/qcm	2,25				2,445						
	τ_1 kg/qcm	2,22				2,105						
1550	l in m	**2,06**				**2,19**						
	τ_0 kg/qcm	2,29				2,48						
	τ_1 kg/qcm	2,255				2,14						
1600	l in m	**2,025**										
	τ_0 kg/qcm	2,325										
	τ_1 kg/qcm	2,295										
1650	l in m	**1,995**										
	τ_0 kg/qcm	2,36										
	τ_1 kg/qcm	2,33										
1700	l in m	**1,965**										
	τ_0 kg/qcm	2,39										
	τ_1 kg/qcm	2,36										
1750	l in m	**1,935**										
	τ_0 kg/qcm	2,43										
	τ_1 kg/qcm	2,395										
1800	l in m	**1,910**										
	τ_0 kg/qcm	2,465										
	τ_1 kg/qcm	2,43										
1850	l in m	**1,885**										
	τ_0 kg/qcm	2,50										
	τ_1 kg/qcm	2,465										

Deckenplatte aus 15 cm hohen Ziegelhohlsteinen mit 4 cm Aufbetonierung

(σ_e = 1000 kg/qcm).

		26.2	26.3	26.4	26.5	30.2	30.3	30.4	30.5	35.2	35.3	35.4
Abmessungen der Eiseneinlagen in mm		**26.2**	**26.3**	**26.4**	**26.5**	**30.2**	**30.3**	**30.4**	**30.5**	**35.2**	**35.3**	**35.4**
Entfernung der Eisen voneinander in cm		**11,5**	**11,5**	**11,5**	**11,5**	**11,5**	**11,5**	**11,5**	**11,5**	**11,5**	**11,5**	**11,5**
Eisenquerschnitt in qcm pro Meter Deckenbreite		4,52	6,79	9,05	11,31	5,22	7,83	10,44	13,05	6,09	9,13	12,17
Nutzbare Höhe (h—a) in cm		17,2	17,2	17,2	17,2	17,0	17,0	17,0	17,0	16,75	16,75	16,75
Abstand der Nullinie X von Deckenoberkante in cm		5,21	6,12	6,86	7,41	5,49	6,42	7,20	7,80	5,78	6,78	7,52
Maximalmoment in cmkg		**69900**	**102900**	**135000**	**166600**	**79200**	**116400**	**152400**	**187900**	**90300**	**132300**	**173400**
Beanspruchung im Beton σ_b in kg/qcm		17,35	22,20	26,50	30,55	19,10	24,50	29,00	33,40	21,05	27,00	32,25
Beanspruchung im Eisen σ_e in kg/qcm		1000	1000	1000	1000	1000	1000	1000	1000	1000	1000	1000
Größte Stützweiten l der Deckenplatte in Metern, größte Schubspannungen τ_0, größte Haftspannungen τ_1 für eine Gesamtbelastung in kg/qm Deckenplatte von												
550	l in m	**3,565**	**4,335**	**4,950**	**5,510**	**3,805**	**4,610**	**5,270**	**5,850**	**4,050**	**4,915**	**5,620**
	τ_0 kg/qcm	1,32	1,64	1,90	2,14	1,445	1,78	2,07	2,33	1,565	1,95	2,26
	τ_1 kg/qcm	1,30	1,56	1,745	1,91	1,245	1,485	1,68	1,84	1,165	1,42	1,60
600	l in m	**3,415**	**4,150**	**4,750**	**5,270**	**3,640**	**4,410**	**5,050**	**5,595**	**3,880**	**4,710**	**5,380**
	τ_0 kg/qcm	1,38	1,71	1,99	2,23	1,50	1,86	2,17	2,425	1,63	2,03	2,35
	τ_1 kg/qcm	1,36	1,63	1,83	1,99	1,29	1,56	1,76	1,91	1,21	1,48	1,67
650	l in m	**3,280**	**3,980**	**4,560**	**5,070**	**3,495**	**4,240**	**4,845**		**3,730**	**4,525**	**5,165**
	τ_0 kg/qcm	1,43	1,78	2,06	2,325	1,56	1,935	2,25		1,705	2,115	2,45
	τ_1 kg/qcm	1,41	1,70	1,89	2,06	1,34	1,62	1,83		1,275	1,54	1,74
700	l in m	**3,160**	**3,845**	**4,395**	**4,885**	**3,365**	**4,090**	**4,675**		**3,595**	**4,355**	
	τ_0 kg/qcm	1,485	1,85	2,14	2,415	1,62	2,01	2,335		1,76	2,20	
	τ_1 kg/qcm	1,465	1,76	1,97	2,155	1,40	1,67	1,90		1,31	1,60	
750	l in m	**3,055**	**3,710**	**4,245**	**4,720**	**3,255**	**3,945**	**4,520**		**3,470**	**4,210**	
	τ_0 kg/qcm	1,545	1,905	2,22	2,50	1,68	2,07	2,41		1,825	2,27	
	τ_1 kg/qcm	1,525	1,815	2,03	2,22	1,45	1,73	1,96		1,36	1,65	
800	l in m	**2,960**	**3,590**	**4,110**		**3,150**	**3,820**	**4,375**		**3,360**	**4,070**	
	τ_0 kg/qcm	1,595	1,97	2,30		1,73	2,14	2,50		1,885	2,34	
	τ_1 kg/qcm	1,57	1,88	2,11		1,49	1,79	2,04		1,41	1,70	
850	l in m	**2,870**	**3,485**	**3,985**		**3,055**	**3,705**			**3,260**	**3,950**	
	τ_0 kg/qcm	1,64	2,03	2,355		1,795	2,21			1,94	2,41	
	τ_1 kg/qcm	1,62	1,94	2,16		1,55	1,84			1,45	1,755	
900	l in m	**2,785**	**3,385**	**3,875**		**2,970**	**3,600**			**3,170**	**3,840**	
	τ_0 kg/qcm	1,68	2,09	2,44		1,84	2,275			2,00	2,49	
	τ_1 kg/qcm	1,66	1,99	2,24		1,585	1,90			1,49	1,81	
950	l in m	**2,715**	**3,295**	**3,775**		**2,890**	**3,510**			**3,085**		
	τ_0 kg/qcm	1,735	2,15	2,50		1,89	2,34			2,06		
	τ_1 kg/qcm	1,71	2,05	2,30		1,63	1,96			1,54		

Abmessungen der Eiseneinlagen in mm		26.2	26.3	26.4	26.5	30.2	30.3	30.4	30.5	35.2	35.3	35.4
1000	l in m	**2,645**	**3,210**			**2,820**	**3,420**			**3,005**		
	τ_0 kg/qcm	1,78	2,205			1,94	2,40			2,10		
	τ_1 kg/qcm	1,76	2,10			1,67	2,00			1,565		
1050	l in m	**2,580**	**3,135**			**2,750**	**3,335**			**2,935**		
	τ_0 kg/qcm	1,82	2,26			1,99	2,46			2,16		
	τ_1 kg/qcm	1,80	2,15			1,72	2,05			1,61		
1100	l in m	**2,520**	**3,060**			**2,685**				**2,865**		
	τ_0 kg/qcm	1,865	2,31			2,03				2,205		
	τ_1 kg/qcm	1,84	2,20			1,75				1,645		
1150	l in m	**2,465**	**2,995**			**2,630**				**2,805**		
	τ_0 kg/qcm	1,91	2,36			2,08				2,26		
	τ_1 kg/qcm	1,885	2,25			1,795				1,69		
1200	l in m	**2,410**	**2,930**			**2,570**				**2,745**		
	τ_0 kg/qcm	1,95	2,41			2,12				2,31		
	τ_1 kg/qcm	1,93	2,30			1,825				1,72		
1250	l in m	**2,365**	**2,875**			**2,520**				**2,690**		
	τ_0 kg/qcm	1,99	2,47			2,165				2,36		
	τ_1 kg/qcm	1,965	2,36			1,87				1,76		
1300	l in m	**2,320**				**2,470**				**2,635**		
	τ_0 kg/qcm	2,03				2,21				2,40		
	τ_1 kg/qcm	2,00				1,90				1,80		
1350	l in m	**2,275**				**2,425**				**2,585**		
	τ_0 kg/qcm	2,065				2,26				2,45		
	τ_1 kg/qcm	2,04				1,945				1,83		
1400	l in m	**2,235**				2,380				**2,540**		
	τ_0 kg/qcm	2,11				2,30				2,49		
	τ_1 kg/qcm	2,08				1,995				1,86		
1450	l in m	**2,200**				**2,340**						
	τ_0 kg/qcm	2,15				2,34						
	τ_1 kg/qcm	2,12				2,02						
1500	l in m	**2,160**				**2,300**						
	τ_0 kg/qcm	2,18				2,375						
	τ_1 kg/qcm	2,15				2,05						

Abmessungen der Eiseneinlagen in mm		26.2	26.3	26.4	26.5	30.2	30.3	30.4	30.5	35.2	35.3	35.4
1550	l in m	**2,125**				**2,265**						
	τ_0 kg/qcm	2,21				2,415						
	τ_1 kg/qcm	2,175				2,08						
1600	l in m	**2,090**				**2,230**						
	τ_0 kg/qcm	2,25				2,46						
	τ_1 kg/qcm	2,22				2,12						
1650	l in m	**2,060**				**2,195**						
	τ_0 kg/qcm	2,29				2,49						
	τ_1 kg/qcm	2,26				2,15						
1700	l in m	**2,030**										
	τ_0 kg/qcm	2,325										
	τ_1 kg/qcm	2,30										
1750	l in m	**2,000**										
	τ_0 kg/qcm	2,35										
	τ_1 kg/qcm	2,315										
1800	l in m	**1,970**										
	τ_0 kg/qcm	2,385										
	τ_1 kg/qcm	2,35										
1850	l in m	**1,945**										
	τ_0 kg/qcm	2,425										
	τ_1 kg/qcm	2,39										
1900	l in m	**1,915**										
	τ_0 kg/qcm	2,46										
	τ_1 kg/qcm	2,425										
1950	in m	**1,890**										
	τ_0 kg/qcm	2,495										
	τ_1 kg/qcm	2,46										

Deckenplatte aus 10 cm hohen Ziegelhohlsteinen

(σ_e = 1200 kg/qcm).

Abmessungen der Eiseneinlagen in mm			**20.1**	**20.1**	**20.1,5**	**20.1,5**	**20.2**	**20.2**	**20.3**	**20.3**	**20.4**
Entfernung der Eisen voneinander in cm			**16**	**32**	**16**	**32**	**16**	**32**	**16**	**32**	**16**
Eisenquerschnitt in qcm pro Meter Deckenbreite			1,25	0,625	1,875	0,938	2,50	1,25	3,75	1,875	5,00
Nutzbare Höhe (h−a) in cm			8,5	8,5	8,5	8,5	8,5	8,5	8,5	8,5	8,5
Abstand der Nulllinie X von Deckenoberkante in cm			2,01	1,49	2,39	1,77	2,69	2,01	3,16	2,39	3,52
Maximalmoment in cmkg			**11745**	**6000**	**17325**	**8903**	**22810**	**11745**	**33525**	**17325**	**43962**
Beanspruchung im Stein σ_s in kg/qcm			14,92	10,06	18,83	12,78	22,30	14,92	28,50	18,83	34,00
Beanspruchung des Eisens σ_e in kg/qcm			1200	1200	1200	1200	1200	1200	1200	1200	1200
Größte Stützweiten l der Deckenplatte in Metern, größte Schubspannungen τ_0, größte Haftspannungen t_1 für eine Gesamtbelastung in kg/qm der Deckenplatte von	**500**	l in m	**1,530**	**1,095**	**1,860**	**1,335**	**2,135**	**1,530**	**2,590**	**1,860**	**2,965**
		τ_0 kg/qcm	0,977	0,687	1,21	0,843	1,405	0,977	1,738	1,21	2,022
		τ_1 kg/qcm	1,86	2,62	2,24	3,15	2,55	3,55	3,00	4,20	3,36
	550	l in m	**1,460**	**1,045**	**1,775**	**1,270**	**2,035**	**1,460**	**2,470**	**1,775**	**2,825**
		τ_0 kg/qcm	1,025	0,718	1,267	0,883	1,472	1,025	1,823	1,267	2,119
		τ_1 kg/qcm	1,945	2,750	2,345	3,300	2,680	3,725	3,160	4,415	3,520
	600	l in m	**1,400**	**1,000**	**1,700**	**1,220**	**1,950**	**1,400**	**2,370**		**2,705**
		τ_0 kg/qcm	1,072	0,750	1,324	0,925	1,539	1,072	1,908		2,215
		τ_1 kg/qcm	2,040	2,860	2,450	3,445	2,800	3,875	3,320		3,695
	650	l in m	**1,345**	**0,960**	**1,685**	**1,170**	**1,875**	**1,345**	**2,275**		**2,600**
		τ_0 kg/qcm	1,116	0,780	1,380	0,961	1,600	1,116	1,984		2,300
		τ_1 kg/qcm	2,125	2,960	2,560	3,580	2,900	4,060	3,450		3,825
	700	l in m	**1,295**	**0,926**	**1,575**	**1,130**	**1,805**	**1,295**	**2,190**		**2,505**
		τ_0 kg/qcm	1,157	0,810	1,431	1,000	1,662	1,157	2,057		2,395
		τ_1 kg/qcm	2,190	3,090	2,650	3,720	3,025	4,200	3,580		3,990
	750	l in m	**1,250**	**0,895**	**1,520**	**1,090**	**1,745**	**1,250**	**2,115**		**2,420**
		τ_0 kg/qcm	1,197	0,839	1,480	1,033	1,722	1,197	2,129		2,470
		τ_1 kg/qcm	2,260	3,205	2,750	3,845	3,130	4,340	3,700		4,120
	800	l in m	**1,210**	**0,865**	**1,475**	**1,055**	**1,690**	**1,210**	**2,050**		
		τ_0 kg/qcm	1,236	0,865	1,532	1,067	1,779	1,236	2,201		
		τ_1 kg/qcm	2,345	3,300	2,830	3,960	3,225	4,470	3,815		
	850	l in m	**1,175**	**0,840**	**1,430**	**1,025**	**1,640**		**1,985**		
		τ_0 kg/qcm	1,274	0,892	1,578	1,101	1,834		2,264		
		τ_1 kg/qcm	2,420	3,400	2,925	4,110	3,330		3,945		
	900	l in m	**1,140**	**0,817**	**1,390**	**0,995**	**1,590**		**1,935**		
		τ_0 kg/qcm	1,310	0,919	1,625	1,132	1,883		2,337		
		τ_1 kg/qcm	2,495	3,500	3,000	4,220	3,420		4,050		
	1000	l in m	**1,085**	**0,775**	**1,320**	**0,945**	**1,510**		**1,835**		
		τ_0 kg/qcm	1,385	0,968	1,714	1,194	1,986		2,463		
		τ_1 kg/qcm	2,630	3,700	3,175	4,450	3,625		4,265		

Deckenplatte aus 10 cm hohen Ziegelhohlsteinen mit 3 cm Aufbetonierung

(σ_e = 1200 kg/qcm).

	Abmessungen der Eiseneinlagen in mm	**20.2**	**20.3**	**20.4**	**20.5**	**26.2**	**26.3**	**26.4**	**26.5**	**30.2**	**30.3**	**30.4**	**30.5**
	Entfernung der Eisen voneinand. in cm	**16**	**16**	**16**	**16**	**16**	**16**	**16**	**16**	**16**	**16**	**16**	**16**
	Eisenquerschnitt in qcm pro Meter Deckenbreite	2,50	3,75	5,00	6,25	3,25	4,875	6,50	8,125	3,75	5,625	7,50	9,375
	Nutzbare Höhe (h−a) in cm	11,5	11,5	11,5	11,5	11,2	11,2	11,2	11,2	11,0	11,0	11,0	11,0
	Abstand der Nulllinie X von Deckenoberkante in cm	3,21	3,79	4,25	4,62	3,52	4,14	4,61	5,00	3,69	4,32	4,81	5,20
	Maximalmoment in cmkg	**31300**	**46150**	**60500**	**74300**	**40200**	**58500**	**75400**	**97500**	**44000**	**67500**	**84550**	**104500**
	Beanspruchung im Beton σ_b in kg/qcm	18,65	23,81	28,26	32,6	22,82	28,90	33,80	40,90	24,40	32,70	37,40	43,40
	Beanspruchung des Eisens σ_e in kg/qcm	1200	1200	1200	1200	1200	1200	1200	1200	1200	1200	1200	1200
550	l in m	**2,385**	**2,90**	**3,32**	**3,69**	**2,710**	**3,27**	**3,71**	**4,22**	**2,836**	**3,51**	**3,92**	
	τ_0 kg/qcm	1,26	1,557	1,81	2,03	1,475	1,837	2,10	2,435	1,56	2,01	2,295	
	τ_1 kg/qcm	2,29	2,71	3,02	3,26	2,06	2,525	2,82	3,14	1,99	2,45	2,70	
600	l in m	**2,280**	**2,77**	**3,18**	**3,53**	**2,59**	**3,12**	**3,54**		**2,71**	**3,35**	**3,75**	
	τ_0 kg/qcm	1,313	1,625	1,89	2,12	1,54	1,912	2,193		1,663	2,095	2,393	
	τ_1 kg/qcm	2,39	2,83	3,15	3,41	2,15	2,63	2,93		2,08	2,54	2,82	
650	l in m	**2,20**	**2,67**	**3,06**	**3,40**	**2,49**	**3,00**	**3,41**		**2,60**	**3,23**		
	τ_0 kg/qcm	1,37	1,695	1,97	2,210	1,60	1,99	2,283		1,73	2,19		
	τ_1 kg/qcm	2,496	2,95	3,29	3,55	2,24	2,74	3,06		2,16	2,66		
700	l in m	**2,12**	**2,57**	**2,95**	**3,28**	**2,40**	**2,88**	**3,29**		**2,51**	**3,13**		
	τ_0 kg/qcm	1,42	1,755	2,042	2,298	1,665	2,06	2,375		1,80	2,282		
	τ_1 kg/qcm	2,61	3,06	3,42	3,69	2,33	2,83	3,18		2,25	2,77		
750	l in m	**2,04**	**2,48**	**2,84**	**3,15**	**2,315**	**2,79**	**3,17**		**2,42**	**3,00**		
	τ_0 kg/qcm	1,465	1,815	2,11	2,362	1,72	2,130	2,450		1,860	2,350		
	τ_1 kg/qcm	2,67	3,16	3,52	3,80	2,40	2,94	3,28		2,32	2,85		
800	l in m	**1,975**	**2,40**	**2,75**	**3,08**	**2,25**	**2,70**			**2,34**	**2,91**		
	τ_0 kg/qcm	1,472	1,875	2,18	2,462	1,785	2,205			1,920	2,425		
	τ_1 kg/qcm	2,76	3,27	3,64	3,96	2,49	3,03			2,39	2,95		
850	l in m	**1,92**	**2,33**	**2,67**		**2,18**	**2,62**			**2,275**	**2,82**		
	τ_0 kg/qcm	1,565	1,935	2,247		1,835	2,275			1,980	2,500		
	τ_1 kg/qcm	2,85	3,37	3,75		2,57	3,13			2,47	3,035		
900	l in m	**1,865**	**2,26**	**2,59**		**2,11**	**2,55**			**2,21**			
	τ_0 kg/qcm	1,610	1,985	2,31		1,88	2,342			2,035			
	τ_1 kg/qcm	2,93	3,46	3,85		2,63	3,225			2,55			
1000	l in m	**1,77**	**2,15**	**2,46**		**2,00**	**2,42**			**2,10**			
	τ_0 kg/qcm	1,695	2,098	2,438		1,98	2,47			2,15			
	τ_1 kg/qcm	3,09	3,66	4,07		2,77	3,40			2,685			

…spannungen τ_1 für eine Gesamtbelastung in kg/qm der Deckenplatte von

Deckenplatte aus 12 cm hohen Ziegelhohlsteinen
($\sigma_\varepsilon = 1200$ kg/qcm).

Abmessungen der Eiseneinlagen in mm			**20.1**	**20.1**	**20.1,5**	**20.1,5**	**20.2**	**20.2**	**20.3**	**20.3**	**20.4**
Entfernung der Eisen voneinander in cm			**16**	**32**	**16**	**32**	**16**	**32**	**16**	**32**	**16**
Eisenquerschnitt in qcm pro Meter Deckenbreite			1,25	0,625	1,875	0,938	2,50	1,25	3,75	1,875	5,00
Nutzbare Höhe (h−a) in cm			10,5	10,5	10,5	10,5	10,5	10,5	10,5	10,5	10,5
Abstand der Nulllinie X von Deckenoberkante in cm			2,265	1,665	2,70	2,0	3,05	2,265	3,60	2,70	4,02
Maximalmoment in cmkg			**14620**	**7455**	**21575**	**11070**	**28475**	**14620**	**41840**	**21575**	**54950**
Beanspruchung im Stein σ_s in kg/qcm			13,23	8,99	16,66	11,29	19,70	13,23	24,97	16,66	29,22
Beanspruchung des Eisens σ_e in kg/qcm			1200	1200	1200	1200	1200	1200	1200	1200	1200
Größte Stützweiten l der Deckenplatte in Metern, größte Schubspannungen τ_0, größte Haftspannungen τ_1, für eine Gesamtbelastung in kg/qm der Deckenplatte von	**500**	l in m	**1,710**	**1,222**	**2,078**	**1,488**	**2,384**	**1,710**	**2,890**	**2,078**	**3,314**
		t_0 kg/qcm	0,878	0,610	1,080	0,743	1,260	0,878	1,555	1,080	1,810
		t_1 kg/qcm	1,665	2,285	2,028	2,817	2,300	3,180	2,725	3,630	2,960
	550	l in m	**1,628**	**1,163**	**1,980**	**1,420**	**2,252**	**1,628**	**2,758**	**1,980**	**3,159**
		t_0 kg/qcm	0,918	0,643	1,136	0,744	1,305	0,918	1,630	1,136	1,915
		t_1 kg/qcm	1,360	2,442	2,115	2,98	2,371	3,340	2,836	3,948	3,160
	600	l in m	**1,561**	**1,136**	**1,895**	**1,358**	**2,180**	**1,561**	**2,640**	**1,895**	**3,012**
		t_0 kg/qcm	0,962	0,685	1,185	0,827	1,378	0,962	1,705	1,185	1,965
		t_1 kg/qcm	1,824	2,602	2,120	3,080	2,500	3,490	2,962	3,998	3,292
	650	l in m	**1,500**	**1,072**	**1,820**	**1,308**	**2,095**	**1,50**	**2,538**	**1,820**	**2,90**
		t_0 kg/qcm	1,00	0,698	1,235	0,862	1,430	1,00	1,770	1,235	2,06
		t_1 kg/qcm	1,902	2,630	2,295	3,212	2,608	3,622	3,080	4,172	3,432
	700	l in m	**1,445**	**1,032**	**1,745**	**1,258**	**2,020**	**1,445**	**2,440**	**1,745**	**2,81**
		t_0 kg/qcm	1,038	0,740	1,272	0,896	1,490	1,038	1,838	1,272	2,155
		t_1 kg/qcm	1,973	2,768	2,364	3,324	2,72	3,78	3,196	4,395	3,575
	750	l in m	**1,395**	**0,997**	**1,695**	**1,215**	**1,950**	**1,395**	**2,360**	**1,695**	**2,70**
		t_0 kg/qcm	1,073	0,752	1,325	0,927	1,54	1,073	1,905	1,325	2,210
		t_1 kg/qcm	2,055	2,855	2,465	3,453	2,82	3,910	3,31	4,49	3,684
	800	l in m	**1,365**	**0,965**	**1,640**	**1,180**	**1,885**	**1,365**	**2,290**		**2,620**
		t_0 kg/qcm	1,121	0,753	1,367	0,961	1,589	1,121	1,970		2,290
		t_1 kg/qcm	2,14	2,95	2,543	3,58	2,904	4,08	3,425		3,820
	850	l in m	**1,322**	**0,935**	**1,585**	**1,145**	**1,830**	**1,322**	**2,220**		**2,54**
		t_0 kg/qcm	1,153	0,799	1,405	0,988	1,640	1,153	2,030		2,360
		t_1 kg/qcm	2,200	3,035	2,62	3,685	2,99	4,19	3,532		3,93
	900	l in m	**1,285**	**0,912**	**1,548**	**1,110**	**1,780**	**1,285**	**2,158**		**2,47**
		t_0 kg/qcm	1,186	0,825	1,450	1,015	1,688	1,186	2,085		2,430
		t_1 kg/qcm	2,26	3,13	2,695	3,79	3,07	4,32	3,63		4,04
	1000	l in m	**1,212**	**0,860**	**1,470**	**1,050**	**1,685**		**2,042**		
		t_0 kg/qcm	1,245	0,864	1,532	1,067	1,774		2,199		
		t_1 kg/qcm	2,37	3,28	2,845	3,98	3,24		3,82		

Deckenplatte aus 15 cm hohen Ziegelhohlsteinen

(σ_e = 1200 kg/qcm).

Abmessungen der Eiseneinlagen in mm			**20.2**	**20.3**	**20.4**	**26.2**	**26.3**	**30.2**	**30.3**
Entfernung der Eisen voneinander in cm			**11,5**	**11,5**	**11,5**	**11,5**	**11,5**	**11,5**	**11,5**
Eisenquerschnitt in qcm pro Meter Deckenbreite			3,48	5,22	6,96	4,52	6,79	5,22	7,83
Nutzbare Höhe (h - a) in cm			13,5	13,5	13,5	13,2	13,2	13,0	13,0
Abstand der Nulllinie X von Deckenoberkante in cm			4,04	4,78	5,32	4,44	5,21	4,66	5,43
Maximalmoment in cmkg			**50755**	**74585**	**97945**	**63570**	**93410**	**71705**	**105140**
Beanspruchung im Stein σ_s in kg/qcm			20,65	26,25	31,30	24,45	31,25	26,75	34,65
Beanspruchung des Eisens σ_e in kg/qcm			1200	1200	1200	1200	1200	1200	1200
Größte Stützweiten l der Deckenplatte in Metern, größte Schubspannungen τ_0, größte Haftspannungen t_1, für eine Gesamtbelastung in kg/qm der Deckenplatte von	**550**	l in m	**3,035**	**3,685**	**4,215**	**3,400**	**4,125**	**3,610**	**4,380**
		τ_0 kg/qcm	1,430	1,770	2,060	1,665	2,055	1,805	2,270
		τ_1 kg/qcm	1,790	2,120	2,360	1,635	1,955	1,555	1,875
	600	l in m	**2,910**	**3,525**	**4,040**	**3,260**	**3,950**	**3,455**	**4,200**
		τ_0 kg/qcm	1,500	1,850	2,155	1,730	2,145	1,885	2,375
		τ_1 kg/qcm	1,880	2,220	2,470	1,705	2,040	1,630	1,960
	650	l in m	**2,795**	**3,385**	**3,880**	**3,130**	**3,795**	**3,320**	**4,030**
		τ_0 kg/qcm	1,555	1,925	2,240	1,810	2,225	1,965	2,470
		τ_1 kg/qcm	1,955	2,310	2,570	1,775	2,120	1,690	2,040
	700	l in m	**2,695**	**3,265**	**3,740**	**3,015**	**3,660**	**3,200**	
		τ_0 kg/qcm	1,610	2,000	2,320	1,880	2,320	2,040	
		τ_1 kg/qcm	2,030	2,400	2,660	1,840	2,215	1,750	
	750	l in m	**2,600**	**3,155**	**3,610**	**2,915**	**3,535**	**3,090**	
		τ_0 kg/qcm	1,675	2,080	2,405	1,945	2,400	2,105	
		τ_1 kg/qcm	2,100	2,495	2,755	1,910	2,280	1,810	
	800	l in m	**2,520**	**3,055**	**3,500**	**2,820**	**3,420**	**2,995**	
		τ_0 kg/qcm	1,730	2,145	2,495	2,000	2,480	2,170	
		τ_1 kg/qcm	2,170	2,560	2,850	1,970	2,360	1,870	
	850	l in m	**2,445**	**2,965**		**2,740**		**2,905**	
		τ_0 kg/qcm	1,780	2,200		2,060		2,245	
		τ_1 kg/qcm	2,240	2,645		2,030		1,930	
	900	l in m	**2,375**	**2,880**		**2,660**		**2,825**	
		τ_0 kg/qcm	1,835	2,260		2,125		2,305	
		τ_1 kg/qcm	2,300	2,720		2,095		1,990	
	950	l in m	**2,315**	**2,805**		**2,585**		**2,745**	
		τ_0 kg/qcm	1,890	2,340		2,170		2,365	
		τ_1 kg/qcm	2,370	2,800		2,140		2,035	
	1000	l in m	**2,255**	**2,735**		**2,525**		**2,675**	
		τ_0 kg/qcm	1,945	2,395		2,240		2,430	
		τ_1 kg/qcm	2,435	2,870		2,215		2,095	

Abmessungen der Eiseneinlagen in mm		20.2	20.3	20.4	26.2	26.3	30.2	30.3
Entfernung der Eisen voneinander in cm		**11,5**	**11,5**	**11,5**	**11,5**	**11,5**	**11,5**	**11,5**
Eisenquerschnitt in qcm pro Meter Deckenbreite		3,48	5,22	6,96	4,52	6,79	5,22	7,83
Nutzbare Höhe (h—a) in cm		13,5	13,5	13,5	13,2	13,2	13,0	13,0
Abstand der Nulllinie X von Deckenoberkante in cm		4,04	4,78	5,32	4,44	5,21	4,66	5,43
Maximalmoment in cmkg		**50755**	**74585**	**97945**	**63570**	**93410**	**71705**	**105140**
Beanspruchung im Stein σ_s in kg/qcm		20,65	26,25	31,30	24,45	31,25	26,75	34,65
Beanspruchung des Eisens σ_e in kg/qcm		1200	1200	1200	1200	1200	1200	1200
Größte Stützweiten l der Deckenplatte in Metern, größte Schubspannungen τ_0, größte Haftspannungen τ_1 für eine Gesamtbelastung in kg/qm der Deckenplatte von								
1050	l in m	**2,195**	**2,665**		**2,465**		**2,610**	
	τ_0 kg/qcm	1,980	2,45		2,305		2,495	
	τ_1 kg/qcm	2,475	2,945		2,260		2,150	
1100	l in m	**2,145**			**2,405**			
	τ_0 kg/qcm	2,020			2,360			
	τ_1 kg/qcm	2,530			2,315			
1150	l in m	**2,100**			**2,355**			
	τ_0 kg/qcm	2,070			2,405			
	τ_1 kg/qcm	2,600			2,370			
1200	l in m	**2,055**			**2,305**			
	τ_0 kg/qcm	2,115			2,470			
	τ_1 kg/qcm	2,660			2,425			
1250	l in m	**2,015**						
	τ_0 kg/qcm	2,160						
	τ_1 kg/qcm	2,710						
1300	l in m	**1,975**						
	τ_0 kg/qcm	2,200						
	τ_1 kg/qcm	2,755						
1350	l in m	**1,935**						
	τ_0 kg/qcm	2,240						
	τ_1 kg/qcm	2,790						
1400	l in m	**1,900**						
	τ_0 kg/qcm	2,280						
	τ_1 kg/qcm	2,850						
1450	l in m	**1,870**						
	τ_0 kg/qcm	2,325						
	τ_1 kg/qcm	2,910						
1500	l in m	**1,840**						
	τ_0 kg/qcm	2,360						
	τ_1 kg/qcm	2,960						

Deckenplatte aus 15 cm hohen Ziegelhohlsteinen mit 3 cm Aufbetonierung (σ_ε = 1200 kg/qcm).

Abmessungen der Eiseneinlagen in mm		26.2	26.3	26.4	30.2	30.3	35.2	35.3
Entfernung der Eisen voneinander in cm		11,5	11,5	11,5	11,5	11,5	11,5	11,5
Eisenquerschnitt in qcm pro Meter Deckenbreite		4,52	6,79	9,05	5,22	7,83	6,09	9,13
Nutzbare Höhe (h - a) in cm		16,2	16,2	16,2	16,0	16,0	15,75	15,75
Abstand der Nulllinie X von Deckenoberkante in cm		5,02	5,90	6,59	5,29	6,19	5,58	6,50
Maximalmoment in cmkg		78800	116000	152000	89200	130900	101500	148800
Beanspruchung im Beton σ_b in kg/qcm		21,55	27,50	33,00	23,65	30,45	26,15	33,80
Beanspruchung des Eisens σ_e in kg/qcm		1200	1200	1200	1200	1200	1200	1200
Größte Stützweiten l der Deckenplatte in Metern, größte Schubspannungen τ_0, größte Haftspannungen τ_1, für eine Gesamtbelastung in kg/qm der Deckenplatte von								
550	l in m	3,785	4,590	5,260	4,025	4,890	4,300	5,210
	τ_0 kg/qcm	1,490	1,840	2,150	1,620	2,000	1,770	2,205
	τ_1 kg/qcm	1,465	1,760	1,980	1,400	1,680	1,320	1,600
600	l in m	3,625	4,400	5,040	3,860	4,675	4,110	4,990
	τ_0 kg/qcm	1,560	1,930	2,245	1,695	2,095	1,850	2,300
	τ_1 kg/qcm	1,535	1,845	2,070	1,460	1,745	1,375	1,660
650	l in m	3,480	4,225	4,850	3,705	4,500	3,960	4,800
	τ_0 kg/qcm	1,620	2,005	2,345	1,760	2,180	1,930	2,400
	τ_1 kg/qcm	1,590	1,920	2,160	1,520	1,825	1,440	1,735
700	l in m	3,355	4,075	4,665	3,570	4,325	3,820	4,620
	τ_0 kg/qcm	1,690	2,085	2,430	1,825	2,260	2,000	2,490
	τ_1 kg/qcm	1,660	1,995	2,240	1,575	1,890	1,495	1,800
750	l in m	3,240	3,940	4,500	3,450	4,180	3,680	
	τ_0 kg/qcm	1,745	2,155	2,500	1,890	2,340	2,065	
	τ_1 kg/qcm	1,710	2,060	2,310	1,630	1,960	1,540	
800	l in m	3,140	3,815		3,340	4,050	3,565	
	τ_0 kg/qcm	1,800	2,230		1,950	2,395	2,140	
	τ_1 kg/qcm	1,770	2,125		1,680	2,020	1,595	
850	l in m	3,045	3,700		3,240	3,930	3,460	
	τ_0 kg/qcm	1,855	2,300		2,010	2,495	2,210	
	τ_1 kg/qcm	1,820	2,195		1,740	2,080	1,645	
900	l in m	2,955	3,600		3,150		3,360	
	τ_0 kg/qcm	1,910	2,365		2,065		2,270	
	τ_1 kg/qcm	1,880	2,255		1,795		1,695	
950	l in m	2,880	3,500		3,065		3,270	
	τ_0 kg/qcm	1,965	2,425		2,125		2,325	
	τ_1 kg/qcm	1,930	2,320		1,840		1,740	

Abmessungen der Eiseneinlagen in mm		26,2	26,3	26,4	30,2	30,3	35,2	35,3
1000	l in m	**2,805**	**3,410**		**2,990**		**3,190**	
	τ_0 kg/qcm	2,010	2,495		2,180		2,395	
	τ_1 kg/qcm	1,980	2,380		1,890		1,785	
1050	l in m	**2,740**			**2,915**		**3,110**	
	τ_0 kg/qcm	2,065			2,240		2,450	
	τ_1 kg/qcm	2,025			1,935		1,830	
1100	l in m	**2,675**			**2,850**			
	t_0 kg/qcm	2,110			2,290			
	t_1 kg/qcm	2,075			1,980			
1150	l in m	**2.620**			**2,785**			
	τ_0 kg/qcm	2,160			2,335			
	τ_1 kg/qcm	2,120			2,020			
1200	l in m	**2,565**			**2,725**			
	τ_0 kg/qcm	2,210			2,395			
	τ_1 kg/qcm	2,175			2,060			
1250	l in m	**2,510**			**2,670**			
	τ_0 kg/qcm	2,255			2,445			
	τ_1 kg/qcm	2,210			2,110			
1300	l in m	**2,465**			**2,620**			
	τ_0 kg/qcm	2,305			2,490			
	τ_1 kg/qcm	2,255			2,145			
1350	l in m	**2,415**						
	τ_0 kg/qcm	2,340						
	τ_1 kg/qcm	2,300						
1400	l in m	**2,370**						
	τ_0 kg/qcm	2,380						
	τ_1 kg/qcm	2,340						
1450	l in m	**2,330**						
	τ_0 kg/qcm	2,425						
	τ_1 kg/qcm	2,380						
1500	l in m	**2,290**						
	τ_0 kg/qcm	2,460						
	τ_1 kg/qcm	2,420						

Deckenplatte aus 15 cm hohen Ziegelhohlsteinen mit 4 cm Aufbetonierung ($\sigma_e = 1200$ kg/qcm).

Abmessungen der Eiseneinlagen in mm			26.2	26.3	26.4	30.2	30.3	30.4	35.2	35.3
Entfernung der Eisen voneinander in cm			11,5	11,5	11,5	11,5	11,5	11,5	11,5	11,5
Eisenquerschnitt in qcm pro Meter Deckenbreite			4,52	6,79	9,05	5,22	7,83	10,44	6,09	9,13
Nutzbare Höhe (h – a) in cm			17,2	17,2	17,2	17,0	17,0	17,0	16,75	16,75
Abstand der Nulllinie X von Deckenoberkante in cm			5,21	6,125	6,83	5,46	6,45	7,16	5,775	6,75
Maximalmoment in cmkg			**83900**	**123500**	**162000**	**95000**	**139500**	**183000**	**108500**	**159000**
Beanspruchung im Beton σ_b in kg/qcm			20,8	26,6	31,8	22,9	29,2	34,9	25,3	32,5
Beanspruchung des Eisens σ_e in kg/qcm			1200	1200	1200	1200	1200	1200	1200	1200
Größte Stützweiten l der Deckenplatte in Metern, größte Schubspannungen τ_0, größte Haftspannungen τ_1, für eine Gesamtbelastung in kg/qm der Deckenplatte von	**550**	l in m	**3,90**	**4,73**	**5,42**	**4,15**	**5,03**	**5,76**	**4,44**	**5,37**
		τ_0 kg/qcm	1,388	1,715	1,99	1,505	1,865	2,164	1,645	2,04
		τ_1 kg/qcm	1,425	1,70	1,91	1,350	1,622	1,825	1,275	1,538
	600	l in m	**3,72**	**4,54**	**5,20**	**3,98**	**4,81**	**5,52**	**4,25**	**5,15**
		τ_0 kg/qcm	1,445	1,80	2,09	1,575	1,945	2,261	1,72	2,13
		τ_1 kg/qcm	1,485	1,78	2,00	1,415	1,695	1,91	1,335	1,61
	650	l in m	**3,59**	**4,36**	**4,99**	**3,82**	**4,63**	**5,30**	**4,08**	**4,95**
		τ_0 kg/qcm	1,51	1,87	2,17	1,635	2,03	2,36	1,79	2,22
		τ_1 kg/qcm	1,55	1,85	2,08	1,47	1,765	1,987	1,388	1,675
	700	l in m	**3,46**	**4,20**	**4,80**	**3,69**	**4,46**	**5,11**	**3,94**	**4,76**
		τ_0 kg/qcm	1,567	1,94	2,25	1,70	2,10	2,44	1,86	2,30
		τ_1 kg/qcm	1,61	1,922	2,152	1,527	1,83	2,06	1,442	1,735
	750	l in m	**3,345**	**4,05**	**4,65**	**3,56**	**4,31**		**3,81**	**4,60**
		τ_0 kg/qcm	1,623	2,00	2,336	1,76	2,18		1,925	2,38
		τ_1 kg/qcm	1,67	1,985	2,238	1,58	1,895		1,495	1,795
	800	l in m	**3,24**	**3,93**	**4,50**	**3,45**	**4,18**		**3,68**	**4,46**
		τ_0 kg/qcm	1,677	2,07	2,41	1,82	2,25		1,985	2,46
		τ_1 kg/qcm	1,72	2,052	2,305	1,633	1,963		1,540	1,86
	850	l in m	**3,14**	**3,80**	**4,36**	**3,34**	**4,05**		**3,57**	
		τ_0 kg/qcm	1,73	2,13	2,485	1,87	2,32		2,045	
		τ_1 kg/qcm	1,775	2,11	2,378	1,68	2,02		1,587	
	900	l in m	**3,055**	**3,70**		**3,24**	**3,93**		**3,47**	
		τ_0 kg/qcm	1,78	2,20		1,92	2,38		2,105	
		τ_1 kg/qcm	1,826	2,18		1,723	2,07		1,632	
	950	l in m	**2,97**	**3,60**		**3,16**	**3,83**		**3,38**	
		τ_0 kg/qcm	1,83	2,255		1,976	2,45		2,165	
		τ_1 kg/qcm	1,875	2,234		1,777	2,132		1,680	

Abmessungen der Eiseneinlagen in mm			**26.2**	**26.3**	**26.4**	**30.2**	**30.3**	**30.4**	**35.2**	**35.3**
Entfernung der Eisen voneinander in cm			**11,5**	**11,5**	**11,5**	**11,5**	**11,5**	**11,5**	**11,5**	**11,5**
Eisenquerschnitt in qcm pro Meter Deckenbreite			4,52	6,79	9,05	5,22	7,83	10,44	6,09	9,13
Nutzbare Höhe (h – a) in cm			17,2	17,2	17,2	17,0	17,0	17,0	16,75	16,75
Abstand der Nulllinie X von Deckenoberkante in cm			5,21	6,125	6,83	5,46	6,45	7,16	5,775	6,75
Maximalmoment in cmkg			**83900**	**123500**	**162000**	**95000**	**139500**	**183000**	**108500**	**159000**
Beanspruchung im Beton σ_b in kg/qcm			20,8	26,6	31,8	22,9	29,2	34,9	25,3	32,5
Beanspruchung des Eisens σ_e in kg/qcm			1200	1200	1200	1200	1200	1200	1200	1200
Größte Stützweiten l der Deckenplatte in Metern, größte Schubspannungen τ_0, größte Haftspannungen τ_1, für eine Gesamtbelastung in kg/qm der Deckenplatte von	**1000**	l in m	**2,895**	**3,51**		**3,08**			**3,295**	
		τ_0 kg/qcm	1,965	2,315		2,03			2,17	
		τ_1 kg/qcm	1,92	2,295		1,82			1,725	
	1050	l in m	**2,82**	**3,43**		**3,01**			**3,215**	
		τ_0 kg/qcm	1,95	2,37		2,085			2,225	
		τ_1 kg/qcm	1,97	2,35		1,87			1,768	
	1100	l in m	**2,76**	**3,345**		**2,94**			**3,14**	
		τ_0 kg/qcm	1,96	2,43		2,13			2,33	
		τ_1 kg/qcm	2,02	2,405		1,915			1,81	
	1150	l in m	**2,70**	**3,28**		**2,87**			**3,07**	
		τ_0 kg/qcm	2,01	2,48		2,175			2,38	
		τ_1 kg/qcm	2,06	2,46		1,952			1,85	
	1200	l in m	**2,65**			**2,82**			**3,00**	
		τ_0 kg/qcm	2,06			2,23			2,43	
		τ_1 kg/qcm	2,11			2,01			1,885	
	1250	l in m	**2,59**			**2,76**			**2,94**	
		τ_0 kg/qcm	2,09			2,275			2,475	
		τ_1 kg/qcm	2,15			2,04			1,925	
	1300	l in m	**2,54**			**2,70**				
		τ_0 kg/qcm	2,14			2,315				
		τ_1 kg/qcm	2,19			2,08				
	1350	l in m	**2,49**			**2,66**				
		τ_0 kg/qcm	2,18			2,365				
		τ_1 kg/qcm	2,234			2,123				
	1400	l in m	**2,45**			**2,60**				
		τ_0 kg/qcm	2,22			2,40				
		τ_1 kg/qcm	2,28			2,155				
	1500	l in m	**2,36**			**2,52**				
		τ_0 kg/qcm	2,29			2,49				
		τ_1 kg/qcm	2,35			2,24				

Deckenplatte aus 15 cm hohen Ziegelhohlsteinen mit 5 cm Aufbetonierung

($\sigma_e = 1200$ kg/qcm).

Abmessungen der Eiseneinlagen in mm		**26.2**	**26.3**	**26.4**	**26.5**	**30.2**	**30.3**	**30.4**	**35.2**	**35.3**
Entfernung der Eisen voneinander in cm		**11,5**	**11,5**	**11,5**	**11,5**	**11,5**	**11,5**	**11,5**	**11,5**	**11,5**
Eisenquerschnitt in qcm pro Meter Deckenbreite		4,52	6,79	9,05	11,31	5,22	7,83	10,44	6,09	9,13
Nutzbare Höhe (h a) in cm		18,2	18,2	18,2	18,2	18,00	18,00	18,00	17,75	17,75
Abstand der Nulllinie X von Deckenoberkante in cm		4,325	6,34	7,08	7,71	4,58	6,66	7,65	4,84	6,98
Maximalmoment in cmkg		**91000**	**131200**	**172000**	**212000**	**103200**	**148500**	**193500**	**118000**	**169000**
Beanspruchung im Beton σ_b in kg/qcm		25,15	25,7	30,6	35,15	27,4	28,2	32,7	30,3	31,3
Beanspruchung des Eisens σ_e in kg/qcm		1200	1200	1200	1200	1200	1200	1200	1200	1200
Größte Stützweiten l der Deckenplatte in Metern, größte Schubspannungen τ_0, größte Haftspannungen τ_1, für eine Gesamtbelastung in kg/qm der Deckenplatte von										
550	l in m	**4,07**	**4,98**	**5,59**	**6,21**	**4,34**	**5,19**	**5,94**	**4,61**	**5,55**
	τ_0 kg/qcm	1,335	1,70	1,95	2,19	1,45	1,81	2,115	1,595	1,975
	τ_1 kg/qcm	1,37	1,685	1,86	2,00	1,302	1,572	1,785	1,22	1,495
600	l in m	**3,89**	**4,67**	**5,35**	**5,94**	**4,15**	**4,97**	**5,67**	**4,44**	**5,31**
	τ_0 kg/qcm	1,39	1,742	2,025	2,277	1,51	1,89	2,202	1,67	2,063
	τ_1 kg/qcm	1,432	1,725	1,94	2,09	1,36	1,645	1,86	1,285	1,56
650	l in m	**3,74**	**4,50**	**5,15**	**5,71**	**3,98**	**4,77**	**5,45**	**4,25**	**5,10**
	τ_0 kg/qcm	1,660	1,82	2,112	2,372	1,57	1,96	2,292	1,735	2,146
	τ_1 kg/qcm	1,49	1,80	2,022	2,18	1,410	1,71	1,935	1,330	1,625
700	l in m	**3,60**	**4,34**	**4,96**	**5,50**	**3,84**	**4,60**	**5,25**	**4,10**	**4,815**
	τ_0 kg/qcm	1,50	1,885	2,195	2,46	1,635	2,035	2,48	1,80	2,223
	τ_1 kg/qcm	1,545	1,87	2,10	2,255	1,465	1,77	2,01	1,38	1,65
750	l in m	**3,48**	**4,18**	**4,79**		**3,71**	**4,45**		**3,96**	**4,75**
	τ_0 kg/qcm	1,55	1,95	2,265		1,68	2,11		1,862	2,308
	τ_1 kg/qcm	1,600	1,93	2,172		1,515	1,842		1,430	1,745
800	l in m	**3,365**	**4,05**	**4,64**		**3,59**	**4,30**		**3,84**	**4,60**
	τ_0 kg/qcm	1,610	2,012	2,342		1,745	2,18		1,926	2,381
	τ_1 kg/qcm	1,652	1,995	2,243		1,565	1,895		1,480	1,804
850	l in m	**3,270**	**3,93**	**4,49**		**3,48**	**4,18**		**3,72**	**4,46**
	τ_0 kg/qcm	1,660	2,075	2,405		1,795	2,25		1,985	2,46
	τ_1 kg/qcm	1,705	2,055	2,31		1,612	1,96		1,525	1,86
900	l in m	**3,180**	**3,82**	**4,37**		**3,39**	**4,06**		**3,62**	
	τ_0 kg/qcm	1,71	2,14	2,482		1,852	2,315		2,045	
	τ_1 kg/qcm	1,755	2,118	2,38		1,665	2,015		1,57	
950	l in m	**3,090**	**3,72**			**3,30**	**3,95**		**3,52**	
	τ_0 kg/qcm	1,751	2,195			1,905	2,374		2,10	
	τ_1 kg/qcm	1,800	2,177			1,712	2,07		1,61	

Größte Stützweiten l der Deckenplatte in Metern, größte Schubspannungen τ_0, größte Haftspannungen τ_1, für eine Gesamtbelastung in kg/qm der Deckenplatte von

Abmessungen der Eiseneinlagen in mm			**26.2**	**26.3**	**26.4**	**26.5**	**30.2**	**30.3**	**30.4**	**35.2**	**35.3**
Entfernung der Eisen voneinander in cm			**11,5**	**11,5**	**11,5**	**11,5**	**11,5**	**11,5**	**11,5**	**11,5**	**11,5**
Eisenquerschnitt in qcm pro Meter Deckenbreite			4,52	6,79	9,05	11,31	5,22	7,83	10,44	6,09	9,13
Nutzbare Höhe (h−a) in cm			18,2	18,2	18,2	18,2	18,0	18,0	18,0	17,75	17,75
Abstand der Nulllinie X von Deckenoberkante in cm			4,325	6,34	7,08	7,71	4,58	6,66	7,65	4,84	6,98
Maximalmoment in cmkg			**90800**	**131200**	**172000**	**212000**	**103200**	**148500**	**193500**	**118000**	**169000**
Beanspruchung im Beton σ_b in kg/qcm			25,1	25,7	30,6	35,15	22,1	28,2	32,7	24,15	31,3
Beanspruchung des Eisens σ_e in kg/qcm			1200	1200	1200	1200	1200	1200	1200	1200	1200
	1000	l in m	**3,10**	**3,62**			**3,21**	**3,85**		**3,44**	
		τ_0 kg/qcm	1,85	2,25			1,950	2,44		2,15	
		τ_1 kg/qcm	1,90	2,24			1,750	2,12		1,66	
	1050	l in m	**2,94**	**3,535**			**3,14**			**3,35**	
		τ_0 kg/qcm	1,84	2,303			2,00			2,202	
		τ_1 kg/qcm	1,890	2,28			1,86			1,70	
	1100	l in m	**2,87**	**3,46**			**3,06**			**3,27**	
		τ_0 kg/qcm	1,883	2,361			2,04			2,255	
		τ_1 kg/qcm	1,935	2,342			1,835			1,73	
	1150	l in m	**2,81**	**3,38**			**2,995**			**3,20**	
		τ_0 kg/qcm	1,928	2,41			2,090			2,305	
		τ_1 kg/qcm	1,98	2,39			1,88			1,775	
	1200	l in m	**2,745**	**3,30**			**2,93**			**3,135**	
		τ_0 kg/qcm	1,970	2,46			2,13			2,352	
		τ_1 kg/qcm	2,020	2,44			1,915			1,810	
	1250	l in m	**2,695**				**2,875**			**3,07**	
		τ_0 kg/qcm	2,010				2,18			2,402	
		τ_1 kg/qcm	2,070				1,960			1,850	
	1300	l in m	**2,64**				**2,82**			**3,01**	
		τ_0 kg/qcm	2,05				2,23			2,45	
		τ_1 kg/qcm	2,105				2,00			1,885	
	1350	l in m	**2,59**				**2,76**				
		τ_0 kg/qcm	2,084				2,26				
		τ_1 kg/qcm	2,145				2,03				
	1400	l in m	**2,54**				**2,715**				
		τ_0 kg/qcm	2,12				2,310				
		τ_1 kg/qcm	2,18				2,07				

Abmessungen der Eiseneinlagen in mm	26.2	26.3	26.4	26.5	30.2	30.3	30.4	35.2	35.3
Entfernung der Eisen voneinander in cm	**11,5**	**11,5**	**11,5**	**11,5**	**11,5**	**11,5**	**11,5**	**11,5**	**11,5**
Eisenquerschnitt in qcm pro Meter Deckenbreite	4,52	6,79	9,05	11,31	5,22	7,83	10,44	6,09	9,13
Nutzbare Höhe (h - a) in cm	18,2	18,2	18,2	18,2	18,0	18,0	18,0	17,75	17,75
Abstand der Nulllinie X von Deckenoberkante in cm	4,325	6,34	7,08	7,71	4,58	6,66	7,65	4,84	6,98
Maximalmoment in cmkg	**90800**	**131200**	**172000**	**212000**	**103200**	**148500**	**193500**	**118000**	**169000**
Beanspruchung im Beton σ_b in kg/qcm	20,2	25,7	30,6	35,15	22,1	28,2	32,7	24,15	31,3
Beanspruchung des Eisens σ_e in kg/qcm	1200	1200	1200	1200	1200	1200	1200	1200	1200
Größte Stützweiten l der Deckenplatte in Metern, größte Schubspannungen τ_0, größte Haftspannungen τ_1 für eine Gesamtbelastung in kg/qm der Deckenplatte von									
1450 — l in m	**2,50**				**2,67**				
1450 — τ_0 kg/qcm	2,16				2,35				
1450 — τ_1 kg/qcm	2,225				2,11				
1500 — l in m	**2,46**				**2,625**				
1500 — τ_0 kg/qcm	2,20				2,39				
1500 — τ_1 kg/qcm	2,265				2,15				
1550 — l in m	**2,42**				**2,580**				
1550 — τ_0 kg/qcm	2,240				2,43				
1550 — τ_1 kg/qcm	2,30				2,18				
1600 — l in m	**2,38**				**2,540**				
1600 — τ_0 kg/qcm	2,27				2,47				
1600 — τ_1 kg/qcm	2,336				2,148				
1650 — l in m	**2,34**								
1650 — τ_0 kg/qcm	2,302								
1650 — τ_1 kg/qcm	2,37								
1700 — l in m	**2,31**								
1700 — τ_0 kg/qcm	2,342								
1700 — τ_1 kg/qcm	2,41								
1750 — l in m	**2,28**								
1750 — τ_0 kg/qcm	2,38								
1750 — τ_1 kg/qcm	2,45								
1800 — l in m	**2,243**								
1800 — τ_0 kg/qcm	2,41								
1800 — τ_1 kg/qcm	2,47								
1850 — l in m									
1850 — τ_0 kg/qcm									
1850 — τ_1 kg/qcm									

Deckenplatte aus 20 cm hohen Ziegelhohlsteinen

(σ_ε = 1200 kg/qcm).

Abmessungen der Eiseneinlagen in mm			**26.3**	**26.4**	**26.5**	**30.3**	**30.4**	**35.3**
Entfernung der Eisen voneinander in cm			**11,5**	**11,5**	**11,5**	**11,5**	**11,5**	**11,5**
Eisenquerschnitt in qcm pro Meter Deckenbreite			6,79	9,05	11,31	7,83	10,44	9,13
Nutzbare Höhe (h – a) in cm			18,2	18,2	18,2	18,00	18,00	17,75
Abstand der Nulllinie X von Deckenoberkante in cm			6,34	7,08	7,71	6,66	7,65	6,98
Maximalmoment in cmkg			**131200**	**172000**	**212000**	**148500**	**193500**	**169000**
Beanspruchung im Stein σ_s in kg/qcm			25,7	30,6	35,15	28,2	32,7	31,3
Beanspruchung des Eisens σ_e in kg/qcm			1200	1200	1200	1200	1200	1200
Größte Spannweite l der Deckenplatte in Metern, größte Schubspannungen τ_0, größte Haftspannungen τ_1, für eine Gesamtbelastung in kg/qm der Deckenplatte von	**550**	l in m	**4,98**	**5,59**	**6,21**	**5,19**	**5,94**	**5,55**
		τ_0 kg/qcm	1,70	1,95	2,19	1,81	2,115	1,975
		τ_1 kg/qcm	1,685	1,86	2,00	1,572	1,785	1,495
	600	l in m	**4,67**	**5,35**	**5,94**	**4,97**	**5,67**	**5,31**
		τ_0 kg/qcm	1,742	2,025	2,277	1,89	2,202	2,063
		τ_1 kg/qcm	1,725	1,94	2,09	1,645	1,86	1,56
	650	l in m	**4,50**	**5,15**	**5,71**	**4,77**	**5,45**	**5,10**
		τ_0 kg/qcm	1,82	2,112	2,372	1,96	2,292	2,146
		τ_1 kg/qcm	1,80	2,022	2,18	1,71	1,935	1,625
	700	l in m	**4,34**	**4,96**	**5,50**	**4,60**	**5,25**	**4,815**
		τ_0 kg/qcm	1,885	2,195	2,46	2,035	2,48	2,223
		τ_1 kg/qcm	1,87	2,10	2,255	1,77	2,01	1,65
	750	l in m	**4,18**	**4,79**		**4,45**		**4,75**
		τ_0 kg/qcm	1,95	2,265		2,11		2,308
		τ_1 kg/qcm	1,93	2,172		1,842		1,748
	800	l in m	**4,05**	**4,64**		**4,30**		**4,60**
		τ_0 kg/qcm	2,012	2,342		2,18		2,381
		τ_1 kg/qcm	1,995	2,243		1,895		1,804
	850	l in m	**3,93**	**4,49**		**4,18**		**4,46**
		τ_0 kg/qcm	2,075	2,405		2,25		2,46
		τ_1 kg/qcm	2,055	2,31		1,96		1,86
	900	l in m	**3,82**	**4,37**		**4,06**		
		τ_0 kg/qcm	2,14	2,482		2,315		
		τ_1 kg/qcm	2,118	2,38		2,015		
	950	l in m	**3,72**			**3,95**		
		τ_0 kg/qcm	2,195			2,374		
		τ_1 kg/qcm	2,177			2,07		
	1000	l in m	**3,62**			**3,85**		
		τ_0 kg/qcm	2,25			2,44		
		τ_1 kg/qcm	2,24			2,12		

Koenen'sche Voutenplatten. — Mittelfelder.

Größte Beanspruchung des Rundeisens: $\sigma_e = 1200$ kg/cm².

" " " Betons: $\sigma_b \leqq 40$ "

Größtes Feldmoment: $M_{[mkg]} = \frac{q \cdot l^2}{18}$ (vergl. Erlaß des Berliner Polizeipräsidenten, Abt. III. vom 22. XI. 13 unter Titel 12.)

Zeichen-Erklärung: g = Eigengewicht [kg/qm] (für Putz und Fußboden sind ca. 65—70 kg einbegriffen)

p = Nutzlast [kg/qm]

q = g + p = Gesamtlast [kg/qm].

p			Stützweiten l (m)								
			2,0	**2,25**	**2,50**	**2,75**	**3,00**	**3,25**	**3,50**	**3,75**	**4,00**
500	Rundeisen Ø 10 mm	g	260	260	280	280	310	330	360	380	380
		M	169	214	271	328	405	487	585	690	782
		h	8,0	8,0	9,0	9,0	10,0	11,0	12,0	13,0	13,0
		f_e	2,4	3,1	3,4	4,2	4,5	4,80	5,3	5,6	6,4
		α	32,7	25,3	23,1	18,7	17,5	16,3	14,8	14,0	12,3
		σ_b	31	37	35	40	39	38	38	37	40
750	Rundeisen Ø 10 mm	g	260	280	310	330	360	360	380	400	430
		M	224	290	368	455	555	650	770	900	1050
		h	8,0	9,0	10,0	11,0	12,0	12,0	13,0	14,0	15,0
		f_e	3,3	3,6	4,1	4,5	5,0	5,8	6,4	6,8	7,4
		α	23,8	21,8	19,1	17,4	15,7	13,5	12,3	11,5	10,6
		σ_b	38	37	37	36	36	40	40	39	39
1000	Rundeisen Ø 12 mm	g	280	310	330	360	380	400	430	450	480
		M	284	369	462	572	690	822	974	1135	1315
		h	9,0	10,0	11,0	12,0	13,0	14,0	15,0	16,0	17,0
		f_e	3,6	4,1	4,6	5,1	5,6	6,2	6,8	7,4	7,9
		α	31,4	27,5	24,5	22,1	20,2	18,2	16,6	15,2	14,3
		σ_b	37	37	37	37	37	37	38	38	38
1500	Rundeisen Ø 12 mm	g	310	330	360	400	430	450	480	500	520
		M	402	515	645	800	965	1145	1350	1565	1800
		h	10,0	11,0	12,0	14,0	15,0	16,0	17,0	18,0	19,0
		f_e	4,5	5,2	5,8	6,1	6,8	7,5	8,2	9,0	9,7
		α	25,0	21,7	19,5	18,7	16,5	15,0	13,8	12,5	11,6
		σ_b	39	40	40	37	38	39	39	40	40
2000	Rundeisen Ø 12 mm	g	330	380	400	430	450	500	520	550	600
		M	518	670	835	1020	1225	1465	1710	2000	2310
		h	11,0	13,0	14,0	15,0	16,0	18,0	19,0	20,0	22,0
		f_e	5,2	5,5	6,3	7,1	8,0	8,4	9,2	10,2	10,7
		α	21,7	20,4	17,9	15,9	14,1	13,5	12,3	11,1	10,6
		σ_b	40	37	38	39	40	38	39	40	39

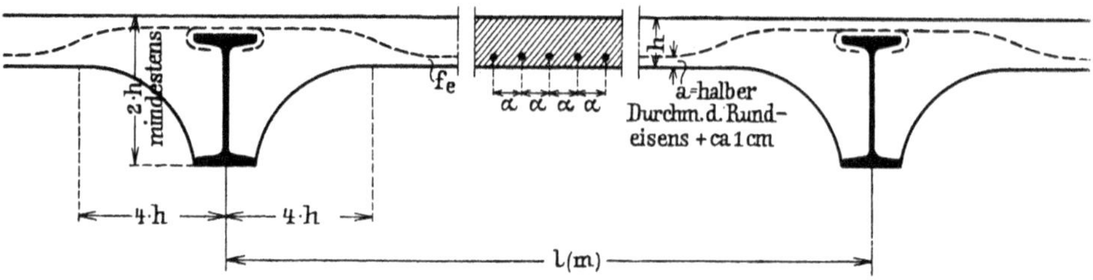

h = Deckenstärke [cm]
f_e = Eisenquerschnitt auf 1 m Deckenbreite [cm^2]
α = Mitten-Abstand der Rundeisen voneinander [cm].

Stützweiten l(m)												
4,25	**4,50**	**4,75**	**5,00**	**5,25**	**5,50**	**5,75**	**6,00**	**6,25**	**6,50**			p
400	430	450	480	500	520	550	570	600	620	g	Rundeisen Ø 10 mm	**500**
905	1050	1190	1360	1530	1715	1925	2140	2390	2630	M		
14,0	15,0	16,0	17,0	18,0	19,0	20,0	21,0	22,0	23,0	h		
6,8	7,3	7,7	8,2	8,7	9,2	9,8	10,3	10,9	11,5	f_e		
11,5	10,7	10,2	9,5	9,0	8,5	8,0	7,6	7,2	6,8	α		
40	40	39	39	39	39	39	39	39	39	σ_b		
450	480	500	520	550	570	600	620	640	690	g	Rundeisen Ø 10 mm	**750**
1200	1380	1570	1765	2000	2220	2480	2740	3020	3380	M		
16,0	17,0	18,0	19,0	20,0	21,0	22,0	23,0	24,0	26,0	h		
7,8	8,3	9,0	9,5	10,2	10,7	11,4	12,0	12,6	13,0	f_e		
10,0	9,4	8,7	8,2	7,7	7,3	6,9	6,5	6,2	6,0	α		
39	39	40	40	40	40	40	40	40	39	σ_b		
500	520	550	570	600	620	640	690	720	740	g	Rundeisen Ø 12 mm	**1000**
1505	1710	1945	2180	2450	2720	3010	3380	3740	4080	M		
18,0	19,0	20,0	21,0	22,0	23,0	24,0	26,0	27,0	28,0	h		
8,6	9,2	9,9	10,5	11,3	11,9	12,5	13,0	13,9	14,5	f_e		
13,1	12,2	11,4	10,7	10,0	9,5	9,0	8,7	8,1	7,8	α		
39	39	39	39	40	40	40	39	40	40	σ_b		
570	600	620	640	690	720	740	790			g	Rundeisen Ø 12 mm	**1500**
2080	2360	2660	2970	3360	3730	4110	4580			M		
21,0	22,0	23,0	24,0	26,0	27,0	28,0	30,0			h		
10,0	10,8	11,7	12,4	13,0	13,9	14,6	15,1			f_e		
11,3	10,4	9,6	9,1	8,7	8,1	7,7	7,5			α		
38	39	40	40	39	40	40	39			σ_b		
620	640	690	720	760	790					g	Rundeisen Ø 12 mm	**2000**
2630	2970	3370	3780	4230	4700					M		
23,0	24,0	26,0	27,0	29,0	30,0					h		
11,5	12,5	13,0	14,0	14,5	15,6					f_e		
9,8	9,1	8,7	8,0	7,8	7,2					α		
39	40	39	40	39	40					σ_b		

Koenen'sche Voutenplatten. — Endfelder.

Größte Beanspruchung des Rundeisens: $\sigma_e = 1200$ kg/cm².

" " " Betons: $\sigma_b \leqq 40$ "

Größtes Feldmoment: $M[\text{mkg}] = \frac{q \cdot l^2}{12}$ (vergl. Erlaß des Berliner Polizeipräsidenten, Abt. III. vom 22. XI. 13 unter Titel 12.)

Zeichen-Erklärung: g = Eigengewicht [kg/qm] (für Putz und Fußboden sind ca. 65—70 kg einbegriffen)

p = Nutzlast [kg/qm]

q = g + p = Gesamtlast [kg/qm].

p			Stützweiten l(m)								
			2,0	**2,25**	**2,50**	**2,75**	**3,00**	**3,25**	**3,50**	**3,75**	**4,00**
500	Rundeisen Ø 12 mm	g	280	280	310	330	360	380	430	450	480
		M	260	329	422	523	645	775	950	1115	1305
		h	9,0	9,0	10,0	11,0	12,0	13,0	15,0	16,0	17,0
		f_e	3,3	4,2	4,7	5,2	5,8	6,4	6,7	7,3	7,9
		α	34,5	26,9	24,0	21,7	19,5	17,6	16,9	15,5	14,3
		σ_b	35	40	40	40	40	40	38	38	38
750	Rundeisen Ø 12 mm	g	310	330	360	380	400	430	450	500	520
		M	353	456	578	713	862	1040	1225	1465	1690
		h	10,0	11,0	12,0	13,0	14,0	15,0	16,0	18,0	19,0
		f_e	3,9	4,6	5,2	5,9	6,6	7,4	8,0	8,3	9,1
		α	29	24,5	21,7	19,2	17,1	15,3	14,1	13,6	12,3
		σ_b	36	37	38	38	39	40	40	38	39
1000	Rundeisen Ø 12 mm	g	330	360	380	400	430	480	500	520	570
		M	443	575	720	882	1072	1300	1530	1780	2090
		h	11,0	12,0	13,0	14,0	15,0	17,0	18,0	19,0	21,0
		f_e	4,4	5,2	5,9	6,7	7,5	7,9	8,7	9,6	10,2
		α	25,6	21,7	19,1	16,8	15,0	14,3	13,0	11,7	11,1
		σ_b	36	38	39	39	40	38	39	40	39
1500	Rundeisen Ø 12 mm	g	360	400	430	450	500	520	570	600	640
		M	620	803	1005	1230	1500	1780	2110	2460	2850
		h	12,0	14,0	15,0	16,0	18,0	19,0	21,0	22,0	24,0
		f_e	5,6	6,1	7,1	8,0	8,6	9,6	10,3	11,3	11,9
		α	20,2	18,5	15,9	14,1	13,1	11,7	11,0	10,0	9,5
		σ_b	39	37	39	40	39	40	39	40	39
2000	Rundeisen Ø 12 mm	g	400	430	480	500	550	600	620	670	720
		M	800	1025	1290	1575	1910	2290	2680	3130	3630
		h	14,0	15,0	17,0	18,0	20,0	22,0	23,0	25,0	27,0
		f_e	6,1	7,2	7,9	9,0	9,8	10,5	11,8	12,5	13,4
		α	18,5	15,7	14,3	12,5	11,5	10,7	9,6	9,1	8,4
		σ_b	37	39	38	40	39	38	40	39	39

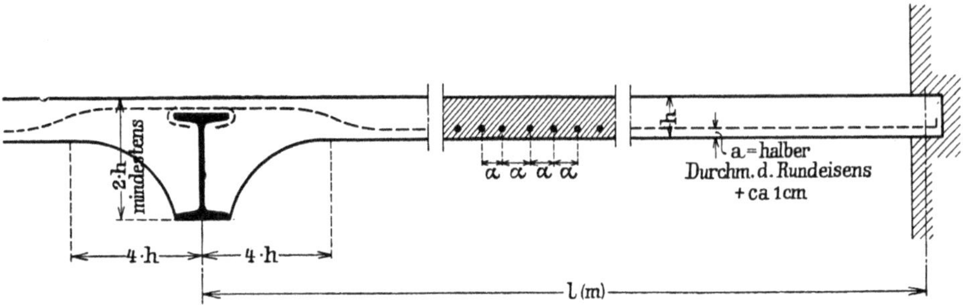

h = **Deckenstärke** [cm]

f_e = **Eisenquerschnitt auf 1 m Deckenbreite** [cm²]

α = **Mitten-Abstand der Rundeisen voneinander** [cm].

Stützweiten l (m)												p
4,25	**4,50**	**4,75**	**5,00**	**5,25**	**5,50**	**5,75**	**6,00**	**6,25**	**6,50**			
500	520	550	570	620	640	670	720	740	760	g	Rundeisen Ø 12 mm	**500**
1500	1725	1975	2230	2570	2870	3220	3660	4030	4430	M		
18,0	19,0	20,0	21,0	23,0	24,0	25,0	27,0	28,0	29,0	h		
8,6	9,3	10,1	10,8	11,3	12,0	13,0	13,5	14,5	15,2	f_e		
13,1	12,1	11,2	10,4	10,0	9,4	8,7	8,4	7,8	7,4	α		
39	39	40	40	39	39	40	39	40	40	σ_b		
550	570	620	640	670	720	740	790			g	Rundeisen Ø 12 mm	**750**
1955	2230	2580	2900	3260	3700	4100	4620			M		
20,0	21,0	23,0	24,0	25,0	27,0	28,0	30,0			h		
10,0	10,8	11,3	12,3	13,0	13,6	14,6	15,5			f_e		
11,3	10,4	10	9,2	8,7	8,3	7,7	7,3			α		
40	40	39	40	40	39	40	40			σ_b		
600	620	670	700	740	760					g	Rundeisen Ø 12 mm	**1000**
2410	2730	3140	3540	4000	4430					M		
22,0	23,0	25,0	26,0	28,0	29,0					h		
11,2	12,0	12,6	13,6	14,2	15,2					f_e		
10,1	9,4	8,9	8,3	7,9	7,4					α		
40	40	39	40	39	40					σ_b		
670	720	760	790							g	Rundeisen Ø 12 mm	**1500**
3270	3740	4250	4770							M		
25,0	27,0	29,0	30,0							h		
13,1	13,9	14,5	15,7							f_e		
8,6	8,1	7,8	7,2							α		
40	40	39	40							σ_b		
740	790									g	Rundeisen Ø 12 mm	**2000**
4120	4710									M		
28,0	30,0									h		
14,6	15,6									f_e		
7,7	7,2									α		
40	40									σ_b		

Schutz der Trägerflanschen.

Bei allen besseren Ausführungen werden die **Trägerflanschen nicht sichtbar** bleiben dürfen. Die **Ummantelung** muß derart erfolgen, daß ein **vollständiger Feuerschutz** gewährleistet ist und auch **kein späteres Durchscheinen der Trägerflanschen** eintritt. **Letzteres** beobachtet man häufig **bei älteren Ausführungen, bei diesen** ist es **versäumt, Vorkehrungen dagegen zu treffen.** Man kann aber wohl sagen, daß diese häßliche Eigenschaft der Trägerdecken nur Ausführungen der Vergangenheit angehört und man **jetzt Mittel** in der Hand hat, **dies zu vermeiden.** Der Grund für das Durchscheinen der Träger ist in den meisten Fällen darin zu suchen, daß der Träger direkt auf die Putzschicht einwirken kann und bei der Verschiedenheit des Materials zwischen Eisen und Stein bezw. Zement, Temperaturunterschiede hervorgerufen werden. Die Feuchtigkeit der Luft schlägt sich an den kälteren Stellen der Decke, wo die Trägerflanschen liegen, nieder, und die vielen in der Luft vorhandenen kleinen Staubteilchen setzen sich dort fest und lassen die Trägerlage deutlich erkennen. Es wird also darauf ankommen, das Eisen mit einem gut isolierenden Material zu umhüllen bezw. um die Isolierwirkung zu verstärken, zwischen Träger und Putz eine Luftschicht zu schaffen. Man erzielt den Schutz der Flanschen durch **besondere Anfängersteine,** die mit nasenartigen Vorsprüngen **um die Trägerflanschen herumgreifen.** Bei kleineren Flanschenbreiten findet schon dadurch eine vollständige Umkleidung mit Ziegelmaterial statt. Wenn zwischen den Nasen bei größeren Profilen noch ein Teil des Flansches frei bleibt, hilft man sich durch Zwischenschieben von Dachziegelstücken oder Unterspannen eines Rabitzgewebestreifens für die Aufnahme des Putzes.

Die Ummantelungen der Deckenträger durch besonders geformte Anfänger- und Widerlagersteine sind bereits bei der Besprechung der einzelnen Deckenarten erwähnt worden, doch soll an dieser Stelle noch etwas näher auf einige andere wichtige Ummantelungsarten eingegangen werden.

Die meisten Anfängersteine erhalten an der Unterfläche eine Ausklinkung von 1½—2 cm Stärke, wie in Fig. 1 dargestellt, hierdurch steht die Unterseite der Platte ca. 1 cm unter den Flansch des Deckenträgers vor, wodurch ein leichteres Ummanteln des Trägerflansches und Unterputzen der Deckenuntersicht ermöglicht wird.

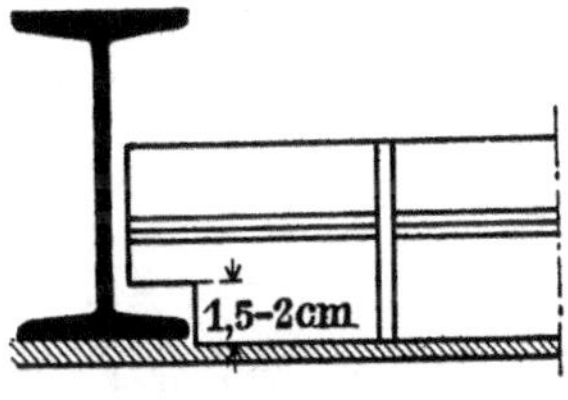

Fig. 1.

Zum Schutze des unteren Trägerflansches findet die in den Fig. 2 bis 4 dargestellte **Förster'sche Trägerschutzplatte** häufige Anwendung, diese besteht aus demselben gebrannten Tonmaterial wie der Deckenstein und ist so konstruiert, daß nur wenige schmale Rippen mit den Trägern in Berührung kommen, sonst aber zwischen Träger- und Tonplatte eine zum besseren Temperaturausgleich erforderliche Luftschicht entsteht.

Die Trägerschutzplatten werden als Doppelplatten (siehe Fig. 2) zum Versand gebracht, einesteils um die Herstellungskosten zu vermindern und andererseits um Bruch beim Transport zu vermeiden.

Durch Einschlagen der seitlichen Brücken a läßt sich jede Platte mit Leichtigkeit in 2 gleiche Hälften teilen, welche mit den durchgezogenen dünnen Drähten leicht an den Träger-Unterflansch aufgehängt werden können.

Fig. 2.

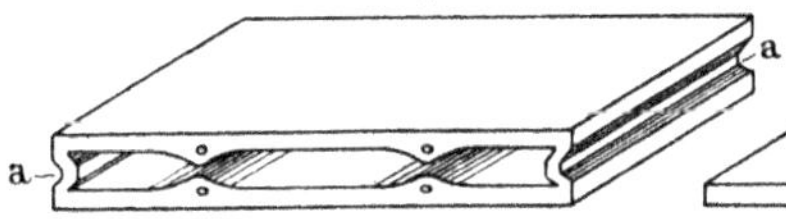

Fig. 3.

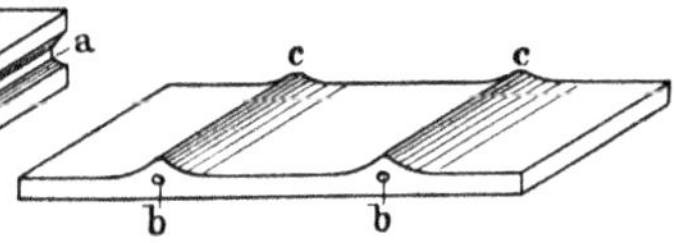

Fig. 4.

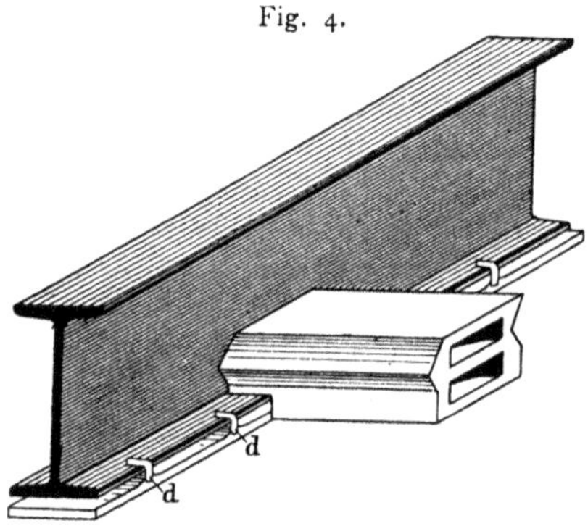

Die Trägerschutzplatten werden 25 cm lang für jede Trägerbreite passend angefertigt.

Den gleichen Zweck verfolgt **Türks Trägerflansch-Ummantelung.** Bei dieser greifen starke Tonplatten mittelst Vorsprüngen in Aussparungen der entsprechend profilierten Anfängersteine. Auch hier ist zwischen Trägerflansch und Tonplatte eine isolierende Luftschicht vorhanden, durch die eine wirksame Wärmeisolierung bewirkt wird, so daß sich die dunklen Streifen an der Decke nicht bilden können.

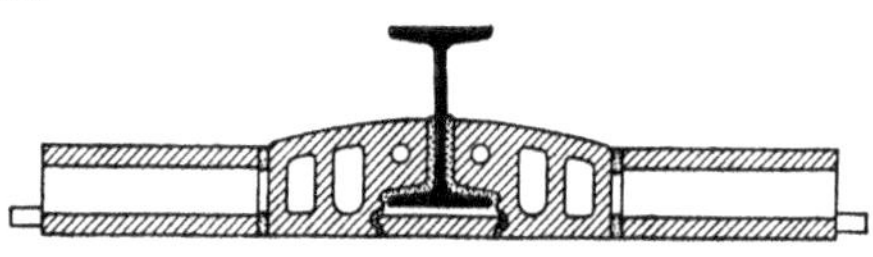

Feuersichere Ummantelungen.

Häufig sind außer den eigentlichen Deckenträgern noch besondere Unterzüge erforderlich, die dann meist so angeordnet sind, daß die Deckenträger auf ihnen oder zwischen ihnen gelagert sind. Um diese Eisenteile feuersicher zu gestalten, bedient man sich zweckentsprechender Ummantelungen mit feuerfestem Material.

Meistens werden **Ummantelungen aus mörtelartigen Stoffen** gewählt. Diese erhalten **Einlagen aus Drahtgeflecht, Streckmetall, Drahtziegelgewebe** oder anderen

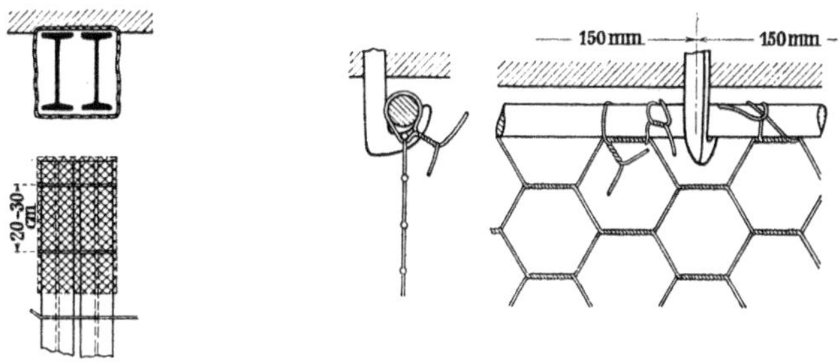

geeigneten Stoffen, zu denen auch das **Baculagewebe** der Deutschen Bacula-Industrie (Ziegler & Esch) Mainz gehört.

Die ersteren sind seit langem im Gebrauch und allgemein bekannt. Das Baculagewebe besteht im wesentlichen aus 5 und 8 mm starken Holzstäbchen, die maschinell mittelst verzinkten Drahtes zu einer Art Gewebe verbunden werden. Es wird in Breiten von 0,3 bis 2,0 m und bis zu 15 m langen Rollen geliefert.

Bacula-Gewebe.

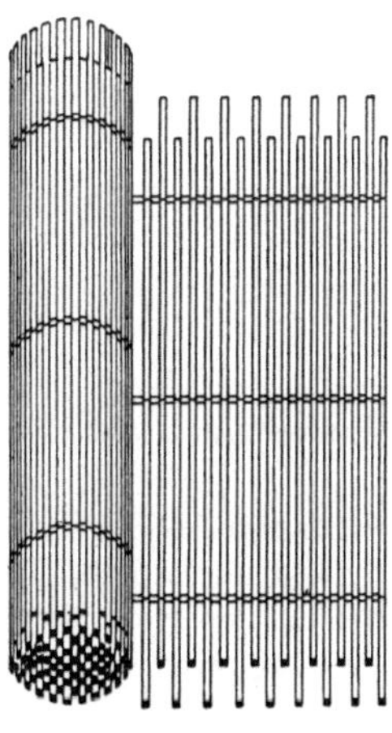

Ummantelung eines Unterzuges.

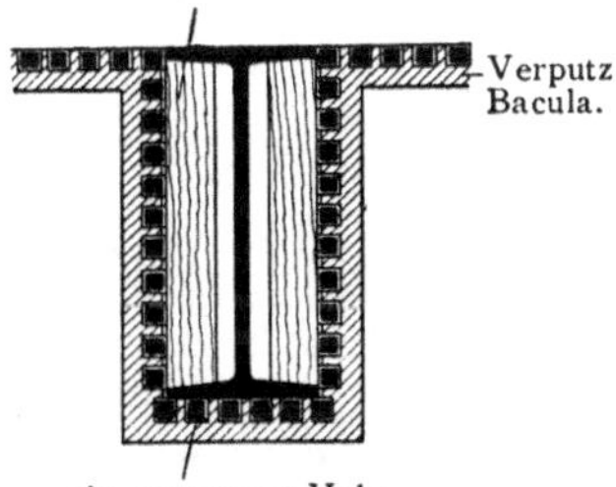

Ummantelung einer Säule.

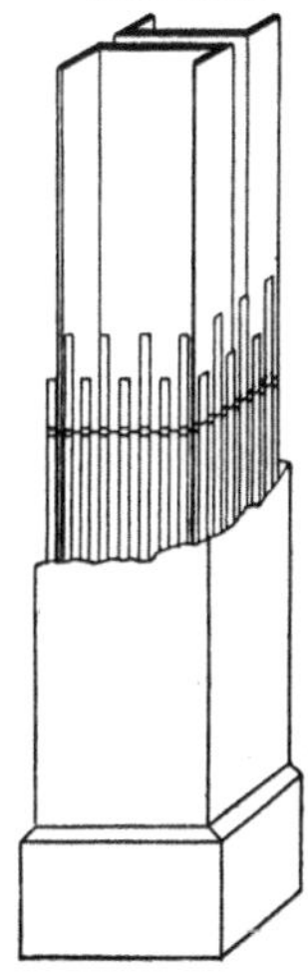

Als Mörtel wird meist Zementmörtel oder auch Gipsputz (Rabitz) verwendet. Von besonderer Wirksamkeit, aber natürlich auch teurer, sind die Asbestfeuerschutzmassen, die teils in Teigform, teils als Pulver in den Handel gebracht und an der Verbrauchsstelle angemacht werden.

Einige der bekanntesten sind Plutonit, Asbestzement, Asbestkieselgurzement.

Plutonit ist ein Material, das unter dem Einflusse hoher Wärme sintert und damit einen wirksamen Schutz für die umhüllte Konstruktion abgibt. Die Masse wird in Teigform in den Handel gebracht und an der Verwendungsstelle mit Zement und Wasser gleichmäßig durchgeknetet und dann auf die zu ummantelnden Eisenteile in 3 cm starker Schicht aufgetragen.

Asbestzement wird in Pulverform geliefert und mit Wasser ohne irgendwelchen Zusatz zu einem Brei an Ort und Stelle angerührt.

Zur Ummantelung von Unterzügen findet die schnell bindende Marke A, von der immer nur so viel angerührt werden darf als in den nächsten zehn Minuten gebraucht wird, Verwendung, während Säulen mit Marke B ummantelt werden. Im allgemeinen genügt es, die Masse 2¹/₂ cm, gleich in voller Stärke aufzutragen. Bei größeren Stärken in besonders feuergefährlichen Räumen kann die Masse in zwei Schichten aufgetragen werden, wobei für Aufrauhung der noch nicht völlig erhärteten Schicht Sorge getragen werden muß. Nach mehreren Tagen wird die Ummantelung abgeglättet und dann mehrere Male stark genäßt.

Asbestkieselgurzement besteht aus Kieselgurzement und Asbestfaser und wird für die Verwendung mit Wasser angerührt. Nach guter Reinigung der Eisenteile wird die Masse in mehreren Schichten 25—30 mm dick aufgetragen. Darüber wird ein Putzträger gespannt und dann ein Verputz aus Zementmörtel hergestellt.

Neben diesen Mörtelummantelungen sind **Ummantelungen mit festen Materialien** im Gebrauch. Die Umkleidung von besonderen **Formsteinen, Terrakotten** hat sich bei uns nicht in dem Maße eingebürgert wie beispielsweise in Amerika. Dagegen finden **Korksteinplatten** und Ummantelungen aus **Kunsttuffstein** vielfach Anwendung.

Korksteinmantelung eines Unterzuges.

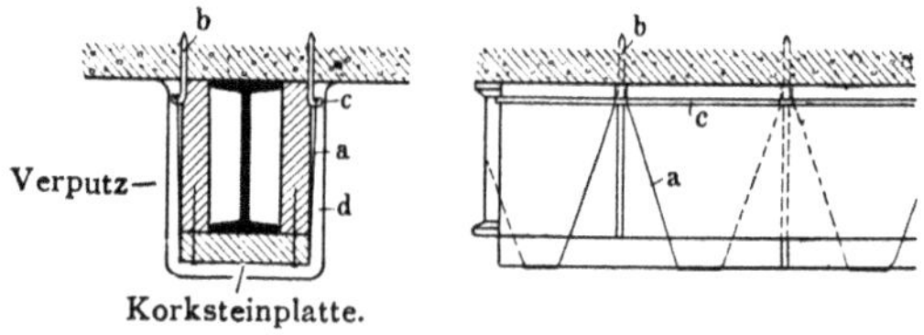

Korkstein ist ein gutes Wärmeschutzmittel. Bei langdauernder Einwirkung des Feuers gerät er aber ins Glimmen und verbrennt dann allmählich. Diese Gefahr ist bei gutem Material, bei dem die Korkteilchen mit erdigem Material umgeben sind, wohl geringer. Immerhin empfiehlt es sich, eine schützende Putzschicht über den Korkstein aufzubringen.

Kunsttuffstein wird in Form von Platten, Steinen, Halbschalen geliefert. Das Material besteht aus Kieselgur, essigsaurer Tonerde, Mergel und Gips, läßt sich mit der Säge bearbeiten und nageln. Es ist sehr leicht. Die Ausführung der Ummantelung erfolgt wie bei Korksteinen. Auch bei diesem Material findet eine 1 cm starke Putzschicht über dem Stein Anwendung.

Neben den vorstehend beschriebenen Feuerschutzverkleidungen mit mörtelartigen Stoffen und festen Platten gibt es noch eine dritte Art. Bei dieser werden biegsame Mäntel um die zu umkleidenden Eisenteile herumgelegt, die sich leicht an gekrümmte oder eckige Flächen anschließen. Dahin gehören **Macks Feuerschutzmantel und Feuertrotz.**

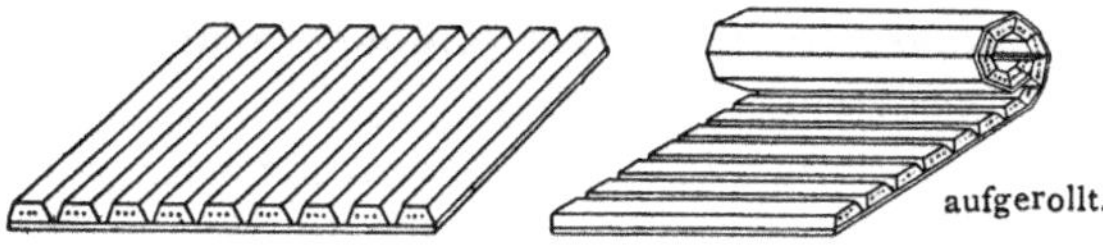

Ersterer besteht aus Gipsdielen, die als 15 und 20 mm starke Lamellen auf Jutegewebe aufgeklebt sind. Die einzelnen Mäntel werden meist $1{,}5 \times 0{,}6$ m groß geliefert. Das Gewicht beträgt bei 15 mm Stärke 12 kg/qm und bei 20 mm 15 kg/qm. Die Lamellen können nach außen oder innen gekehrt werden, worauf ein Mörtelverputz aufgebracht wird.

Die **Feuertrotzummantelung** ist in der Form der vorgenannten ähnlich. Auch hier sind auf ein loses Gewebe Lamellen geklebt, deren Hauptbestandteil Kieselgur ist. Auf die Außenseite der Lamellen ist eine brennbare Schicht aus organischen Stoffen (Sägespänen, Wollstaub) oder dergl. aufgebracht.

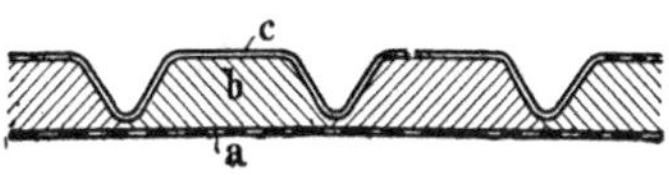

Nach Anbringen der Furchenplatte erhält sie einen Mörtelverputz aus Ton und dergl., der unter dem eventuellen Einfluß des Feuers sintert und sich somit in eine schlackenartige Masse verwandelt, und darüber noch einen äußeren Schutzputz aus Zementmörtel.

Bei all diesen Ummantelungen sind häufig noch vorhandene Hohlräume zwischen der Ummantelung und dem Eisen auszufüllen. Dies geschieht entweder mit Ziegelsteinen, Beton, Gipsdielen oder Schwemmsteinen. Letztere werden infolge ihres geringen Gewichtes besonders bevorzugt.

Die vorstehend beschriebenen Ummantelungen gewähren jedenfalls einen vollständigen Feuerschutz und werden auch als solcher bei der Prämienfestsetzung von deutschen Feuerversicherungsgesellschaften bewertet.

Angaben über Deckengewichte.

Die **Gesamtbelastung der Decke** setzt sich zusammen aus dem **Eigengewicht** der Decke **und** der **Nutzlast.**

Das Eigengewicht der Decke besteht aus dem Gewicht der Deckenplatte, der etwaigen Auffüllung, dem Fußbodenbelag und dem Deckenputz.

Das zur Herstellung von Decken verwendete Steinmaterial wiegt ca. 1000 bis 1200 kg/cbm. Die für die Berechnung anzunehmenden Eigengewichte der Deckenplatte sind in dem preußischen Ministerialerlaß vom 31. Januar 1910 angegeben. Für die Eigengewichte von Fußbodenbelägen gibt nachstehende Zusammenstellung einen Anhalt.

Eigengewicht von Fußbodenbelägen.

1.	Fußbodenbretter 2—2,5 cm im Mittel	15	kg/qm
2.	Lagerhölzer 10/10 cm stark bei 80 cm mittlerer Entfernung	8	„
3.	Parkettfußboden von 24 mm Stärke in Asphalt verlegt	40	„
4.	dto. wie vor auf Blindboden verlegt	30	„
5.	Linoleum 3—5 mm stark	3,5—6	„
6.	Imprägnierte Korksteinplatten 15—25 mm	6—8	„
7.	Gußasphalt 1 cm stark	14	„
8.	Korkestrich 1 cm stark	7,5	„
9.	Holzestrich 1 cm stark	8	„
10.	Gips- oder Lehmestrich 5—6 cm	110—150	„
11.	Zementestrich 1 cm stark	22	„
12.	Ton- oder Zementfließen 18—20 mm stark in Kalkmörtel mit Zementzusatz verlegt	70	„
13.	Pflaster aus 12 cm hohen Kieferklötzen einschl. Asphaltguß und Bettung	130	„
14.	Betonboden 10 cm stark	220	„
15.	Klinkerpflaster 1/2 Stein stark ohne Bettung	130	„
16.	Mosaikpflaster aus 8 cm hohen in Asphalt verlegten Steinen einschl. Kalkbettung	225	„
17.	Eüböolith (fertige Fußbodenstärke bis 1,5 cm)	15	„
18.	Tekton 2 cm stark	17	„
19.	Terranova-Estrich „Secura"		
	a) mit Sand, 2 cm stark	48	„
	b) mit Bimssand, 2 cm stark	34	„
20.	Terrazzo 2 cm stark	40	„
21.	Steinholzfußboden (Petrosilo) 2 cm stark	26	„

Das Gewicht von Ausfüllungsmaterialien, wie sie bei solchen Decken Verwendung finden, ist auf Grund nachstehender Angaben zu berechnen:

1 cm Asche- oder Bimsauffüllung	7 kg
1 cm Asche- oder Bimsbeton	10 „
1 cm Zementestrich	22 „
1 cm Sandauffüllung	16 „

Eigengewicht von Zwischenwänden.

Annahme 1 Stein st. = 25 cm; ½ Stein st. = 12 cm; Ansichtsflächen beiderseitig verputzt.
(Putz 1 cm = ca. 18 kg/qm.)

Konstruktionsart		Gewicht kg/qm
Massive Wand in Ziegelmauerwerk	½ St. st. . . .	250
„ „ „ „	1/1 „ „ . . .	485
Wand aus porösen Vollziegeln	½ „ „ . . .	170
„ „ „ „	1/1 „ „ . . .	310
„ „ Lochsteinen	½ „ „ . . .	195
„ „ „	1/1 „ „ . . .	365
„ „ porösen Lochsteinen	½ „ „ . . .	155
„ „ „ „	1/1 „ „ . . .	285
Fachwand in Ziegelmauerwerk	½ „ „ . . .	240
„ „ „	1/1 „ „ . . .	465
„ aus porösen Loch- oder Schwemmsteinen	½ „ „ . . .	145
desgl. wie vor	1/1 „ „ . . .	280
Eisenfachwand mit Ziegeln	½ „ „ . . .	270
Monierwand pro cm Stärke	ohne Putz	20
Rabitzwand „ „ „	ohne Putz	12
Gipsdielen „ „ „	ohne Putz	8

Eigengewicht fertiger Decken.

Für normale Verhältnisse, wie sie durch die gezeichneten Querschnitte dargestellt sind, berechnet sich das Gesamteigengewicht folgendermaßen:

Fig. 1.

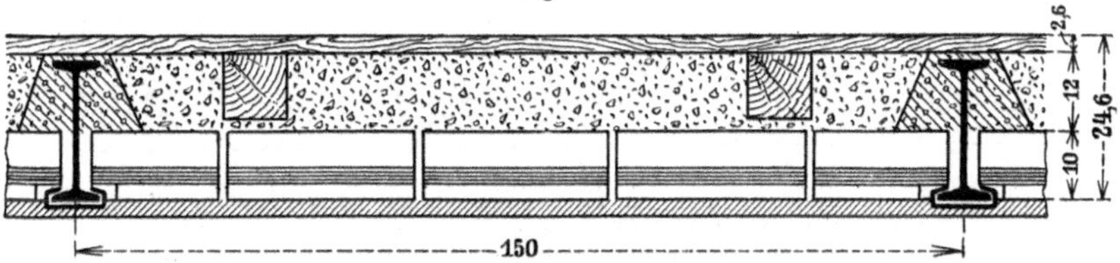

Fußboden und Lagerhölzer (2,5 cm st. Dielen)	23 kg
12 cm Schlackenauffüllung = 12 . 7 = . . .	84 „
10 cm Ziegelhohlsteinplatte	100 „ *
Putz	20 „
Zuschlag für Umstampfung des Trägers mit Kiesbeton	10 „
Zusammen	237 kg—240 kg/qm

* Zu beachten „Runderlaß betr. die Gewichte ebener Decken aus Hohlsteinen", Nr. 7, S. 114.

Fig. 2.

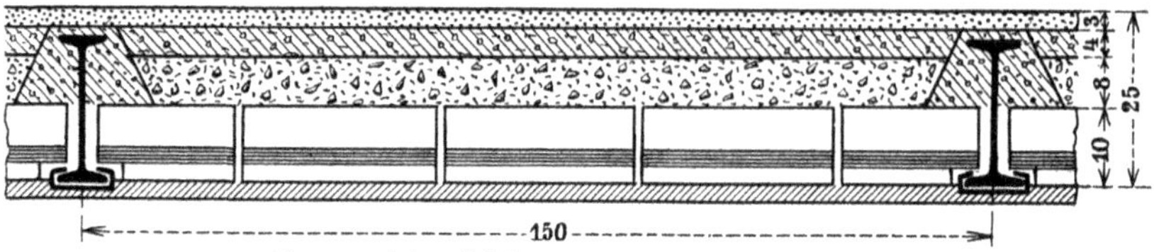

3 cm Zementfeinschicht = 3 . 22 = ... 66 kg
4 „ Schlackenbeton = 4 × 10 = ... 40 „
8 „ Schlackenauffüllung = 8 . 7 = ... 56 „
10 „ Ziegelhohlsteinplatte . . . . 100 „ *
Putz . . . . 20 „
Zuschlag für Umstampfung des Trägers mit
Kiesbeton . . . . 10 „

Zusammen 292 kg—295 kg/qm

Fig. 3.

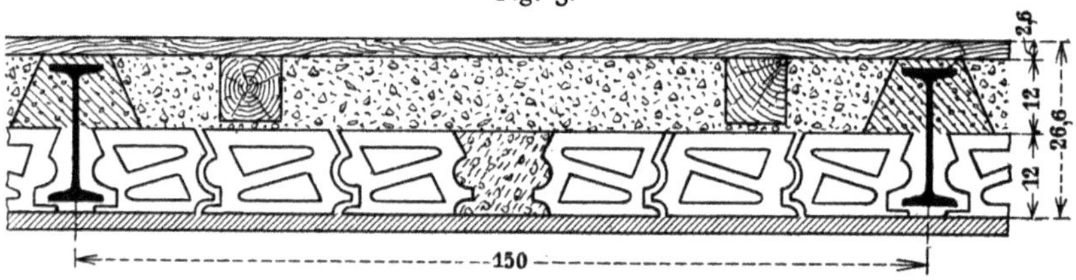

Fußboden und Lagerhölzer . . . . 23 kg
12 cm Schlackenauffüllung = 12 . 7 = . . . 84 „
12 „ Ziegelhohlsteinplatte . . . . 120 „ *
Putz . . . . 20 „
Zuschlag für Umstampfung des Trägers mit
Kiesbeton . . . . 10 „

Zusammen 257 kg—260 kg/qm

Fig. 4.

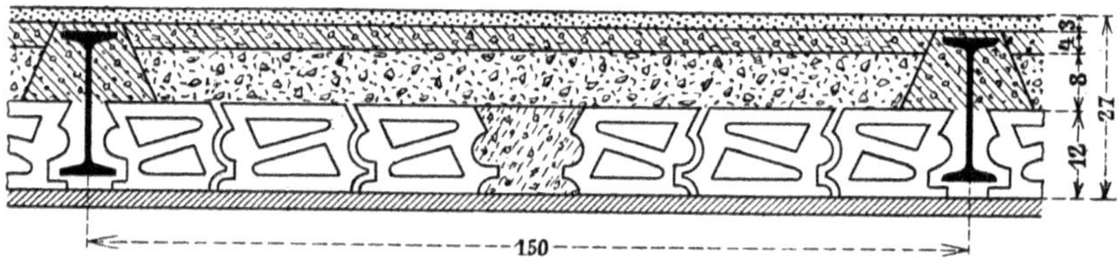

3 cm Zementfeinschicht = 3 . 22 = ... 66 kg
5 „ Schlackenbeton = 5 × 10 = ... 50 „
8 „ Schlackenauffüllung = 8 . 7 = ... 56 „
12 „ Ziegelhohlsteinplatte . . . . 120 „ *
Putz . . . . 20 „
Zuschlag für Umstampfung des Trägers mit
Kiesbeton . . . . 10 „

Zusammen 322 kg—325 kg/qm

* Zu beachten „Runderlaß betr. die Gewichte ebener Decken aus Hohlsteinen", Nr. 7, S. 114.

Fig. 5.

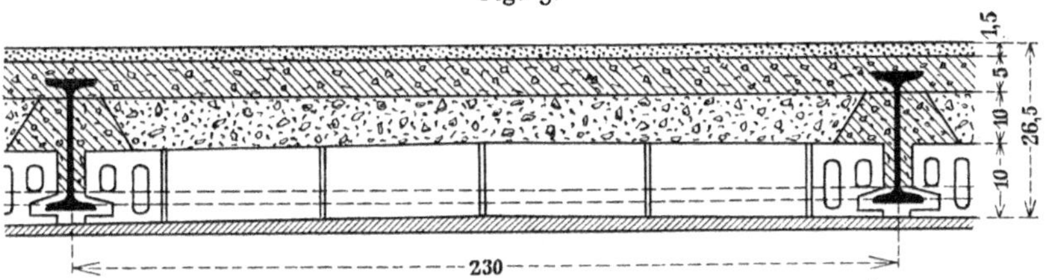

Linoleum	5 kg
1,5 cm Zementfeinschicht = 1,5 . 22 = . . .	33 „
5 cm Bimsbeton = 5 . 10 = ...	50 „
10 cm Bimssandauffüllung = 10 . 7 = . . .	70 „
10 cm Ziegelhohlsteinplatte	100 „ *
Eiseneinlagen	5 „
Putz	20 „
Betonausstampfung	10 „
Zusammen	293 kg — 295 kg/qm

Fig. 6.

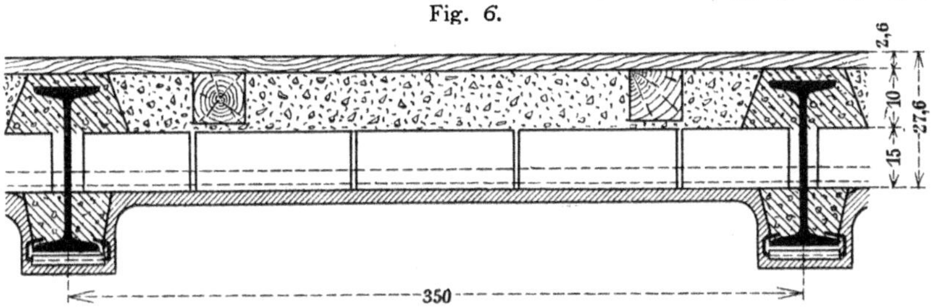

Fußbodenbelag und Lagerhölzer	23 kg
10 cm Schlackenauffüllung = 10 . 7 = ...	70 „
15 cm Ziegelhohlsteinplatte	150 „ *
Eiseneinlagen	5 „
Putz	20 „
Betonausstampfung	20 „
Zusammen	288 kg — 290 kg/qm

Fig. 7.

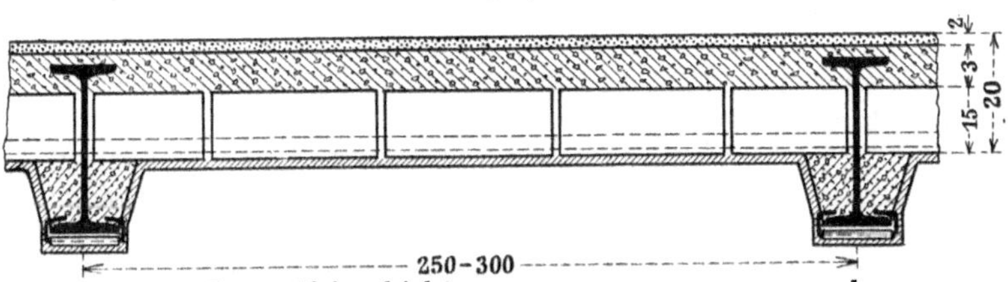

2 cm Zementfeinschicht = 2 . 22 = ...	44 kg
3 cm Kiesbeton = 3 . 22 = ...	66 „
15 cm Ziegelhohlsteinplatte	150 „ *
Eiseneinlagen	7 „
Putz	20 „
Betonausstampfung	23 „
Zusammen	310 kg — 310 kg/qm

* Zu beachten „Runderlaß betr. die Gewichte ebener Decken aus Hohlsteinen", Nr. 7, S. 114.

Nutzlasten für Hochbauten.

1.	für Wohngebäude	250 kg/qm
2.	für Fabrikgebäude zum Nachweis mindestens	500 „
3.	Getreidespeicher	600—1000 „
4.	Wollspeicher	500 „
5.	für Tanzsäle	500 „
6.	Massive Decken unter Durchfahrten und befahrbaren Höfen	800 „
7.	Klassenräume	300—500 kg/qm
8.	Korridore	350—500 „
9.	Aula	400—500 „
10.	Turnhallen	500 kg/qm
11.	Treppen in Schulen	500 „
12.	Dachbodenräume in Wohngebäuden	150 „

Trägerberechnung.

Die Träger sind in der überwiegenden Zahl der Fälle als Träger auf zwei Stützen mit beiderseitiger freier Auflagerung zu berechnen.

Für die überschlägige Bestimmung des Trägerprofiles können die auf Seite 79 bis Seite 81 gemachten Angaben über Eigengewichte von Ziegelhohlsteindecken, sowie die Tabellen auf den Seiten 132—163 benützt werden. Auf Grund des berechneten Trägerprofiles sind die Deckengewichte zu berichtigen, weil das Eigengewicht der Decke von der Trägerhöhe abhängig ist.

Durchbiegung von Trägern.

Bei der Berechnung von Bauträgern hat bis zum Erlaß der neuen Ministerialvorschriften über die Beanspruchung von Baumaterialien etc. vom 31. Jan. 1910 die Frage der Durchbiegung eine bedeutsame Rolle gespielt.

Neben der Festsetzung einer zulässigen Höchstbeanspruchung von Trägern, die früher nur 875 kg/qcm betrug, bestand bei fast allen Baupolizeiverwaltungen die Bestimmung, daß Träger nur eine Durchbiegung von 1/500 der Stützweite aufweisen dürften.

Gegen diese Bestimmung ist von verschiedenen Seiten schon früher der Einwand der Unzulässigkeit erhoben worden, indem darauf hingewiesen wurde, daß die Durchbiegung, solange die zulässige Beanspruchung nicht überschritten wird, mit der Sicherheit des Konstruktionsteiles nichts zu tun habe. Geh. Regierungsrat Dr.-Ing. Barkhausen von der technischen Hochschule in Hannover hat für die Baupolizei in Hannover schon im Jahre 1904 ein umfassendes Gutachten in dieser Frage erstattet, in welchem er zu dem Schluß kommt, daß eine Bestimmung über das Maß der Durchbiegung vom baupolizeilichen Standpunkte aus überflüssig ist und für die Beurteilung des zulässigen Maßes nur ästhetische, vielleicht auch Gefühlsgründe, vor allem aber wirtschaftliche Gründe maßgebend zu sein brauchen. (Siehe Baupolizeiliche Mitteilungen 1904, Heft 1.) Besonders die letzteren werden häufig die Entscheidung, was als zulässige Durchbiegung anzusehen ist, beeinflussen. Bei beschränkter Konstruktionshöhe wird man unbedenklich, um Kosten zu sparen, in manchen Fällen eine größere Durchbiegung zulassen können, als in den Fällen wo man in der Konstruktionshöhe nicht beschränkt ist.

Es gibt Fälle, wo man eine größere Durchbiegung zulassen muß, um die auftretenden Stöße möglichst rasch und gut aufzuheben. Dies kann nur durch biegsame, nicht durch starre Träger erreicht werden.

Trotz dieser Gesichtspunkte hatten sich die Bestimmungen über zulässige Durchbiegungen immer noch gehalten, obwohl damit eine wirtschaftliche Ausnützung des Materials unmöglich gemacht wurde; denn für Träger, die nach der zulässigen Höchstbeanspruchung dimensioniert waren, mußten in vielen Fällen ein bis zwei Nummern höhere Profile gewählt werden, wenn Durchbiegung zu berücksichtigen war.

Die neuen ministeriellen Vorschriften enthalten keine Bestimmungen über die Durchbiegung, weil man an maßgebender Stelle solche Bestimmungen für entbehrlich gehalten hat.

Trotzdem wird von manchen Seiten versucht die alten Bestimmungen aufrecht zu erhalten.

Dabei wird als Grund angeführt, daß bei zu großer Durchbiegung ein Abfallen des Deckenputzes zu befürchten sei. Das Abfallen des Deckenputzes kann aber durch zu viele andere Ursachen und Mängel bei der Ausführung verursacht werden, wie mangelhaftes Annässen, ungenügende Mörtelzusammensetzung, zu glatte Untersichten etc., als daß es berechtigt wäre, eine sehr geringe Möglichkeit durch eine wirtschaftlich so einschneidende Bestimmung ausschalten zu wollen. Verbürgte Fälle, in denen ein Abfallen des Deckenputzes auf die Durchbiegung der Träger zurückzuführen wäre, sind wohl kaum vorhanden. Aber selbst, wenn man diesem Umstande irgend welche Bedeutung beimessen wollte, so würde es sich doch nicht rechtfertigen, die **bleibende** Durchbiegung infolge des Eigengewichtes der Decken bei der Beurteilung des zulässigen Maßes mit heranzuziehen, es könnte höchstens die Veränderliche infolge von Nutzlast in Betracht kommen. Diese bleibt aber immer unter dem jetzt geforderten Maß und somit erübrigt sich eine Bestimmung darüber überhaupt.

Die Formeln zur Berechnung der Durchbiegung beruhen auf der Annahme beiderseits vollkommen freigelagerter Träger. Diese Verhältnisse liegen aber in den meisten Fällen des Hochbaues nicht vor und so kommt es denn auch, daß die bei Probebelastungen sich ergebende Durchbiegung mit der errechneten nicht übereinstimmt, vielmehr weit darunter bleibt.

Als Gründe, die diese Abweichungen erklären, kommen hauptsächlich wohl zwei in Betracht. Einmal wird infolge der Ein- und Übermauerung eine gewisse Einspannung an den Trägerenden erzielt, sodann aber, und das ist wohl das Wesentliche, findet eine gewisse Verbundwirkung zwischen Träger und Deckenplatte statt. Das Maß der Einspannung ist schwer zu schätzen, weil es zu sehr von der Güte der Ausführung abhängt, manchmal aber auch gar keine vorhanden sein wird.

Der **Einfluß der Verbundwirkung zwischen Deckenplatte und Deckenträger** ist aber sicher vorhanden und läßt sich auch unschwer rechnerisch nachweisen. Die massive gestelzte Decke aus porösen Hohlsteinen von 13 cm Höhe hat zwischen den eisernen Trägern 1,65 m Spannweite. Die Gesamtbelastung der Decke (Eigengewicht und Nutzlast) werde mit 500 kg/qm in Rechnung gesetzt.

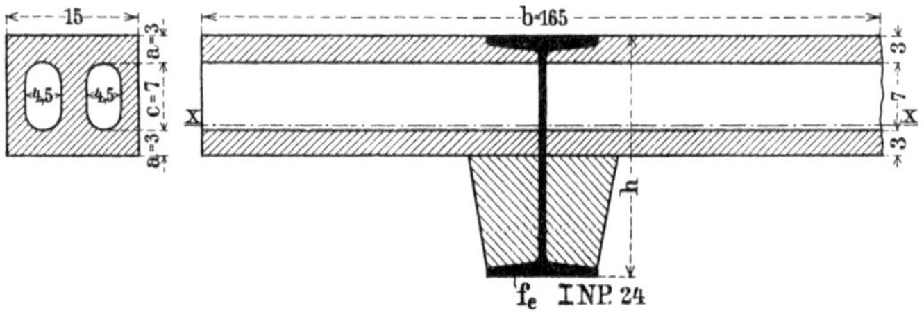

Die theoretische Stützlänge der Träger sei $l = 6{,}12$ m.

Das Biegungsmoment in Mitte Träger beträgt dann

$$M = \frac{1{,}65 \cdot 500 \cdot 6{,}12 \cdot 612}{8} = 386\,000 \text{ cm/kg}.$$

Es wäre erforderlich bei

$$\sigma_{max} = 1200 \text{ kg/cm}^2$$

$$1 \text{ I NP} . 24 \text{ mit } W = 354{,}0 \text{ cm}^3.$$

Die größte Durchbiegung berechnet sich bei

$$J = 4246 \text{ cm}^4$$

$$f = \frac{5 \cdot 386\,000 \cdot 612^2}{48 \cdot 2\,150\,000 \cdot 4246} = 1{,}648 \text{ cm} = \frac{1}{372} l.$$

Soll die Durchbiegung nicht größer als $^1/_{500}\, l$ sein, so würde das I NP. 24 nicht ausreichen und es müßte mit Rücksicht auf die Durchbiegung 1 I NP. 26 mit $J = 5744$ gewählt werden.

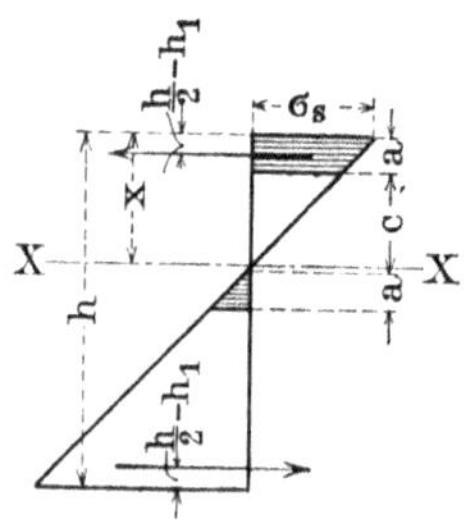

Wird dagegen die Deckenplatte zum Träger als mittragende Verbundkonstruktion gerechnet, vorausgesetzt, daß das Steinmaterial nur Druckspannungen zu übertragen hat, und nimmt man das Verhältnis der Elastizitätskoeffizienten nach den ministeriellen Bestimmungen mit $n = 25$ an, so ergeben sich nachstehende Belastungs- und Beanspruchungsverhältnisse:

Für die Druckübertragung in der Deckenplatte steht ein Gesamtquerschnitt von 6 cm Höhe zur Verfügung (s. Skizze). Als Breite des Druckgurtes darf die Plattenbreite, sofern sie $^1/_3$ der Trägerstützweite nicht überschreitet, in Rechnung gestellt werden. Damit wird der zusammengesetzte Trägerquerschnitt wie die Skizze zeigt. Die Abstände der Zug- und Druckmittelpunkte des I NP. 24 von der Trägermitte seien $h_1 = \frac{s}{2}$ (Profiltabelle), dann wird:

$$b \cdot a \cdot (x - \frac{a}{2}) + n \cdot \frac{f_e}{2} \cdot (x - \frac{h}{2} + h_1) = n \cdot \frac{f_e}{2} (\frac{h}{2} - x + h_1).$$

hieraus

$$x = \frac{b \frac{a^2}{2} + n \frac{f_e}{2} \cdot h}{b\,a + n\,f_e}$$

mit $b = 165$; $n = 25$; $f_e = 46{,}1$; $h = 24$; $a = 3$ wird

$$x = \frac{165 \cdot \frac{3^2}{2} + \frac{25 \cdot 46{,}1}{2} \cdot 24}{165 \cdot 3 + 25 \cdot 46{,}1}\ 8{,}86 \text{ cm}.$$

Das gesamte Trägheitsmoment des Trägers bezogen auf Eisen als Grundstoff ergibt sich zu:

$$J = J_1 + f_e \cdot (\frac{h}{2} - x)^2 + \frac{1}{25}\left[b \cdot \frac{a^3}{12} + b \cdot a\,(x - \frac{a}{2})^2\right]$$

$$= 4246 + 46{,}1\,(12 - 8{,}86)^2 + \frac{1}{25}\left[165 \cdot \frac{3^3}{12} + 165 \cdot 3\,(8{,}86 - \frac{3}{2})^2\right]$$

$$= 5788 \text{ cm}^4$$

Damit

$$W_o = \frac{5788}{8{,}86} = 654 \text{ cm}^3$$

$$W_u = \frac{5788}{15{,}14} = 382 \text{ cm}^3$$

Die Beanspruchungen stellen sich wie folgt:

$$f_{ed} = \frac{386\,000}{654} = 590 \text{ kg/cm}^2$$

$$\sigma_s = \frac{f_{ed}}{25} = 23{,}6 \text{ kg/cm}^2$$

$$f_{ez} = \frac{386\,000}{382} = 1010 \text{ kg/cm}^2$$

Die Durchbiegung berechnet sich zu:

$$f = \frac{5 \cdot M \cdot l^2}{48\,E \cdot J} = \frac{5 \cdot 386000 \cdot 612^2}{48 \cdot 2150000 \cdot 5788}$$

$$= 1{,}21 \text{ cm} = \frac{1}{506}\,l.$$

Sie bleibt also auch bei dem gleichen Profil unter dem geforderten Maß, sobald die Verbundwirkung berücksichtigt wird. **Im vorliegenden Fall beträgt**

die genauer berechnete Durchbiegung nur rd. 70% der unter Vernachlässigung der Verbundwirkung berechneten. Dieser theoretische Nachweis, bei dem übrigens nur einem die Durchbiegung beeinflussenden Moment Rechnung getragen, der Einfluß teilweiser Einspannung dagegen noch unberücksichtigt geblieben ist, in Verbindung mit dem Ergebnis der Probebelastung, tun dar, daß abgesehen von besonderen Fällen der Durchbiegung eine besondere Beachtung nicht geschenkt zu werden braucht und dahingehende Forderungen der Baupolizei im allgemeinen zu weit gehen.

Der Polizeipräsident von Berlin hat folgende Verfügung betreffs Durchbiegung von Trägern erlassen:

Der Nachweis der Durchbiegung in den statischen Berechnungen eiserner Trägerkonstruktionen oder die Innehaltung bestimmter Größen dieser Durchbiegung erübrigt sich im allgemeinen für alle Deckenträger und diejenigen Träger und Unterzüge, die keine veränderliche Belastung erfahren. Dagegen ist dieser Nachweis für alle diejenigen über 7 m langen Träger und Unterzüge zu erbringen, die das Gebäude in der Längs- und Querrichtung aussteifen und an Stelle der sonst vorhandenen Längs- und Querwände treten, für die somit eine gewisse Starrheit erforderlich wird. Zur Erzielung dieser Längs- und Quersteifigkeit ist auch die Anordnung von sogenannten Gerbergelenken in den Trägern und Unterzügen der bezeichneten Art unzulässig. Die Durchbiegung soll in der Regel das Maß von $^1/_{500}$ der freien Länge nicht überschreiten.

Nach dieser Bestimmung wird auch von den anderen größeren Baupolizeiverwaltungen verfahren, und sie ist durch eine Ministerialentscheidung auch für alle übrigen Stellen als maßgebend bezeichnet worden.

Auf Grund dieses Bescheides dürfte auch dort, wo etwa noch immer nach den veralteten Vorschriften verfahren wird, ihre Beseitigung erreicht werden können.

Wenn besondere Fälle vorliegen, welche die Berücksichtigung der Durchbiegung erheischen, so können für die Bestimmung des erforderlichen Profils die Werte der untenstehenden Tabelle mit Vorteil benützt werden. Die Ableitung geht zurück auf die Grundformel:

$$f = \frac{5\,P l^3}{384\,E\,.\,J}.$$

Wird für $\frac{P l}{8}$ der Wert des Momentes eingeführt so wird das Trägheitsmoment des zu wählenden Profils:

$$J = \frac{5\,M\,.\,l^2}{48\,E\,.\,f};$$

für $f = \frac{l}{400}$ wird also:

$$J = \frac{5\,M l^2\,.\,400}{48\,.\,E\,.\,l} = \frac{2000\,M\,.\,l}{48\,.\,2150000} = 0{,}00001938\ M\,.\,l.$$

Wird das Moment M in mt, die Stützweite l in m eingeführt, so wird:

$$J = 193{,}80\ M\,.\,l.$$

Tabelle des erforderlichen Trägheitsmomentes J in cm⁴

für Moment M in Metertonnen und Stützweite *l* in Metern.

Durchbiegung f in cm =	erforderliches Trägheitsmoment J in cm^4 =
$\frac{l}{400}$	193,80 M . *l*
$\frac{l}{450}$	218,02 M . *l*
$\frac{l}{500}$	242,25 M . *l*
$\frac{l}{550}$	266,47 M . *l*
$\frac{l}{600}$	290,70 M . *l*

Unterlagssteine.

Die umstehende **Tabelle** enthält **Unterlagssteine** von 20/20/16 cm bis 50/60/32 cm Abmessungen. Die fettgedruckten Zahlen geben die aufnehmbare Last, die darunterstehenden den cbm-Inhalt des Steines an. Die in der weit schraffierten Fläche angegebenen Unterlagssteine geben den Druck auf das darunter befindliche Mauerwerk mit 7 kg/cm^2 ab, die in der eng schraffierten Fläche dagegen mit einer Pressung von 12 kg/cm^2. Im letzteren Fall ist also Mauerwerk in Zementmörtel erforderlich. Ferner ist noch eine Teilung nach den verschiedenen Höhen der Unterlagssteine vorgenommen, welche durch starke Linien kenntlich gemacht ist.

Rippenlose Unterlagsplatten aus Guß- bzw. Flußeisen.

In der Tabelle auf S. 89 sind die Werte zusammengestellt, mit denen b_1 (Plattenüberstand über den Trägerflansch) multipliziert werden muß, um die erforderliche Plattenstärke d zu berechnen, a für Gußeisen und b für Flußeisen.

Mindeststärke der Platten aus Gußeisen 2,5 cm

„ „ „ „ Flußeisen 1,5 „

Tragfähigkeit und Kubik-Inhalt von Unterlagssteinen.

Höhe		16			24			32		
Höhe	$\frac{l}{b}$	20	25	30	35	40	45	50	55	60
16	20	2800 0.0064	3500 0.0080	4200 0.0096	4900 0.0168	5600 0.0192	10800 0.0216			
	25	3500 0.0080	4375 0.0100	5250 0.0120	6125 0.0210	7000 0.0240	13500 0.0270	15000 0.0400		
	30	4200 0.0096	5250 0.0120	6300 0.0144	7350 0.0252	8400 0.0288	16200 0.0324	18000 0.0480	19800 0.0528	21600 0.0576
24	35	8400 0.0168	11100 0.0210	12600 0.0252	14700 0.0294	16800 0.0336	18900 0.0378	21000 0.0560	23100 0.0616	25200 0.0672
	40	9600 0.0192	12000 0.0240	14400 0.0288	16800 0.0336	19200 0.0384	21600 0.0432	24000 0.0630	26400 0.0704	28800 0.0768
	45	10800 0.0216	13500 0.0270	16200 0.0324	18900 0.0378	21600 0.0432	24300 0.0486	27000 0.0720	29700 0.0792	32400 0.0864
32	50	12000 0.032	15000 0.040	18000 0.048	21000 0.056	24000 0.064	27000 0.072	30000 0.080	33000 0.088	36000 0.096

a) bei einer zulässigen Beanspruchung von 7 kg/cm^2 }
b) bei einer zulässigen Beanspruchung von 12 kg/cm^2 } für das unterlagernde Mauerwerk.

Rippenlose Unterlagsplatten aus Guß- und Flußeisen.

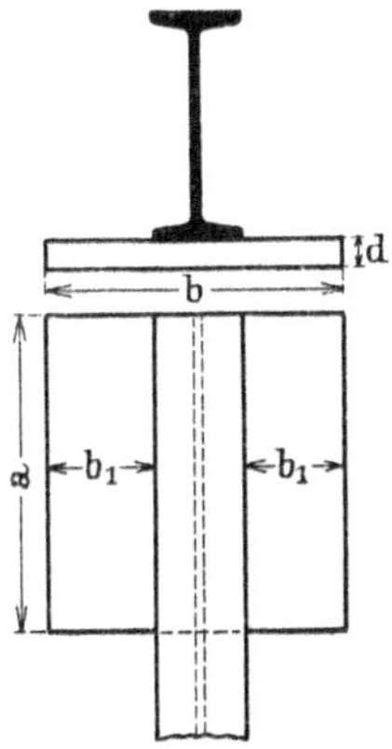

Trägerauflagerdruck = Pkg und $p = \frac{P}{a \cdot b}$ kg/qcm.

Ein überstehendes Ende der Unterlagsplatte erhält die Last $= p \cdot a \cdot b_1$.

$$W = \frac{p \cdot a \cdot b_1^2}{2k} \text{ andererseits } W = \frac{a \cdot d^2}{6}.$$

$$\text{Mithin } \frac{a \cdot d^2}{6} = \frac{p \cdot a \cdot b_1^2}{2k} \text{ und } d = b_1 \sqrt{\frac{3 \cdot p}{k}}.$$

Werden für k die zulässigen Biegungsbeanspruchungen eingesetzt

a für Gußeisen k = 250 kg/qcm

b für Flußeisen k = 1200 kg qcm,

so ergibt sich für $\sqrt{\frac{3}{k}}$

bei a $\cong$ 0,11 und $d = 0{,}11 \cdot b_1 \cdot \sqrt{p}$

bei b $\cong$ 0.05 und $d = 0{,}05 \cdot b_1 \cdot \sqrt{p}$.

p kg/qcm	$\sqrt{p}$	a) $0{,}11 \cdot \sqrt{p}$	b) $0{,}05 \cdot \sqrt{p}$	Bemerkungen bezüglich der Untermauerung
7	2,65	0,29	0,13	Gewöhnliches Ziegelmauerwerk
8	2,83	0,31	0,14	Hartbrandsteine in Kalkzementmörtel
9	3,00	0,33	0,15	,, ,, ,,
10	3,16	0,35	0,16	,, ,, ,, und Stampfbeton
11	3,32	0,37	0,17	Hartbrandsteine in Kalkzementmörtel
12	3,46	0,38	0,17	,, ,, ,,
13	3,61	0,40	0,18	,, ,, ,,
14	3,74	0,41	0,19	Klinker in Zementmörtel
15	3,87	0,43	0,19	,, ,, ,,
20	4,47	0,49	0,22	,, ,, ,, und Sandstein
25	5,00	0,55	0,25	
30	5,48	0,60	0,27	
45	6,71	0,74	0,34	Granit

Angaben über Eigengewichte, Belastungen und Beanspruchungen.

Eigengewichte von Baumaterialien.

(Nach dem Runderlaß des preußischen Ministers der öffentlichen Arbeiten vom 31. Januar 1910.)

Benennung der Baustoffe	1 cbm wiegt kg	Als durchschnittliches Gewicht anzunehmen
Füllstoffe.		
Erde, Sand, Lehm, naß	1700—2500	2100
„ „ „ trocken	1400—1800	1600
Kies, naß	1900—2100	2000
„ trocken	1500—1900	1700
Koksasche	600— 850	700
Bimssteinsand	400— 900	700
Werkstücke und Quadermauerwerk aus:		
Granit, Syenit, Porphyr	2200—3000	2800
Basalt	2400—3300	3000
Basaltlava, ziemlich dicht	1800—3000	2800
„ porig	1500—2000	1800
Marmor	2600—2900	2800
Kalkstein, dichtem	1500—2700	2500
„ porigem	1500—2200	2000
Sandstein (schwererer Grauwacke u. Kohlensandstein)	2500—2800	2700
sonstigen Sandsteinen	2000—2600	2400
Tuffstein, Porphyr und dichtem Kalktuff	1600—2200	2000
Bimsstein-, Leuzit- und lockerem Kalktuff	1200—1500	1400
Schiefer	2600—2800	2700
Bruchsteinmauerwerk aus:		
Granit	2300—2800	2700
Kalkstein, Sandstein, Schiefer	2000—2600	2500

Benennung der Baustoffe	1 cbm wiegt kg	Als durchschnittliches Gewicht anzunehmen	
Mauerwerk aus künstlichen Steinen, und zwar aus:			
Klinkern	1800—2000	1900	
Hartbrandsteinen in Kalkzementmörtel (*1)	1700—1900	1800	
Hintermauerungssteinen in Kalkmörtel (*2)	1500—1700	1600	
porigen Vollsteinen	1000—1200	1100	
Lochsteinen (*4)	1250—1300	1300	
porigen Lochsteinen (*5)	900—1100	1000	
Schwemmsteinen	900—1100	1000	
Korksteinen	500— 700	600	
Kalksandsteinen (*3)	1700—1900	1800	
Kunstsandstein	2000—2200	2100	
Mörtel.			
Zementmörtel	2000—2300	2100	
Kalkzementmörtel	1800—2000	1900	
Kalkmörtel	1650—1800	1700	
Traßmörtel	1900—2100	2000	
Gips (gegossen)	900—1000	1000	
Beton aus:			
Kies, Granitschotter und dergl.	1800—2400	2200 2400*)	*) einschl. Eiseneinlagen bei Eisenbetonbauten, sofern nicht ein anderes Gewicht nachgewiesen wird
Ziegelschotter	1500—2000	1800	
Kohlenschlacke	850—1500	1000	
Bimssteinkies	900—1100	1000	
Estriche und Fußbodenbeläge aus:			
Zement und Zementfliesen	2100—2300	2200	
Gips	1900—2150	2100	
Terrazzo		2000	
Gußasphalt	1100—1500	1400	
Tonfliesen	2000—2100	2000	
Linoleum	1000—1300	1200	
Korkplatten (als Unterlage)	250— 300	300	
Glas	2400—2700	2600	

*1, 2, 3 siehe ergänzende ministerielle Erlasse (Artikel 6, Seite 114).
*4, 5 siehe ergänzenden Runderlass (Artikel 7, Seite 114).

Benennung der Baustoffe	1 cbm wiegt kg	Als durchschnittliches Gewicht anzunehmen
Bauhölzer.		
Kiefer, lufttrocken	300— 800	650
Fichte, lufttrocken	350— 600	550
Tanne, lufttrocken	400— 800	600
Lärche, lufttrocken	450— 800	650
Pitchpine (Pechkiefer), lufttrocken	800—1000	900
Yellowpine, lufttrocken	600— 800	700
Eiche, lufttrocken	700—1000	900
Buche, lufttrocken	600— 900	750
Metalle.		
Gußeisen		7250
Schweißeisen		7800
Flußeisen		7850
Flußstahl		7860
Blei	11300—11450	11400
Kupfer (gewalzt)	8800—9000	8900
Bronze	7500—8900	8600
Zink, gegossen	6850—7000	6900
,, gewalzt	7150—7200	7200
Zinn, gewalzt	7200—7500	7400

Mittleres Gewicht zu lagernder Stoffe.

Heu und Stroh	100 kg/cbm	Äpfel	300 kg/cbm
Weizen	760 „	Birnen und Pflaumen	350 „
Roggen	680 „	Gras und Klee	350 „
Große Gerste	640 „	Malz	550 „
Kleine Gerste	510 „	Gries	650 „
Hafer	430 „	Hausmüll	660 „
Erbsen	850 „	Hirse	850 „
Torf	600 „	Kartoffeln	700 „
Braunkohlen	650 „	Lein- und Rübsaat	650 „
Steinkohlen	900 „	Mehl	700 „
Koks	450 „	Mist und Guano	750–950 „
Zement	1350–2000 „	Rüben	570–650 „
Eis	910 „	Getrockn. Rübenschnitzel	255 „
Aktengeräte u. Schränke in Registraturen, Bibliotheken, Archiven etc. einschließl. Hohlräume	500 „	Siedesalz	745–785 „
		Steinsalz, gemahlen	1015 „
		Zucker	750 „
		In Säcken geschichtet beträgt das Gewicht nur 4/5 von dem angegebenen.	

Fleischkonserven 1 m hoch geschichtet	480 kg/m²
Papier 1 m hoch geschichtet	1100 „
Bücher 1 m „ „	800 „
Kleider, vier Fächer übereinander, zu je 70 cm Höhe	600 „
Hartes Holz, in Scheiten 1 m hoch geschichtet	400 „
Mehl, in Säcken zu je 80 kg, eine Lage	850 „

Natürlicher Böschungswinkel.

Bei loser Schüttung:

Malz	22°	Hafer und Gerste	40–45°
Hirse	23°	Kohlen und Erze	45°
Feuchter Quellsand	24°	Trockenes Kalkpulver	50°
Feuchte Gartenerde	27°	Getreidekörner	25–30°
Getreide	30°	Hochschrot	40–50°
Trockener Sand	32°	Flachschrot	50–60°
Weizen, Erbsen, Mais	35°	Fein. Mahlgut v. Gangeweg	60–65°
Große und kleine Kiesel	36°	Grobe Griese	45–50°
Roggen u. klare trockene Gartenerde	37°	Feine „	50–55°
Trockener klarer Lehm	40°	Dunst	55–60°
Trockener Lehmboden	40–46°	Kleie	60–65°
Nasser „	20–25°	Mehl und Spitzstaub	70–80°
Trockene Tonerde	40–50°	Nasser Steinschotter	35–40°
Nasse „	20–25°	Gaskohlen	45–50°
„ Dammerde	30–37°	Nasser Kies	25°
		Wasser	0°

Angaben über Güterwagen und Ladungen.

Bezeichnung	Lade-gewicht t	Lichte Kasten-länge m	Lichte Kasten-breite m	Kastenhöhe in der Mitte m	Laderaum-inhalt cbm
Bedeckter Güterwagen	15	7,92	2,75	2,20	48,0
Kokswagen	15	7,72	2,834	1,6	35,0
Offener Güterwagen	15	6,72	2,834	1,10	20,9
Eiserner Kohlenwagen	15	5,3	2,89	1,45	22,2
Eiserner Kohlenwagen	20	6,00	2,85	1,5	25,6
Kalkdeckel-wagen	15	5,29	2,89	1,78	—
Plattform-wagen	15	10,12	2,67	0,40	—
Plattform-wagen	30	12,0	2,9	—	—
Langholz-wagen	10	4,38	2,48	—	—

Kubikmeter-Inhalt einer Wagenladung von 10 t (200 Zentner).

Gegenstand	cbm	Gegenstand	cbm
Brauneisenstein	3,0—3,5	Kohle: Steinkohle, niederschl.	11,9—14,1
Bruchsteine	5,0—6,0	„ „ Zwickauer	13,3—13,9
Flußkies, naß	3,5—5,5	„ „ Preß-(Brikette)	9,0—10,0
„ trocken	4—6	„ „ englische	12,5
Flußsand, feucht	5,7	Koks, Gas-	21,3—30,3
Formsand aufgeschüttet	8,3	„ Schmelz-	22
„ eingestampft	6,1	Lehm, frisch gegraben	6,0
Holz: Buchenholz in Scheiten	25,0	Mörtel, (Kalk- und Sand-)	5,6—5,9
„ Eichenholz „ „	23,8	Sand, naß	5,65
„ Fichtenholz „ „	31,3	„ trocken	7,5
„ Nadelholz „ „	30,3	Schlacke und Koksasche	16,7
„ Weißtannenholz „	29,4	Schwemmsteine, rheinische	11,8
Kalksteine	5,0	Spateisenstein	3,0—3,3
Kalk, gebrannt	7,7—8,4	Teer, Steinkohlen-	8,3
Kohle: Braunkohle, lufttrocken		Ton, naß	5,0
und in Stücken	12,8—15,4	„ trocken	5,6
„ Holzkohle, weiche Laub-	50—71	Torf, feucht	15,4—18,2
„ „ „ Nadel-	55—80	„ lufttrocken	24,4—30,8
„ „ harte Laub-	41—50	Traß, gemahlen	10,5
„ Steinkohle, Ruhr-	11,8—13,7	Ziegelsteine, gewöhnliche	6,7—7,3
„ „ Saar-	12,8—14,3	„ Klinker	5,6—6,3
„ oberschles.	13,2—14,3		

Eigengewichte von Baukonstruktionen.

(Nach dem Runderlaß des preußischen Ministers der öffentlichen Arbeiten vom 31. Januar 1910.)

A. Eigengewichte von Zwischendecken und Dächern.

Nr.	Benennung	Einzelteile	Eigengewicht f. 1 qm im einzelnen kg	Eigengewicht f. 1 qm im ganzen rd. kg
	I. Zwischendecken.			
	a) Holzbalkendecken.			
1	Balkenlage mit gestrecktem Windelboden darüber, unter Annahme einer Entfernung der Balken von 1 m von Mitte zu Mitte und einer Stärke derselben von 24/26 cm	Balken 24/26 cm st. .	41	
		Schleetstangen 7 cm Durchm.	25	
		Lehm	160	
		zusammen	226	230
	zu Nr. 1. 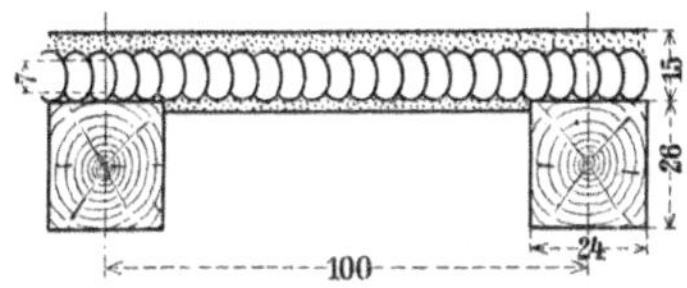 1:30			
2	Balkenlage mit Fußboden von 3,5 cm Stärke darüber	Balken 24/26 cm st. .	41	
		Dielen 3,5 cm st. . .	23	
		zusammen	64	70
	zu Nr. 2. 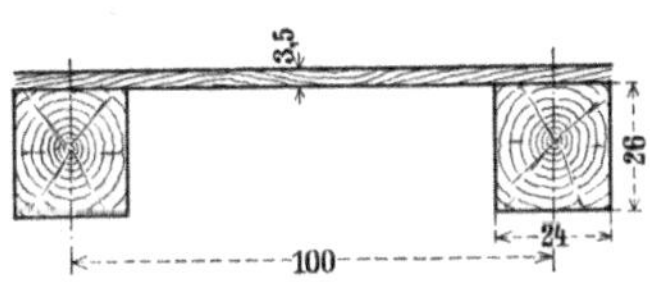 1:30			
3	Balkenlage mit Stülpdecke und Lehmschlag	Balken 24/26 cm st. .	41	
		Dielen 3 cm st. . . .	20	
		Lehmschlag	148	
		zusammen	209	210

Nr.	Benennung	Einzelteilen	Eigengewicht f. 1 qm im einzelnen kg	Eigengewicht f. 1 qm im ganzen rd. kg

zu Nr. 3.

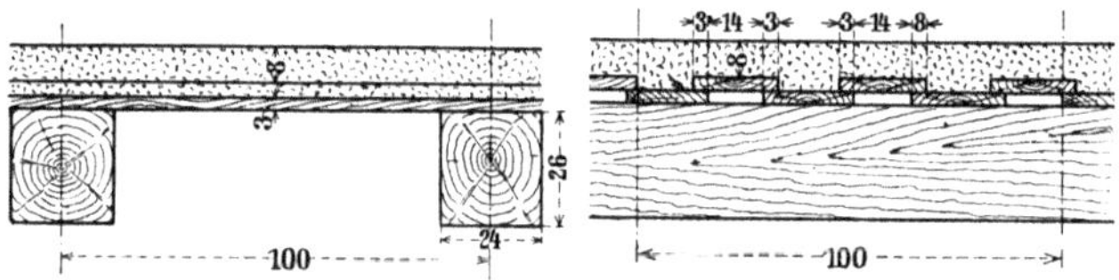

14:30

Nr.	Benennung	Einzelteilen	im einzelnen kg	im ganzen rd. kg
4	Balkenlage mit halbem Windelboden, bestehend aus Stakung mit Lehmstroh umwickelt, oder aus Füllbrettern auf angenagelten Latten und aus Lehmschlag oder Sandschüttung, sowie einem 3,5 cm starken Fußboden darüber	Balken 24/26 cm st. .	41	
		Stakhölzer 3 cm st. .	15	
		Latten 4/6 cm st. . .	3	
		Dielen 3,5 cm st. . .	23	
		Lehmschlag 11 cm st.	134	
		zusammen	216	220

zu Nr. 4.

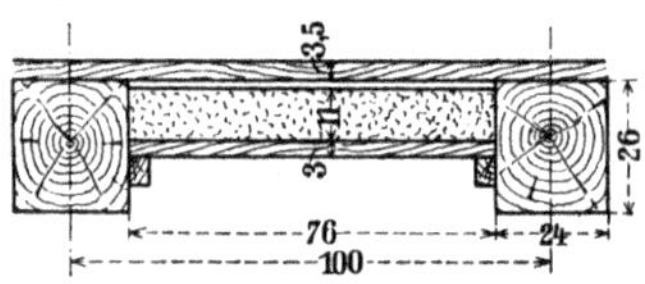

1 : 30

Nr.	Benennung	Einzelteilen	im einzelnen kg	im ganzen rd. kg
5	Balkenlage wie vor, jedoch an der unteren Seite mit 2 cm starker Schalung, gerohrt und geputzt	Balken 24/26 cm st. usw. wie zu Nr. 4 . . .	216	
		dazu Schalung 2 cm st.	13	
		Rohrung und Putz . .	20	
		zusammen	249	250
6	Balkenlage wie Nr. 4, jedoch oberhalb statt des Fußbodens mit einem 5—7 cm starken Gips- oder Lehmestrich versehen	Balken usw. wie zu Nr. 4	216	
		ab die Dielen mit . .	23	
		bleiben	193	
		dazu Estrich 7 cm st.	112	
		zusammen	305	310
7	Balkenlage wie Nr. 5, jedoch oberhalb statt des Fußbodens mit einem 5—7 cm starken Gips- oder Lehmestrich versehen	Balken 24/26 cm st. .	41	
		Stakhölzer 3 cm st. .	15	
		Latten 4/6 cm st. . .	3	
		Lehmschlag 11 cm st.	134	
		Schalung 2 cm st. . .	13	
		Estrich 7 cm st. . . .	112	
		Rohrung und Putz . .	20	
		zusammen	338	340

Nr.	Benennung	Einzelteile	Eigengewicht f. 1 qm im einzelnen kg	Eigengewicht f. 1 qm im ganzen rd. kg
8	Balkenlage mit ganzem Windelboden, unterhalb mit Lehm verstrichen, oberhalb mit 3,5 cm starkem Fußboden	Balken 24/26 cm st. .	41	
		Dielen 3,5 cm st. . .	23	
		Stakhölzer 4 cm Durchm.	16	
		Latten 4/6 cm st. . .	3	
		Lehmschlag einschl. d. Stakhölzer 26 cm st.	274	
		zusammen	357	360

zu Nr. 8.

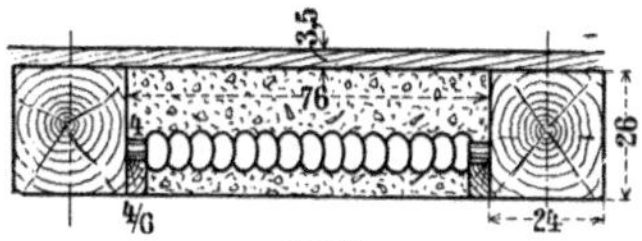

1 : 30

b) Gewölbte Decken.

Nr.	Benennung	Einzelteile	im einzelnen kg	im ganzen rd. kg
9	Preußische Kappen aus Hintermauerungssteinen bis zu 2,00 m Spannweite bei Abgleichung mit Koksasche und Holzfußboden	½ Stein starkes Gewölbe u. Hintermauerung .	245	
		Hinterfüllung mit Koksasche bis zur Unterkante d. Lagerhölzer	42	
		Lagerhölzer 10/10 cm st. bei 0,80 m Mittenabstand	8	
		Dielen 3,5 cm st. . .	23	
		Deckenputz	20	
		zusammen	338	340

zu Nr. 9. zu Nr. 10.

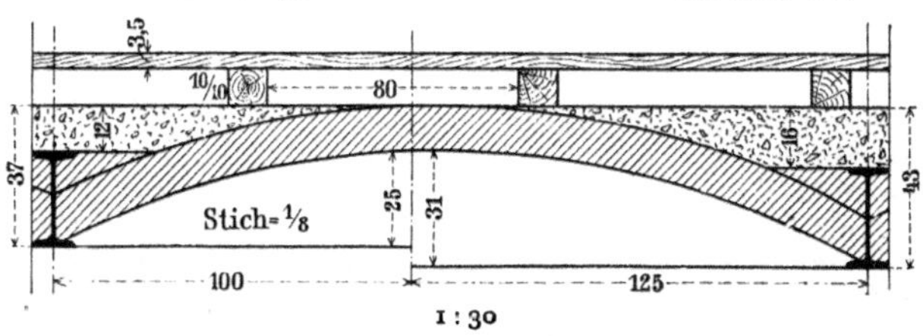

1 : 30

Nr.	Benennung	Einzelteile	im einzelnen kg	im ganzen rd. kg
9a	Bei Abgleichung mit Sand statt mit Koksasche	340 + 50 =		390
	Bei Auffüllung bis zur Überkante der Lagerhölzer:			
9b	mit Koksasche	340 + 65 =		410
9c	mit Sand	390 + 140 =		530

Nr.	Benennung	Einzelteile	Eigengewicht f. 1 qm im einzelnen kg	Eigengewicht f. 1 qm im ganzen rd. kg
10	Preußische Kappen wie Nr. 9 für mehr als 2,00 bis zu 2,50 m Spannweite	Gewölbe und Hintermauerung	249	
		Hinterfüllung mit Koksasche bis Unterkante der Lagerhölzer . .	71	
		Lagerhölzer wie Nr. 9	8	
		Dielen wie Nr. 9 . .	23	
		Deckenputz	20	
		zusammen	371	370
10a	Bei Abgleichung mit Sand statt mit Koksasche	370 + 90 =		460
	Bei Auffüllung bis zur Oberkante der Lagerhölzer:			
10b	mit Koksasche	370 + 65 =		440
10c	mit Sand	460 + 140 =		600
11	Preußische Kappen wie Nr. 9, jedoch aus Lochsteinen	Gewölbe und Hintermauerung	199	
		Hinterfüllung mit Koksasche bis Unterkante der Lagerhölzer . .	42	
		Lagerhölzer wie Nr. 9	8	
		Dielen wie Nr. 9 . .	23	
		Deckenputz	20	
		zusammen	292	290
11a	Bei Abgleichung mit Sand statt mit Koksasche	290 + 50 =		340
	Bei Auffüllung bis zur Oberkante der Lagerhölzer:			
11b	mit Koksasche	290 + 65 =		360
11c	mit Sand	340 + 140 =		480
12	Preußische Kappen wie Nr. 10, jedoch aus Lochsteinen	Gewölbe und Hintermauerung	202	
		Hinterfüllung mit Koksasche bis Unterkante der Lagerhölzer . .	71	
		Lagerhölzer wie Nr. 9	8	
		Dielen wie Nr. 9 . . .	23	
		Deckenputz	20	
		zusammen	324	320

Nr.	Benennung	Einzelteile	Eigengewicht f. 1 qm im einzelnen kg	Eigengewicht f. 1 qm im ganzen rd. kg
12a	Bei Abgleichung mit Sand statt mit Koksasche	320 + 90 =		410
	Bei Auffüllung bis zur Oberkante der Lagerhölzer:			
12b	mit Koksasche	320 + 65 =		390
12c	mit Sand	410 + 140 =		550
13	Preußische Kappen wie Nr. 9 jedoch aus Schwemmsteinen oder porigen Lochsteinen	Gewölbe und Hintermauerung	153	
		Hinterfüllung mit Koksasche bis Unterkante der Lagerhölzer . .	42	
		Lagerhölzer wie Nr. 9	8	
		Dielen wie Nr. 9 . .	23	
		Deckenputz	20	
		zusammen	246	250
13a	Bei Abgleichung mit Sand statt mit Koksasche	250 + 50 =		300
	Bei Auffüllung bis zur Oberkante der Lagerhölzer:			
13b	mit Koksasche	245 + 65 =		310
13c	mit Sand	300 + 140 =		440
14	Preußische Kappen wie Nr. 10, jedoch aus Schwemmsteinen	Gewölbe und Hintermauerung	155	
		Hinterfüllung mit Koksasche bis Unterkante der Lagerhölzer . .	71	
		Lagerhölzer wie Nr. 9	8	
		Dielen wie Nr. 9 . .	23	
		Deckenputz	20	
		zusammen	277	280
14a	Bei Abgleichung mit Sand statt mit Koksasche	280 + 90 =		370
	Bei Auffüllung bis zur Oberkante der Lagerhölzer:			
14b	mit Koksasche	280 + 65 =		350
14c	mit Sand	370 + 140 =		510
15	Decke in Gewölbeform aus Zement-Kiesbeton bis zu 1,50 m Spannweite, sonst wie Nr. 9	Kiesbeton	220	
		Hinterfüllung mit Koksasche bis Unterkante der Lagerhölzer .	53	
		Lagerhölzer wie Nr. 9	8	
		Dielen wie Nr. 9 . .	23	
		Deckenputz	20	
		zusammen	324	320

Nr.	Benennung	Einzelteile	Eigengewicht f. 1 qm im einzelnen kg	Eigengewicht f. 1 qm im ganzen rd. kg
15a	Bei Abgleichung mit Sand statt mit Koksasche	320 + 70 =		390
	Bei Auffüllung bis zur Oberkante der Lagerhölzer:			
15b	mit Koksasche	320 + 65 =		390
15c	mit Sand	390 + 140 =		530

c) Ebene Massivdecken.

Die Eigengewichte sind in jedem Falle zu ermitteln. Nachstehende Beispiele sollen als Anhalt dienen.

Nr.	Benennung	Einzelteile	Eigengewicht f. 1 qm im einzelnen kg	Eigengewicht f. 1 qm im ganzen rd. kg
16	Ebene Betondecke mit oder ohne Eiseneinlagen (Bauart Monier und ähnliche) bei Abgleichung mit Koksasche und Holzfußboden	Platte bei 6 cm Stärke einschließlich etwa vorhandener Eiseneinlagen	144	
		Überfüllung mit Koksasche, etwa 14 cm st.	98	
		Lagerhölzer 10/10 cm stark	8	
		Dielen 3,5 cm st. . .	23	
		Deckenputz	20	
		zusammen	293	290

zu Nr. 16.

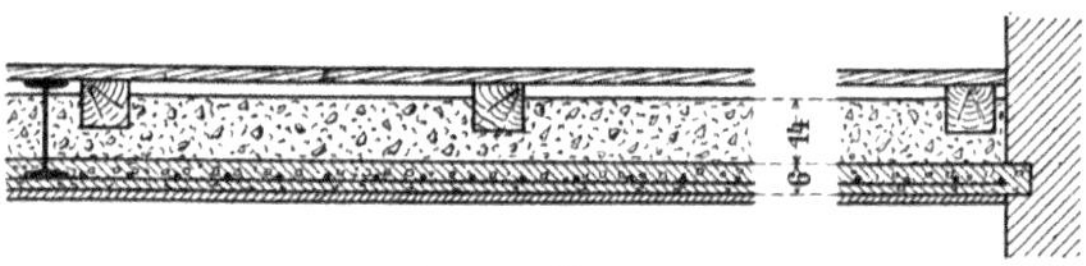

1 : 30

Nr.	Benennung	Einzelteile	Eigengewicht f. 1 qm im einzelnen kg	Eigengewicht f. 1 qm im ganzen rd. kg
16a	Bei Abgleichung mit Sand statt mit Koksasche	295 + 125 =		420
16b	Für jedes cm Mehrstärke der Platte	Mehrgewicht		25
17	Ebene eingespannte Eisenbetondecke mit voutenförmigen Verstärkungen an den Auflagern (Koenensche Voutenplatte und ähnliche Deckenarten) mit Sandüberfüllung und Linoleumbelag auf Estrich	Platte bei 10 cm Stärke einschließlich Eiseneinlagen und Voutenanschlüssen	270	
		Sandüberfüllung 5 cm stark	80	
		Estrich 2,5 cm st. . .	55	
		Linoleum 4 mm st. .	5	
		Deckenputz	20	
		zusammen		430

Nr.	Benennung	Einzelteile	Eigengewicht f. 1 qm im einzelnen kg	Eigengewicht f. 1 qm im ganzen rd. kg

zu Nr. 17.

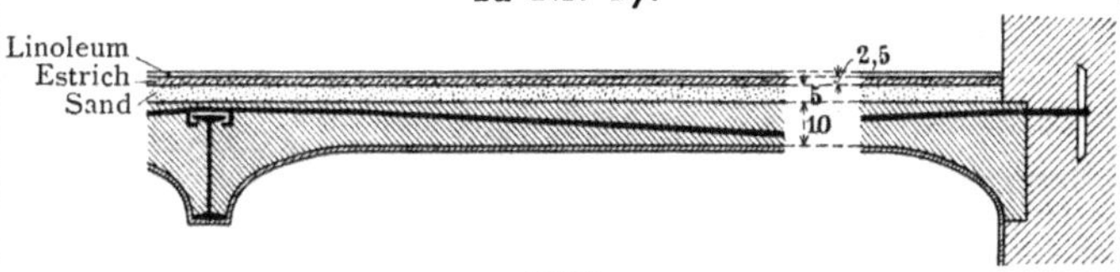

1 : 30

Nr.	Benennung	Einzelteile	im einzelnen kg	im ganzen rd. kg
18	Ebene Ziegeldecke mit Eiseneinlagen (Bauart Kleine und ähnliche) aus Schwemmsteinen in Zementmörtel, mit Überfüllung von Koksasche u. Holzfußboden	Deckenplatte aus Schwemmsteinen 12 cm st. einschließl. der 1/35 mm st. Bandeiseneinlagen . . .	125	
		Überfüllung mit Koksasche 10 cm st. . .	70	
		Lagerhölzer 10/10 cm stark	8	
		Dielen 3,5 cm st. . .	23	
		Deckenputz	20	
		zusammen	246	250

Zu Nr. 18

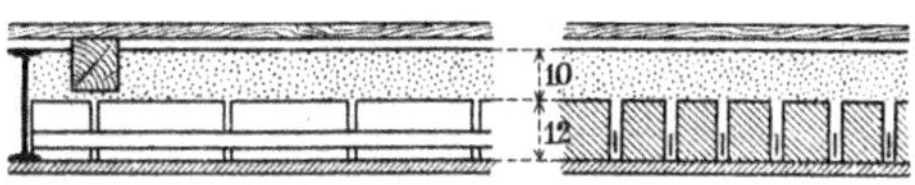

1 : 30

Nr.	Benennung	Einzelteile	im einzelnen kg	im ganzen rd. kg
18a	Bei Überfüllung mit Sand statt mit Koksasche	250 + 90 =		340
19	Ebene Ziegeldecke mit Eiseneinlagen wie vor, jedoch aus porigen Hohlsteinen, bei Auflagerung der Platte auf Betonkonsolen, einschließl. Überfüllung mit Kohlenschlackenbeton und Linoleumbelag auf Estrich (die Träger sind hierbei mit Kiesbeton zu ummanteln)	Deckenplatte 10 cm st. aus porigen Hohlsteinen in Zementmörtel einschl. der 1/35 mm st. Bandeiseneinlagen und der konsolartigen Auflager	115*	
		Überfüllung mit Kohlenschlackenbeton 5 cm st.	50	
		Estrich 2 cm st. . . .	44	
		Linoleum 4 mm . . .	5	
		Deckenputz	20	
		zusammen	234	230

* Zu beachten „Runderlaß betr. die Gewichte ebener Decken aus Hohlsteinen", Nr. 7, S. 114.

Nr.	Benennung	Einzelteile	Eigengewicht f. 1 qm im einzelnen kg	Eigengewicht f. 1 qm im ganzen rd. kg

zu Nr. 19.

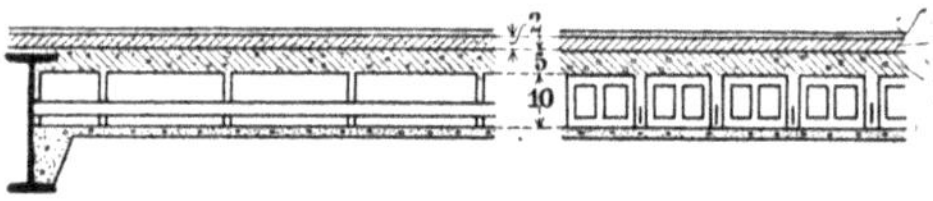

1 : 30

19a	Für jedes cm Mehrstärke der Platte	Mehrgewicht		10*
20	Ebene Ziegeldecke mit Eiseneinlagen aus vollen Hartbrandsteinen ½ Stein st. mit Überfüllung aus magerem Beton u. Fliesenbelag (für Durchfahrten und befahrbare Hofkeller)	Platte aus Hartbrandsteinen in Zementmörtel einschl. der 1/35 mm st Eiseneinlagen	220	
		Magerer Beton 10 cm st.	190	
		Fliesen in Zementmörtelbettung 6 cm st.	126	
		zusammen	536	540

zu Nr. 20.

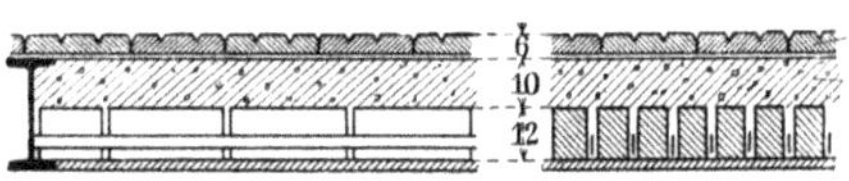

1 : 30

21	Ebene Ziegeldecke wie vor, jedoch ¼ Stein st. (als unbelastete Decke ohne Überfüllung und Fußboden)	Platte aus Hintermauerungssteinen in Zementmörtel einschl. der 1/25 mm st. Eiseneinlagen . . .	106	
		Deckenputz . . .	20	
		zusammen	126	130

zu Nr. 21.

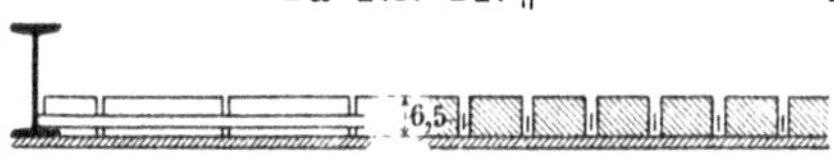

1 : 30

22	Ebene Ziegeldecke ohne Eiseneinlagen (Bauart Förster und ähnliche) aus porigen Hohlsteinen mit quer zur Trägerrichtung verlegten, einander stützenden Ziegelreihen, 10 cm st., einschl. Überfüllung mit Koksasche und Holzfußboden	Platten aus porigen Hohlsteinen in Kalkzementmörtel 10 cm stark	100*	
		Überfüllung mit Koksasche 10 cm st. . .	70	
		Lagerhölzer 10/10 cm stark	8	
		Dielen 3,5 cm st. . .	23	
		Deckenputz	20	
		zusammen	221	220

* Zu beachten „Runderlaß betr. die Gewichte ebener Decken aus Hohlsteinen", Nr. 7, S. 114.

Nr.	Benennung	Einzelteile	Eigengewicht f. 1 qm im einzelnen kg	Eigengewicht f. 1 qm im ganzen rd. kg
	zu Nr. 22. 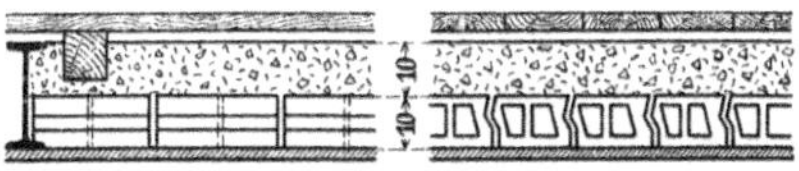 1:30			
22a	Für jedes cm Mehrstärke der Platte	Mehrgewicht		10*
22b	Bei Überfüllung mit Sand statt mit Koksasche	220 + 90 =		310
23	Ebene Ziegeldecke ohne Eiseneinlagen (Securadecke und ähnliche) aus porigen Hohlsteinen und schrägem, parallelem oder zentralem Fugenschnitt, gewölbartig wirkend, 13 cm st., bei Abgleichung mit Koksasche und Holzfußboden	Platte aus porigen Hohlsteinen in Zementmörtel 13 cm st. . . .	142*	
		Überfüllung mit Koksasche 10 cm st. . .	70	
		Lagerhölzer 10/10 cm stark	8	
		Dielen 3,5 cm st. . .	23	
	zu Nr. 23. 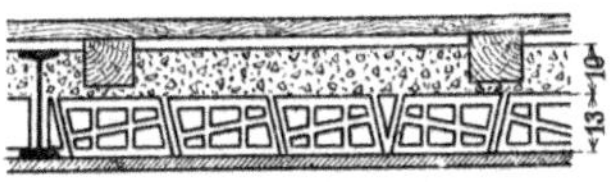 1:30	Deckenputz	20	
		zusammen	263	260
23a	Bei Überfüllung mit Sand statt mit Koksasche	260 + 90 =		350
24	Ebene Ziegeldecke wie vor, jedoch 17 cm stark, mit Fliesenbelag in Zementmörtel oder Terrazzofußboden	Deckenplatte aus porigen Hohlsteinen in Zementmörtel 17 cm stark	179*	
		Fliesenbelag oder Terrazzofußboden .	60	
	zu Nr. 24.  1:30	Deckenputz	20	
		zusammen	259	260
24a	Dieselbe bei 22 cm starker Platte	260 + 40 =		300*

* Zu beachten „Runderlaß betr. die Gewichte ebener Decken aus Hohlsteinen", Nr. 7, S. 114.

Nr.	Benennung	Einzelteile	Eigengewicht f. 1 qm im einzelnen kg	Eigengewicht f. 1 qm im ganzen rd. kg
	II. Dächer. (Für 1 qm Dachfläche, in der Neigungslinie, nicht in der horizontalen Projektion gemessen.)			
1	Einfaches Ziegeldach aus Biberschwänzen von Normalform, einschließlich Lattung und Sparren (Spließdach)	Sparren 12/16 cm st., in 1 m Mittenabstand	13	
		Latten 4,5/6,5 cm st. .	8	
	zu Nr. 1.	Dachsteine (35 Stück/qm je 36,5 · 15,5 · 1,2 cm) .	49	
	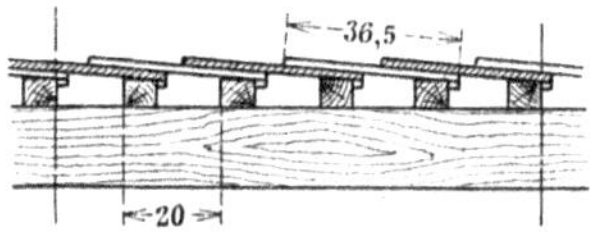	Mörtel	3	
		Spließe	1	
	1 : 30	zusammen	74	75
1a	Dasselbe, aber böhmisch gedeckt in voller Mörtelbettung	Mehrgewicht f. Mörtel	10	
		dann zusammen		85
2	Doppeldach wie Nr. 1	Sparren 12/16 cm st. .	13	
	zu Nr. 2.	Latten 4,5/6,5 cm st. .	11	
		Dachsteine, 45 Stück auf 1 qm	63	
	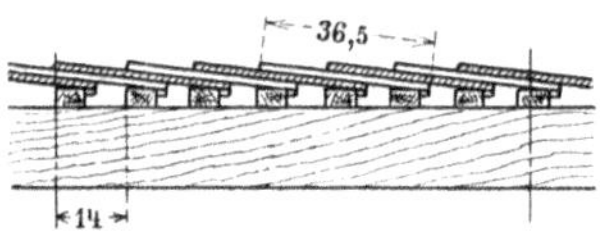	Mörtel	6	
	1 : 30	zusammen	93	95
2a	Dasselbe, aber böhmisch gedeckt	Mehrgewicht f. Mörtel	20	
		dann zusammen		115
3	Kronendach wie Nr. 1	Sparren 12/16 cm st. .	13	
	zu Nr. 3.	Latten 4,5/6,5 cm st. .	7	
		Dachsteine, 55 Stück auf 1 qm	77	
	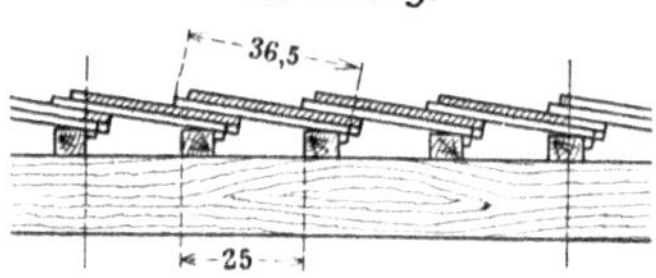	Mörtel	6	
	1 : 30	zusammen	103	105
3a	Dasselbe, aber böhmisch gedeckt	Mehrgewicht f. Mörtel	25	
		dann zusammen		130

Nr.	Benennung	Einzelteile	Eigengewicht f. 1 qm im einzelnen kg	Eigengewicht f. 1 qm im ganzen rd. kg
4	Pfannendach auf Lattung in böhmischer Deckung, einschließlich Lattung und Sparren, bei Verwendung kleiner, sogenannter holländischer Pfannen	Sparren 12/16 cm st. .	13	
		Latten 4,5/6,5 cm st. .	6	
		Pfannen, 20 Stück/qm je 34 · 24 · 1,5 cm . .	43	
		Mörtel	16	
	zu Nr. 4. 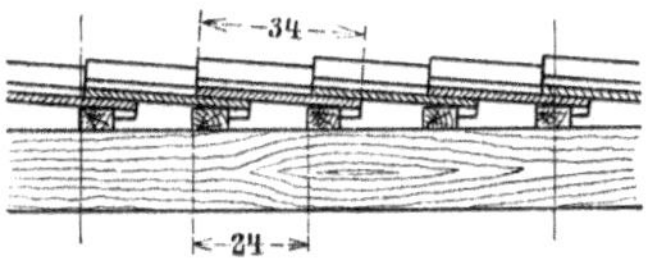 1:30	zusammen	78	80
5	Pfannendach wie vor, aber mit großen Pfannen	Sparren 12/16 cm st. .	13	
		Latten 4,5/6,5 cm st. .	5	
		Pfannen, 16 Stück/qm je 40 · 24 · 1,5 cm . .	50	
		Mörtel	16	
		zusammen	84	85
6	Pfannendach wie vor, aber auf Stülpschalung nebst darüber genagelten Strecklatten, einschließl. Schalung, Strecklatten, Dachlatten u. Sparren (verschaltes Pfannendach)	Wie unter Nr. 4 . . .	78	
		Dazu 2,5 cm st. gestülpte Schalung und Strecklatten . . .	20	
		zusammen	98	100
7	Falzziegeldach einschließl. Lattung usw. wie Nr. 1	Sparren 12/16 cm st. .	13	
		Latten 4,5/6,5 cm st. .	5	
		Falzziegel, 15 Stück/qm je 40 · 20 cm . . .	42	
		Mörtel zum Verstrich .	3	
	zu Nr. 7. 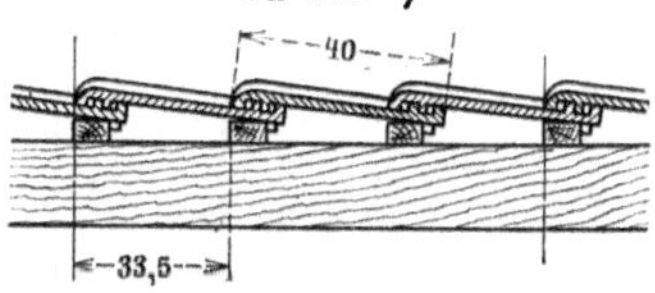 1:30	zusammen	63	65

Nr.	Benennung	Einzelteile	Eigengewicht f. 1 qm im einzelnen kg	Eigengewicht f. 1 qm im ganzen rd. kg
8	Mönch- und Nonnendach, einschl. Lattung usw. wie Nr. 1	Sparren 12/16 cm st. .	13	
		Latten 4,5/6,5 cm st. .	5	
	zu Nr. 8. 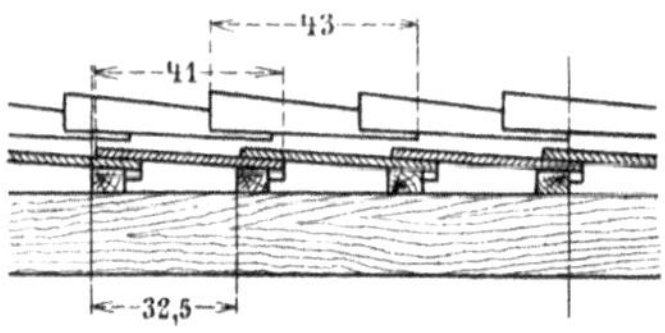 1:30	16 Mönche je 43 cm lang und 16 Nonnen je 41 cm lang . . .	66	
		Mörtel	17	
		zusammen	101	100
8a	Dasselbe böhmisch gedeckt . . .	Mehrgewicht für Mörtel	15	
		dann zusammen		115
9	Mönch- und Nonnendach, einschl. wie vor, aber Mönch und Nonne aus einem Stück (für 1 qm 15 Steine 42 cm lang, 20 cm breit, sichtbar nach der Eindeckung)	Sparren 12/16 cm st. .	13	
		Latten 4,5/6,5 cm st. .	5	
		Dachsteine	69	
		Mörtel	3	
		zusammen	90	90
9a	Dasselbe böhmisch gedeckt . . .	Mehrgewicht für Mörtel	15	
		dann zusammen		105
10	Mönch- und Nonnendach wie Nr. 9, jedoch aus Steinen kleineren Formats (für 1 qm 18 Mönch- und Nonnensteine 40 cm lang, 18 cm breit, sichtbar nach der Eindekkung)	Sparren 12/16 cm st. .	13	
		Latten 4,5/6,5 cm st. .	5	
		Dachsteine	63	
		Mörtel	4	
		zusammen	85	85
10a	Dasselbe böhmisch gedeckt . . .	Mehrgewicht für Mörtel	15	
		dann zusammen		100
11	Englisches Schieferdach auf Lattung wie Nr. 1	Sparren 12/16 cm st. .	13	
		Latten 4,5/6,5 cm st. .	6	
		Schiefer einschl. Nägel	25	
		zusammen	44	45
12	Englisches Schieferdach wie vor, jedoch auf Schalung	Wie unter Nr. 11 ausschließ. der Lattung	38	
		Dazu Schalung 2,5 cm stark	16	
		zusammen	54	55

Nr.	Benennung	Einzelteile	Eigengewicht f. 1 qm im einzelnen kg	Eigengewicht f. 1 qm im ganzen rd. kg
13	Deutsches Schieferdach auf Schalung und Pappunterlage, einschl. Pappe, Schalung usw. wie Nr. 1 (aus Steinen von rd. 35 cm Länge und 25 cm Breite)	Sparren 12/16 cm st. .	13	
		Schalung 2,5 cm st. .	16	
		Dachpappe	3	
		Schiefer einschl. Nägel	32	
		zusammen	64	65
14	Deutsches Schieferdach wie vor (aus kleineren Steinen von rd. 20 cm Länge und 15 cm Breite)	Sparren 12/16 cm st. .	13	
		Schalung 2,5 cm st. .	16	
		Dachpappe	3	
		Schiefer einschl. Nägel	28	
		zusammen	60	60
15	Zinkdach in Leistendeckung, einschließlich der Schalung, Sparren usw. wie Nr. 1	Sparren 12/16 cm st .	13	
		Schalung 2,5 cm st. .	16	
		1,20 qm Zinkblech Nr. 13	7	
		zusammen	36	40
16	Kupferdach, mit doppelter Falzung eingedeckt, einschließl. wie vor	Sparren 12/16 cm st. .	13	
		Schalung 2,5 cm st. .	16	
		1,15 qm Kupferblech 0,6 mm st. . . .	7	
		zusammen	36	40
17	Wellblechdach aus verzinktem Eisenblech auf Winkeleisen	Wellblech 150 · 40 · 1,5 mm . .	16	
		Winkeleisen 2,0 m freitragend mit 2,0 m Abstand	7	
		Niete, Anstrich usw. .	2	
		zusammen	25	25
18	Wellblechdach aus Zinkwellblech auf Schalung, einschl. Schalung und Sparren	Sparren 12/16 cm st. .	13	
		Schalung 2,5 cm st. .	16	
		1,20 qm Wellblech Nr. 13	8	
		zusammen	37	40
19	Einfaches Teerpappdach, einschl. Schalung und Sparren	Sparren 12/16 cm st. .	13	
		Schalung 2,5 cm st. .	16	
		1,05 qm Pappe . . .	3	
		Asphalt, Teer, Leisten und Nägel	2	
		zusammen	34	35

Nr.	Benennung	Einzelteile	Eigengewicht f. 1 qm im einzelnen kg	 im ganzen rd. kg
20	Doppelpappdach	Sparren 12/16 cm st. .	13	
		Schalung 2,5 cm st. .	16	
		ersteLage (starke) Pappe einschl. Nägel . . .	6	
		zweite Lage	4	
		zwei Teeranstriche . .	4	
		Kies	9	
		zusammen	52	55
21	Holzzementdach einschl. Schalung und Sparren	Sparren 14/18 cm st. .	16	
		Schalung 3,5 cm st. .	23	
		1 Lage starke Pappe und 3 Lagen Papier	7	
		Kies 7 cm hoch . . .	126	
		Holzzement	8	
		zusammen	180	180
21a	Holzzementdach auf massiver Unterlage Bemerkung. Liegt die tragende Platte nicht in der Dachneigung, so muß das Gewicht der erforderlichen Aufmauerung in jedem Falle besonders ermittelt werden. Die Gewichte unter 3) ändern sich entsprechend der gewählten Deckenkonstruktion.	1. Dachdeckung:		
		Pappe und Papier . .	7	196
		Kies 7 cm hoch . . .	126	
		Holzzement		
		Zementestrich 2,5 cm st	55	
		2. Wärmeschutz:		
		Lage aus 4 cm st. Korkplatten	12	
		3. Decke (vgl. Nr. 9):		
		Gewölbe und Hintermauerung	245	
		Abgleichung m. Koksasche	42	
		Deckenputz	20	
		zusammen	515	520
21b	Wird Schlackenbeton 5 cm hoch statt der Korkplatten als Wärmeschutz verwendet, so erhöht sich das Gewicht um	50 — 12 = Mehrgewicht	38	
		zusammen	553	550
21c	Wird eine 12 cm starke Schwemmsteinschicht statt der Korkplatten als Wärmeschutz verwendet, so erhöht sich das Gewicht um . .	120 — 12 = Mehrgewicht	108	
		Dazu laut 21 a . .	515	
		zusammen	623	620

Nr.	Benennung	Einzelteile	Eigengewicht f. 1 qm im einzelnen kg	Eigengewicht f. 1 qm im ganzen rd. kg
22	Leinwanddach (Weber-Falkenberg und ähnliche) einschl. Lattung und Sparren	Sparren	13	
		Lattung	6	
		Leinwand	2	
		Anstrich und Klebemasse sowie Nägel	2	
		zusammen	23	25
22a	Dasselbe auf Schalung	Mehrgewicht	10	
		dann zusammen	33	35
23	Schindeldach einschließl. Schalung und Sparren	Sparren 12/16 cm st. .	13	
	zu Nr. 23.	Schalung 2,5 cm st. .	16	
	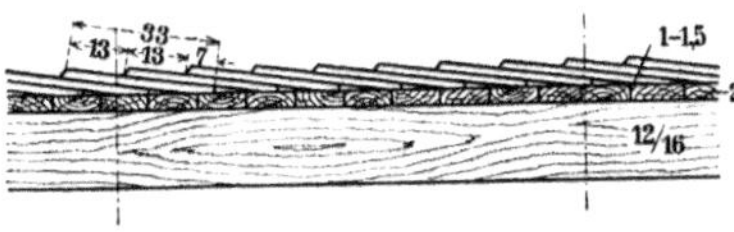	Schindeln einschließl. Nägel	16	
	1:30	zusammen	45	45
24	Rohrdach einschließl. Lattung und Sparren	Sparren 12/16 cm st. .	13	
		Latten 4,5/6,5 cm st. .	5	
		Staken 3,5 cm Durchm.	2	
		Rohr	29	
		Neugewicht	49	
		Dazu für Moosansatz und festgehaltenes Wasser etwa . . .	30	
		zusammen	79	80
	zu Nr. 24. 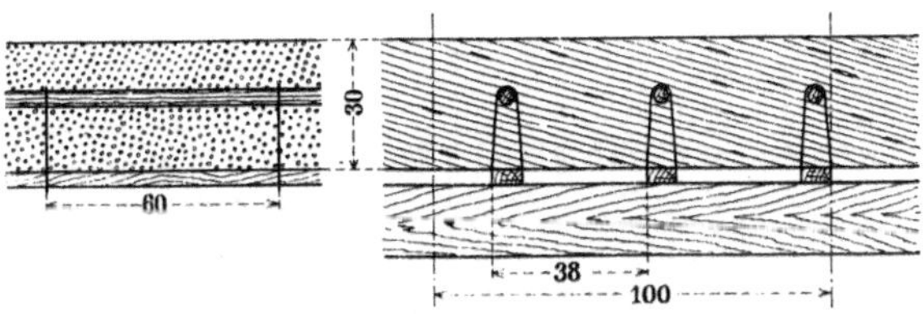 1:30			
25	Strohdach einschl. wie vor	Sparren 12/16 cm st. .	13	
		Latten	6	
		Staken 3,5 cm Durchm.	3	
		Stroh	22	
		Neugewicht	44	

Nr.	Benennung	Einzelteile	Eigengewicht f. 1 qm im einzelnen kg	Eigengewicht f. 1 qm im ganzen rd. kg
		Übertrag	44	
		Dazu für Moosansatz und festgehaltenes Wasser etwa . . .	30	
		zusammen	74	75

zu Nr. 25.

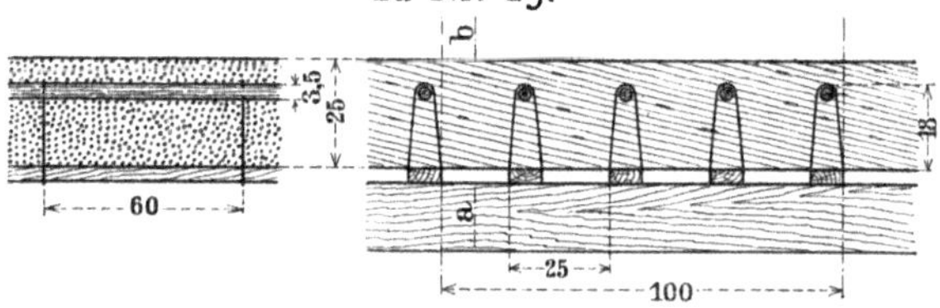

1:30

Nr.	Benennung	Einzelteile	im einzelnen kg	im ganzen rd. kg
26	Glasdach auf Sprosseneisen einschließl. der letzteren bei 4 mm starkem Glase	Glas	11	
		Sprossen von 5 kg Gewicht für 1 m u. rd. 0,45 m Abstand . .	11	
		zusammen		22
26a	Dasselbe bei 5 mm st. Rohglase	Glas	14	
		Sprossen von 6 kg Gewicht für 1 m u. rd. 0,55 m Abstand . .	11	
		zusammen	25	25
26b	Dasselbe bei 5 mm st. Drahtglase	Mehrgewicht gegen 26 a	5	
		dann zusammen		30
26c	Dasselbe bei 6 mm st. Rohglase	Glas	17	
		Sprossen von 7 kg Gewicht für 1 m u. rd. 0,55 m Abstand . .	13	
		zusammen	30	30
26d	Dasselbe bei 6 mm st. Drahtglase	Drahtglas, Mehrgewicht gegen 26c . .	5	
		dann zusammen		35
26e	Für jedes mm Mehrstärke des Glases	Mehrgewicht		3
26f	Bei Verwendung von Drahtglas	Mehrgewicht für die Drahteinlage . . .		5
27	Gewölbtes Dach aus Glasbausteinen (Bauart Falconnier und ähnliche)	Glasbausteine	42	
		Mörtel	22	
		zusammen	64	65

Belastungen der Bauwerke.

(Nach dem Runderlaß des preußischen Ministers der öffentlichen Arbeiten vom 31. Januar 1910.)

a) Zwischendecken.

Nr.	Art der Nutzlast.	kg/qm
1	Nutzlast für Wohngebäude und kleine Geschäftshäuser durch Möbel, Menschen usw., abgesehen von den in einzelnen Räumen etwa vorkommenden besonderen Belastungen durch Akten, Bücher, Waren, Maschinen usw.	250
2	Nutzlast in Geschäftsgebäuden größeren Umfanges, Versammlungssälen, Unterrichtsräumen, Turnhallen . . .	500
3	Nutzlast in Fabriken, wenn nicht größere Belastungen anzunehmen sind	500
4	Nutzlast für Decken unter Durchfahrten und befahrbaren Höfen, wenn nicht größere Einzellasten (Raddruck) zu berücksichtigen sind	800
5	Treppen-Nutzlast	500
6	Nutzlast in Dachbodenräumen von Wohngebäuden . .	125

In Lagerräumen ist die Nutzlast nach dem Eigengewichte der zu lagernden Stoffe und der anzunehmenden Höhe der Lagerung in jedem Einzelfalle zu ermitteln. Dabei ist die Nutzlast für die Gänge, sofern sie nur geschäftlichen Zwecken dienen, nicht aber zur Benutzung durch das Publikum bestimmt sind, mit 150 km/qm in Rechnung zu stellen.

Für Aktengerüste und Schränke in Registraturen, Bibliotheken, Archiven usw. ist einschließlich der Hohlräume eine Nutzlast von 500 kg für das Raummeter anzunehmen.

b) Dächer.

1. Die Schneelast ist zu 75 kg/qm der Dachfläche anzunehmen und dabei die Möglichkeit einer vollen oder einer einseitigen Schneebelastung zu berücksichtigen. Bei steilen Dächern kann die Schneebelastung geringer angenommen werden, sofern einzelne Dachteile nicht etwa Schneesäcke bilden. Mit Bezug auf die aus nebenstehender Abbildung ersichtlichen Bezeichnungen kann die Schneebelastung angenommen werden:

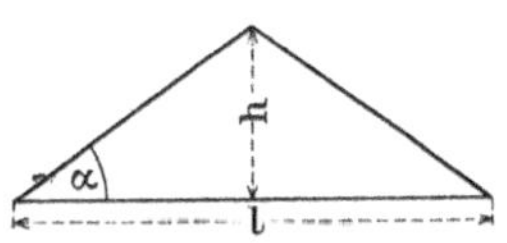

zu 55	kg/qm	der	Horizontalprojektion,	wenn	$h = \frac{1}{2}\, l$	ist,
„ 65	„	„	„	„	$h = \frac{1}{3}\, l$	„
„ 70	„	„	„	„	$h = \frac{1}{4}\, l$	„
„ 75	„	„	„	„	$h = \frac{1}{5}\, l$	„

oder der Schneedruck kann aus folgender Formel berechnet werden

$$S = 75 \cos \alpha \ (\mathrm{kg/qm})$$

für 1 qm der Horizontalprojektion.

Bei ganz steilen Dächern, an denen nur geringfügige Schneemassen haften können, ist eine Schneelast nicht weiter in Betracht zu ziehen.

2. Der Winddruck ist in der Regel zu 125 kg/qm rechtwinklig getroffener Fläche anzunehmen. Für hohe Bauten auf kleiner Grundfläche (schlanke Türme) ist außerdem noch der Nachweis zu führen, daß bei einem Winddruck von 150 kg/qm die für die zulässigen Beanspruchungen angegebenen oberen Grenzen nicht überschritten werden.

Werden freistehende Gebäude, deren Frontwände nicht durch Querwände versteift sind, auf Standsicherheit gegen Winddruck untersucht, so genügt es, mit einem Winddruck von 75 kg/qm zu rechnen (siehe ergänzende ministerielle Erlasse, Nr. 5, Seite 245).

Bezeichnet α den Neigungswinkel eines Teiles F der Dachfläche gegen die wagerecht anzunehmende Windrichtung, so ist der auf die Fläche F entfallende und rechtwinklig zu ihr wirkende Winddruck

$$W = W_0 F \sin^2 \alpha,$$

wo $W_0 = 125$ bezw. 150 kg einzusetzen ist. Bei ebenen Dächern entfällt hiernach aus dem Winddruck von 125 kg/qm und bei einer Dachneigung

von	70°	65°	60°	55°	50°	45°	40°	35°	30°	25°
ein Beitrag von	110	103	94	84	73	63	52	41	31	22 kg

rechtwinklig auf 1 qm der Dachfläche.

Bei Dachneigungen unter 25° genügt es in der Regel, den Winddruck durch einen Zuschlag zur senkrechten Belastung zu berücksichtigen; die wagerechte Seitenkraft darf vernachlässigt werden.

3. Die Gesamtbelastung der Dächer, bestehend aus Eigengewicht, Schnee- und Winddruck, für 1 qm der Horizontalprojektion kann angenommen werden

beim Glasdach	mit 10	bis 25°	Neigung	zu 125	bis 150	kg
„ Schieferdach	„ 25	„ 45°	„	„ 150	„ 250	„
„ Ziegeldach	„ 30	„ 45°	„	„ 250	„ 300	„
„ Holzzementdach zu					275	„

bei steilen Mansardendachflächen mit Schiefer- oder Ziegeldeckung von 45 bis 70° Neigung zu 300 bis 700 kg.

Bei Dächern über offenen Hallen ist auch ein von innen nach außen wirkender Winddruck von etwa 60 kg auf 1 qm rechtwinklig getroffener Fläche in Betracht zu ziehen.

Endlich ist noch in der Mitte der einzelnen Dachteile (Sparren, Pfetten, Sprosseneisen usw.) eine Nutzlast von 100 kg für einzelne, das Dach bei Wiederherstellungs- oder Reinigungsarbeiten betretende Personen anzunehmen.

Ergänzende Erlasse des Kgl. Polizeipräsidiums Berlin.

1. Der Nachweis der Durchbiegung in den statischen Berechnungen eiserner Trägerkonstruktionen oder die Innehaltung bestimmter Größen dieser Durchbiegung erübrigt sich im allgemeinen für alle Deckenträger und diejenigen Träger und Unterzüge, die keine veränderliche Belastung erfahren. Dagegen ist dieser Nachweis für alle diejenigen über 7 m langen Träger und Unterzüge zu erbringen, die das Gebäude in der Längs- und Querrichtung aussteifen und an Stelle der sonst vorhandenen Längs- und Querwände treten, für die somit eine gewisse Starrheit erforderlich wird. Zur Erzielung dieser Längs- und Quersteifigkeit ist auch die Anordnung von sogenannten Gerbergelenken in den Trägern der bezeichneten Art unzulässig. Die Durchbiegung soll in der Regel das Maß $^1/_{500}$ der freien Länge nicht überschreiten.

2. Gerbergelenke sind gestattet in Konstruktionsteilen zweiter Ordnung, d. h. in sekundären Deckenträgern, Pfetten und dergl.; Bedingung für die Verwendung ist, daß durch die konstruktive Ausbildung ein Spielen der Gelenke gewährleistet ist. Als geeignetes Mittel hierfür bei Verwendung von Massivdecken zwischen eisernen Trägern wird eine sachgemäße Umkapselung der Gelenke angesehen. Außerdem ist notwendig, daß in den Decken, im Zuge der Gelenke durchlaufende Schlitze angeordnet werden.

Verboten ist der Einbau von Gerbergelenken in Konstruktionsteilen erster Ordnung, d. h. in allen, das Gebäude in der Längs- und Querrichtung aussteifenden, Unterzügen und denjenigen Deckenträgern, die in den Pfeilerachsen genau wie die Unterzüge als Aussteifungsträger wirken.

3. Die in den Bestimmungen über die bei Hochbauten anzunehmenden Belastungen usw. vom 31. Januar 1910 für Dächer angegebene Belastungswerte genügen nicht für wagrechte oder mäßig bis 1 : 20 geneigte Dächer, da diese Flächen erfahrungsgemäß immer häufiger zum zeitweiligen Aufenthalt von Menschen (z. B. Spiel-, Beobachtungs- und Erholungsplätze) benutzt werden und dadurch, besonders bei Ausführung der Dachhaut in Eisenbetonkonstruktion, unzulässig hohe Beanspruchungen erfahren.

Aus diesem Grunde sind derartige Dächer, vorausgesetzt, daß ihre Benutzung zu dem genannten Zweck nicht ausgeschlossen erscheint, mit einer Nutzlast von 250 kg/m zu berechnen. Wind und Schneedruck sind in dieser Ziffer bereits einbegriffen.

Bei Anlage von Dachgärten oder ausgesprochenen Turnplätzen sind die Erdaufschüttungen und die erforderlichen Erschütterungszuschläge besonders zu berücksichtigen.

Verfügung vom 5. April 1911.

4. Scheidewände jeglicher Art zur nachträglichen Aufstellung größerer Räume über Massivdecken mit 250 kg/m Nutzlast, und zwar mit und ohne Eiseneinlagen (z. B. System Prüss, Abegg, Kessler, Helm etc.), müssen, wenn sie nach der Art ihrer Aufstellung nicht mehr als freitragend gelten können, bei den statischen Untersuchungen der Unterkonstruktion berücksichtigt werden. Massivdecken für 500 kg/m Nutzlast und Holzbalkendecken bleiben ausgenommen.

Dabei soll es ausreichen, wenn $^3/_4$ des nachzuweisenden Gewichts der Wände in gleichmäßiger Verteilung auf die in Betracht kommende Deckenfläche zu der Nutzlast zugeschlagen werden.

Statt eines genauen Nachweises kann auch mit mindestens 75 kg/m² gerechnet werden.

Voraussetzung ist ferner, daß die Wände mit den massiven Tragwänden und beim Stoß auf Scheidewände gleicher Art mit diesen sachgemäß durch Herumbiegen der horizontalen Eiseneinlagen oder besondere Hilfskonstruktionen (z. B. senkrechte Winkeleisen) steif miteinander verbunden werden. Stumpfer Stoß ist unzulässig.

5. Bei der Berechnung der einzelnen Wandglieder, Rahmen, Binder usw. eines Gebäudes, ist der Winddruck mit dem Betrage von 125 bezw. 150 kg/qm anzusetzen. Nur bei der Untersuchung von Tragwerken, die zur Aussteifung des ganzen Gebäudes gegen Winddruck und zu seiner Übertragung auf einzelne feste Punkte des Gebäudes dienen, kann der Winddruck zu 75 kg/qm angenommen werden.

6. Neuerliche umfassende Ermittlungen haben ergeben, daß die früher allgemein übliche Eigengewichtsangabe für Ziegelmauerwerk von 1600 kg/cbm nur noch in sehr wenigen Gegenden mit dem tatsächlichen Eigengewicht in Einklang steht. Hauptsächlich infolge der Verbesserung des Herstellungsverfahrens hat sich das durchschnittliche Gewicht wesentlich gehoben und beträgt zurzeit etwa **1800 kg/cbm.**

Für die „Bestimmungen über die bei Hochbauten anzunehmenden Belastungen und Beanspruchungen der Baustoffe" vom 31. Januar 1910 ergeben sich hieraus die folgenden Änderungen:

* 1 bei „Hartbrandsteinen in Kalkzementmörtel" ist zu setzen „Ziegelsteinen",

* 2 „Hintermauerungssteinen in Kalkmörtel" ist zu streichen,

* 3 die Angaben * 1 und * 3 erhalten als Anmerkung den Zusatz:

„Sofern der Polizeibehörde der Nachweis erbracht wird, daß die tatsächlich verwandten Steine ein geringeres Gewicht haben, kann für die statische Berechnung eine Herabsetzung des Gewichtes bis auf 1600 kg/cbm zugestanden werden".

7. Runderlaß, betreffend die Gewichte ebener Decken aus Hohlsteinen.

Berlin, den 14. Januar 1913.

Bei den in den Bestimmungen über die bei Hochbauten anzunehmenden Belastungen usw. vom 31. Januar 1910 enthaltenen Gewichtsangaben ebener Ziegeldecken (Nr. 18[1]) bis 24a der Bestimmungen bezw. Nr. 15 bis 19 der Berechnungsgrundlagen) ist davon auszugehen, daß die aus Hohlsteinen bestehenden Decken nur dann die angegebenen Gewichte besitzen, wenn das Einlaufen des Fugenmörtels in die Hohlräume der Steine sicher vermieden wird.

Ist dies, wie zurzeit bei den meisten Hohlsteinarten mit kopfseitig offenen Hohlräumen, nicht der Fall, so müssen entsprechend höhere Eigengewichtszahlen für die Deckenplatten, beispielsweise in Pos. 19 der Bestimmungen 140 statt 115 kg/qm, also etwa 20 v. H. mehr angesetzt werden.

Der Minister der öffentl. Arbeiten.

Der Preuß. Ministeriums-Erlaß vom 31. Januar 1910 findet auch für Baden Anwendung, jedoch mit folgenden Änderungen:

1. S. 13, Ziff. 3 Abs. 2 fällt weg, so daß also für Baden Beanspruchungen von 1400 und 1600 kg pro qcm nicht zulässig sind.
2. S. 17, Belastungen für Schulen usw. 500 kg pro qcm wie in Preußen mit dem Zusatz, daß für Volksschulen, Kleinkinderschulen, also für nicht erwachsene Personen, Nutzlasten von 400—450 kg pro qcm zulässig sind.
3. S. 18, Ziff. 97 ist zu streichen (s. auch unter 1).
4. S. 19, Ziff. 117, statt 20—30 kg pro qcm sind in Baden nur Beanspruchungen von 15—20 kg pro qcm zulässig.
5. S. 19, Ziff. 125, in Baden ist guter Baugrund nur mit $2^1/_2$ bis $3^1/_2$ kg pro qcm zu belasten. Bei bestem Baugrund etwas bis zu 5 kg pro qcm.

Zulässige Beanspruchung der Baustoffe.

(Nach dem Runderlaß des preußischen Ministers der öffentlichen Arbeiten vom 31. Januar 1910.)

Die nachstehend unter b) bis e) angegebene untere Grenze der zulässigen Beanspruchung ist einzuhalten, wenn die statische Berechnung nicht mit voller Genauigkeit durchgeführt wird oder nicht genau durchgeführt werden kann. Mit den höheren Werten darf gerechnet werden, wenn einwandfreie statische Untersuchungen unter Annahme der stärksten Belastungen bei Berücksichtigung der denkbar ungünstigsten Umstände durchgeführt werden.

a) Eisen[1]).

Die folgenden Angaben unter Ziffer 1 bis 3 beziehen sich auf Flußeisen; sollte ausnahmsweise noch Schweißeisen verwendet werden, so sind die Beanspruchungen um 10 v. H. zu ermäßigen. Für altes, wieder zur Verwen-

---

[1]) Die für Preußen festgesetzten Ziffern sind ganz oder im wesentlichen übernommen bezw. anerkannt für

Herzogtum Braunschweig durch Schreiben vom 21. April 1910 von der Herzogl. Braunschweig. Lüneburg. Baudirektion, Braunschweig.

Großherzogtum Hessen durch Schreiben vom 8. Juli 1910 vom Großh. Ministerium der Finanzen, Abteilung für Bauwesen, Darmstadt.

Herzogtum Anhalt durch Schreiben vom 21. September 1910 vom Herzogl. Anhalt. Staatsministerium, Dessau.

Fürstentum Reuß jüngere Linie durch Schreiben vom 22. August 1910 vom Fürstl. Ministerium, Abteil. f. d. Innere, Gera.

Fürstentum Reuß ältere Linie durch Schreiben vom 22. April 1910 von der Fürstl. Plauisch. Landesregierung, Greiz.

Herzogtum Sachsen-Coburg-Gotha durch Schreiben vom 19. April 1910 vom Herzogl. Sächs. Staatsministerium, Gotha.

Großherzogtum Baden durch Schreiben vom 23. April 1910 vom Großh. Badischen Ministerium des Innern, Karlsruhe.

Herzogtum Sachsen-Meiningen durch Schreiben vom 6. Mai 1910 vom Herzogl. Staatsministerium, Meiningen.

Königreich Bayern. Für München durch Schreiben vom 2. Juli 1910 von der Lokalbaukommission der Kgl. Haupt- und Residenzstadt München.

Für **Augsburg** laut Mitteilung des Stadtmagistrats vom 14. Juli 1911.

Für **Nürnberg** laut Mitteilung des Stadtmagistrats vom 13. Juli 1911.

Für **Regensburg** laut Mitteilung des Stadtbauamts vom 13. Juli 1911.

Für **Würzburg** laut Schreiben des Stadtmagistrats vom 13. Juni 1911.

Großherzogtum Oldenburg durch Schreiben vom 27. September 1910 vom Großh. Oldenburg. Ministerium des Innern, Oldenburg.

Fürstentum Schwarzburg-Rudolstadt durch Schreiben vom 21. April 1910 vom Fürstl. Schwarzburg. Ministerium, Abteil. des Innern, Rudolstadt.

dung gelangendes Eisen ist die Beanspruchung je nach seiner Beschaffenheit noch weiter herabzusetzen.

1. Träger zur Unterstützung von Decken und Treppen dürfen auf Biegung höchstens mit 1200 kg/qcm beansprucht werden. Bei der Berechnung der Angriffsmomente ist die Stützweite, d. i. die Entfernung der Auflagermitten, einzuführen.

Bei Nieten und gedrehten Schraubenbolzen darf die Scherspannung höchstens 1000 kg/qcm, der Lochleibungsdruck höchstens 2000 kg/qcm, bei gewöhnlichen Schraubenbolzen die Scherspannung höchstens 750 kg/qcm, der Lochleibungsdruck höchstens 1500 kg/qcm betragen.

2. Schmiedeeiserne Stützen dürfen mit 1200 kg/qcm, bei genauer Berechnung der durch ungünstigste Laststellung (Winddruck, Einzellasten, z. B. Kranbahnträger u. dergl.) eintretenden größten Kantenpressung mit 1400 kg/qcm beansprucht werden. Sie müssen ferner nach der Eulerschen Formel mit fünffacher Sicherheit gegen Knicken berechnet werden ($J_{\min} = 2{,}33 Pl^2$). Als Knicklänge ist die Systemlänge einzuführen; stehen die Stützen in mehreren Geschossen übereinander und werden sie durch anschließende Deckenträger unverrückbar gehalten, so ist die Geschoßlänge als Knicklänge ohne Rücksicht auf etwaigen Stoß in Deckenhöhe anzunehmen.

Maßgebend ist derjenige Fall, der den größten Querschnitt ergibt.

3. Dächer, Fachwerkwände, Träger zur Unterstützung von Wänden, Kranbahnträger u. dergl. dürfen in denjenigen Teilen, deren Querschnittgröße durch die ständige Last, die Nutzlast und den Schneedruck allein bedingt ist, mit 1200 kg/qcm beansprucht werden, während für diejenigen Teile, deren größte Spannung bei gleichzeitiger ungünstigster Wirkung der genannten Lasten und des Winddruckes eintritt, mit einer Beanspruchung des Eisens von 1400 kg/qcm gerechnet werden darf. Die Spannung von 1400 kg/qcm ist nur zulässig, wenn der Winddruck zu 150 kg/qm angesetzt wird.

Fürstentum Schwarzburg-Sondershausen durch Schreiben vom 25. August 1911 vom Fürstl Schwarzburg. Ministerium des Innern, Sondershausen.

Großherzogtum Mecklenburg-Schwerin durch Schreiben vom 22. Juli 1910 vom Großh. Ministerium des Innern, Schwerin.

Großherzogtum Mecklenburg-Strelitz durch Schreiben vom 11. Juli 1910 vom Großh. Ministerium des Innern, Strelitz.

Elsaß-Lothringen durch Schreiben vom 5. April 1911 vom Ministerium für Elsaß-Lothringen, Abt f. Landwirtschaft und öffentliche Arbeiten, Straßburg.

Königreich Württemberg durch Schreiben vom 30. Juni 1910 vom Königl. Württembergischen Ministerium des Innern, Abteilung für Hochbauwesen, Stuttgart.

Königreich Sachsen durch Beschluß des Königl Sächs. Ministeriums des Innern vom 4. November 1910 (mit gewissen Einschränkungen).

Fürstentum Lippe-Detmold gemäß Bescheid vom 23. Dezember 1910.

Fürstentum Schaumburg-Lippe gemäß Bescheid vom 14. November 1910.

Großherzogtum Sachsen-Weimar gemäß Bescheid vom 6. Dezember 1910.

Die Spannung von 1400 kg/qcm darf ausnahmsweise bis zu 1600 kg/qcm bei Dächern gesteigert werden, wenn für eine den strengsten Anforderungen genügende Durchbildung, Berechnung und Ausführung volle Sicherheit gewährleistet erscheint.

Für die Berechnung der Träger zur Unterstützung von Wänden ist die Entfernung der Auflagermitten als Stützweite einzuführen.

Maßgebend ist derjenige Fall, der den größten Querschnitt ergibt.

Die Scherspannung der Niete und gedrehten Schraubenbolzen darf 1000 kg/qcm, der Lochleibungsdruck 2000 kg/qcm betragen.

Bei fachwerkartigen Bauteilen brauchen die sogenannten Neben- und Zwängungsspannungen nicht berücksichtigt zu werden.

Die nach der Eulerschen Formel zu berechnende Sicherheit der auf Druck beanspruchten Glieder muß im ungünstigsten Falle eine vierfache sein ($J_{min} = 1{,}87\ Pl^2$). Als Länge dieser Glieder ist die ganze Systemlänge einzuführen.

Anker dürfen nur mit 800 kg/qcm beansprucht werden.

4. Gußeisen darf in Lagern auf Druck mit 1000 kg, in anderen Bauteilen auf Druck mit 500, auf Biegung mit 250, auf Abscherung mit 200 kg/qcm beansprucht werden.

5. Stahlformguß darf auf Biegung mit 1200 kg/qcm,

6. Schmiedestahl auf Zug, Druck und Biegung bis zu 1400 kg/qcm beansprucht werden.

7. Gußeiserne Säulen sind nach der Eulerschen Formel mit sechs- bis achtfacher Sicherheit auf Knicken zu berechnen ($J_{min} = 6\ Pl^2$ bis $8\ Pl^2$).

b) Holz.

Eichenholz:	Zug	100	bis	120	kg/qcm
	Druck	80	„	100	„
	Biegung	100	„	120	„
	Abscherung parallel zur Faser .	15	„	20	„
	Abscherung rechtwinklig zur Faser	80	„	90	„
Kiefernholz:	Zug	100	bis	120	kg/qcm
(astfrei)	Druck	60	„	80	„
	Biegung	100	„	120	„
	Abscherung parallel zur Faser .	10	„	15	„
	Abscherung rechtwinklig zur Faser	60	„	70	„

Bei Bauten für vorübergehende Zwecke (Ausstellungshallen u. dergl.) dürfen die Zahlen um 50 v. H. erhöht werden.

Stützen müssen nach der Eulerschen Formel mit $E = 100\,000$ kg/qcm eine sechs- bis zehnfache Sicherheit gegen Knicken besitzen ($J_{min} = 60\ Pl^2$ bis $100\ Pl^2$). Die untere Grenze von J gilt aber nur für vorübergehende Bauten.

c) Natürliche Bausteine.

Bestimmte Mittelwerte für die Druckfestigkeit lassen sich bei der großen Verschiedenheit der Gesteine in den einzelnen Brüchen und dort wieder in den einzelnen Schichten und Lagen nicht angeben. Die Grenzwerte ergeben sich aus der auf Seite 250 angefügten Tabelle E.

Für Auflagersteine ist eine . . . . . . 10 bis 15 fache Sicherheit,
für Pfeiler und Gewölbe eine . . . . . 15 „ 20 „ „
für sehr schlanke Pfeiler und Säulen eine 25 „ 30 „ „
anzunehmen.

Wenn keine Festigkeitsnachweise erbracht werden, wird empfohlen, folgende Werte nicht zu überschreiten:

Gesteinsart	Druckspannung in kg/qcm		
	Auflagersteine	Pfeiler und Gewölbe	Sehr schlanke Pfeiler u. Säulen
Granit	60 bis 90	45 bis 60	25 bis 30
Sandstein	30 „ 50	25 „ 30	15 „ 20
Kalkstein und Marmor	30 „ 40	20 „ 30	12 „ 15

d) Mauerwerk.

Unter der Voraussetzung kunstgerechter und sorgfältiger Ausführung, sowie ausreichender Erhärtung des Mörtel sind folgende Druckbeanspruchungen zulässig:

Lfde. Nr.	Bezeichnung des Mauerwerks	Zulässige Druckbeanspruchung in kg/qcm
1	Für gewöhnliches Ziegelmauerwerk in Kalkmörtel mit dem Mischungsverhältnis von 1 Raumteil Kalk und 3 Raumteilen Sand	bis 7
2	Für Mauerwerk aus Hartbrandsteinen in Kalkzementmörtel (1 R.-T. Zement, 2 R.-T. Kalk, 6 bis 8 R.-T. Sand)	12 „ 15
3	Für Mauerwerk aus Klinkern in Zementmörtel (1 R.-T. Zement und 3 R.-T. Sand mit Zusatz von etwas Kalkmilch)	20 „ 30
4	Für Mauerwerk aus porigen Ziegeln	3 „ 6
5	Für Mauerwerk aus Schwemmsteinen von mindestens 20 kg/qcm Druckfestigkeit	„ 3
6	Für Mauerwerk aus Kalksandsteinen in Kalkmörtel (1 R.-T. Kalk und 3 R.-T. Sand)	„ 7
7	Für Mauerwerk aus Kalksandsteinen in Kalkzementmörtel (1 R.-T. Zement, 2 R.-T. Kalk, 6 bis 8 R.-T. Sand)	12 „ 15
8	Für Bruchsteinmauerwerk in Kalkmörtel	„ 5
9	Für Fundamentmauerwerk aus geschüttetem Beton . .	6 „ 8
10	Für Fundamentmauerwerk aus gestampftem Beton . .	10 „ 15

e) Baugrund.

Guter Baugrund darf mit 3 bis 4 kg/qcm beansprucht werden. Die Wahl darüber hinausgehender Beanspruchungen ist besonders zu begründen.

E. Druckfestigkeit der gebräuchlichsten natürlichen Bausteine.

(Nach dem Runderlaß des preußischen Ministers der öffentlichen Arbeiten vom 31. Januar 1910.)

Nr.	Gesteinsart	Druckfestigkeit in kg/qcm	Bemerkungen
	Granite.		
1	sehr feste } polierbare	1000 bis 2000	**Vorbemerkung.** Alle angegebenen Festigkeiten gelten bei Beanspruchung annähernd rechtwinklig zur Lagerfläche.
2	feste } polierbare	800 „ 1200	
3	wenig feste, wenig oder nicht polierbare	450 „ 800	**Zu 1 bis 7:** Höhere Druckfestigkeiten können angenommen werden, wenn sie im Einzelfalle nachgewiesen werden.
4	Syenit	800 „ 2000	
5	Porphyr	500 „ 2000	
6	Basalt	1000 „ 2000	
7	Basaltlava	300 „ 1500	
	Kalksteine.		
8	Marmor	500 bis 1800	**Zu 8:** Bunt geaderter Marmor hat in der Nähe der Spaltrichtung keine in Betracht kommende Festigkeit.
9	dichte	200 „ 1600	
10	porige	200 „ 600	
11	Tonschiefer (Bruchsteine)	600 „ 1700	**Zu 8 bis 17:** Sofern die Steine nicht als völlig zuverlässig bekannt sind, ist reichliche Sicherheit zu wählen.
	Sandsteine		
12	sehr feste	1500 „ 2000	Z. B. Grauwacken, Kohlensandsteine und Keupersandsteine.
13	feste	1000 „ 1500	Z. B. Grauwacken, Kohlensandsteine, Keupersandsteine, Quadersandsteine, Buntsandsteine, Molassesandsteine u. Jurasandsteine.
14	mittelfeste	600 „ 1000	Z. B. Grauwacken, Kohlensandsteine und Keupersandsteine, Quadersandsteine, Buntsandsteine, Molassesandsteine, Jurasandsteine, Hilssandsteine.

Nr.	Gesteinsart	Druckfestigkeit in kg/qcm	Bemerkungen
15	wenig feste . . .	200 bis 600	Z. B. Kohlensandsteine, Keupersandsteine, Quadersandsteine, Buntsandsteine, Molassesandsteine, Jurasandsteine und Hilssandsteine.
	Tuffe		
16	feste	300 „ 1500	Z. B. Kalktuffe.
17	wenig feste . . .	200 „ 300	Porphyrtuffe, Leuzittuffe und Bimssteintuffe sowie Kalktuffe.

Angaben über Bodenbeanspruchungen.

Nicht fest gelagerter feiner Sand	1,5—2,5	kg/qcm
Sehr fester dichter Sand	6,5—7,5	„ „
Trockener, festgelagerter Baugrund von vorwiegend kiesiger Beschaffenheit ohne wesentlichen Tongehalt	2,5—5,0	„ „
Lehmiger Boden mit 30—70% Sand	0,8—1,6	„ „
Fester Ton mit feinem Sand gemengt	4,0—5,0	„ „
Harter Mergel	5,4—8,7	„ „
Fester schiefriger und feiner Schotter	6,5—8,7	„ „
Sandstein, der in der Hand zerbröckelt . . .	1,6—1,9	„ „
Fester Fels	9,0—20,0	„ „

Auflagerdrücke, Momente, Durchbiegung usw., für besondere Belastungsfälle.

Angriffsweise	Auflagerdrücke	Biegungsmoment	Gleichung der elastischen Linie	Durchbiegung	Bemerkung
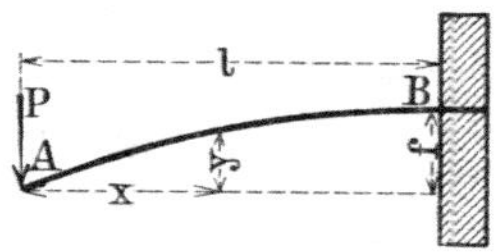	$B = P$	$M_x = Px$ $M_{max} = Pl$	$y = \frac{Pl^3}{2\,EJ}\left[\frac{x}{l} - \frac{1}{3}\frac{x^3}{l^3}\right]$	$f = \frac{Pl^3}{3\,EJ}$	Gefährl. Querschnitt bei B
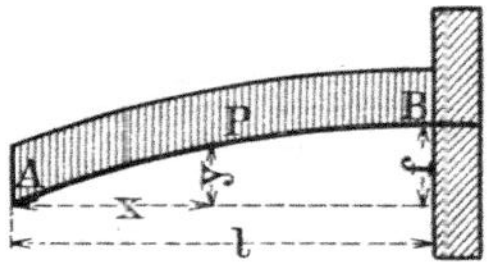	$B = P$	$M_x = \frac{Px^2}{2\,l}$ $M_{max} = \frac{Pl}{2}$	$y = \frac{Pl^3}{6\,EJ}\left[\frac{x}{l} - \frac{1}{4}\frac{x^4}{l^4}\right]$	$f = \frac{Pl^3}{8\,EJ}$	Gefährl. Querschnitt bei B
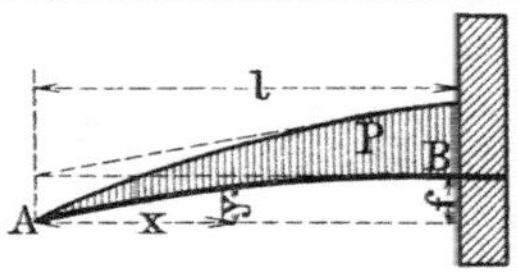	$B = P$	$M_x = \frac{Px^3}{3\,l^2}$ $M_{max} = \frac{Pl}{3}$	$y = \frac{Pl^3}{12EJ}\left[\frac{x}{l} - \frac{1}{5}\frac{x^5}{l^5}\right]$	$f = \frac{Pl^3}{15\,EJ}$	Gefährl. Querschnitt bei B
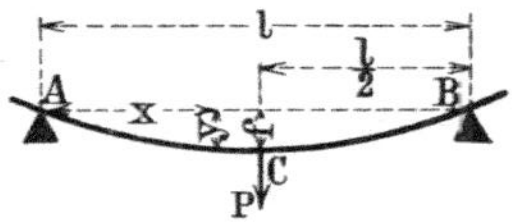	$A = B = \frac{P}{2}$	$M_x = \frac{Px}{2}$ $M_{max} = \frac{Pl}{4}$	$y = \frac{Pl^3}{16EJ}\left[\frac{x}{l} - \frac{4}{3}\frac{x^3}{l^3}\right]$	$f = \frac{Pl^3}{48\,EJ}$	Gefährl. Querschnitt in der Mitte
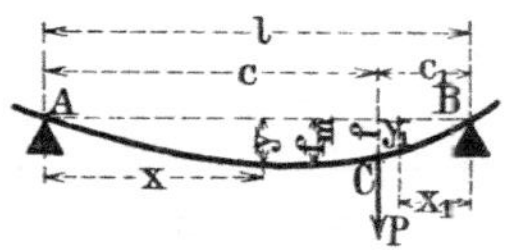	$A = \frac{Pc_1}{l}$ $B = \frac{Pc}{l}$	Für AC: $M_x = \frac{Pc_1\,x}{l}$ Für BC: $M_{x_1} = \frac{Pc\,x_1}{l}$ $M_{max} = \frac{Pc\,c_1}{l}$	$y = \frac{P}{6\,EJ}\frac{c^2 c_1^2}{l}\left[2\frac{x}{c} + \frac{x}{c_1} - \frac{x^3}{c^2 c_1}\right]$ $y_1 = \frac{P}{6\,EJ}\frac{c_1^2 c^2}{l}\left[2\frac{x_1}{c_1} + \frac{x_1}{c} - \frac{x_1^3}{c c_1^2}\right]$	$f = \frac{P}{3\,EJ}\frac{c^2 c_1^2}{l}$ f_{max} bei $x = c\sqrt{\frac{1}{3} + \frac{2}{3}\frac{c_1}{c}}$	Gefährl. Querschnitt bei C

Angriffsweise	Auflagerdrücke	Biegungsmomente	Gleichung der elastischen Linie	Durchbiegung	Bemerkung
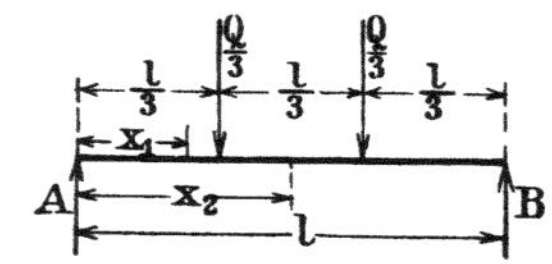	Bei diesen 3 Fällen ist die Gesamtlast pro Feld $Q = b l q$	$M_{\max} = \frac{Q l}{9}$	Von o bis $\frac{l}{3}$ $y_1 = \frac{Q x_1}{54 E J}(2 l^2 - 3 x_1^2)$ Von $\frac{l}{3}$ bis $\frac{2 l}{3}$ $y_2 = \frac{Q l}{486 E J}(-l^3 + 27 l x_2 - 27 x_2^2)$	$f = \frac{23 Q l^3}{1944 E J}$	Gefährl. Querschnitt im mittleren $\frac{l}{3}$
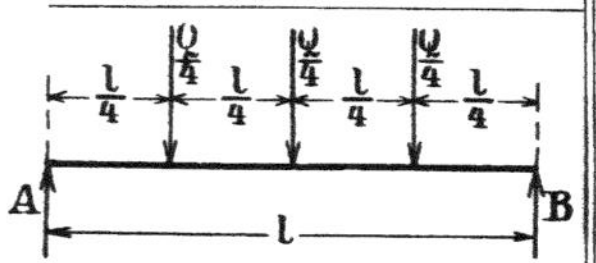		$M_{\max} = \frac{Q l}{8}$	—	$f = \frac{19 Q l^3}{1536 E J}$	Gefährl. Querschnitt in der Mitte
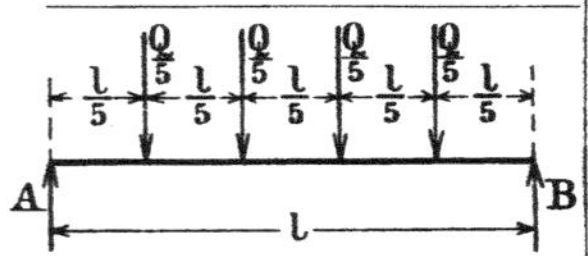		$M_{\max} = \frac{3 Q l}{25}$	—	$f = \frac{63 Q l^3}{5000 E J}$	Gefährl. Querschnitt im mittleren $\frac{l}{5}$
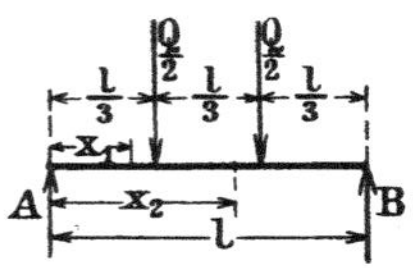	$A = B = \frac{Q}{2}$	$M = \frac{Q l}{6}$	Von o bis $\frac{l}{3}$ $y_1 = \frac{Q x_1}{36 E J}(2 l^2 - 3 x_1^2)$ Von $\frac{l}{3}$ bis $\frac{2 l}{3}$ $y_2 = \frac{Q l}{324 E J}(-l^3 + 27 l x_2 - 27 x_2^2)$	$f = \frac{23 Q l^3}{1296 E J}$	Gefährl. Querschnitt im mittleren $\frac{l}{3}$
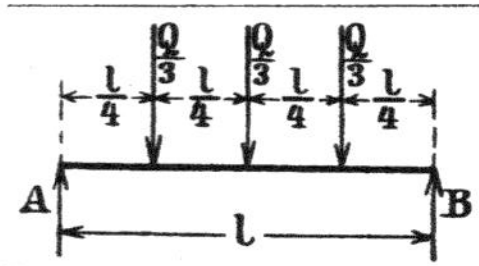	$A = B = \frac{Q}{2}$	$M = \frac{Q l}{6}$	—	$f = \frac{19 Q l^3}{1152 E J}$	Gefährl. Querschnitt in der Mitte
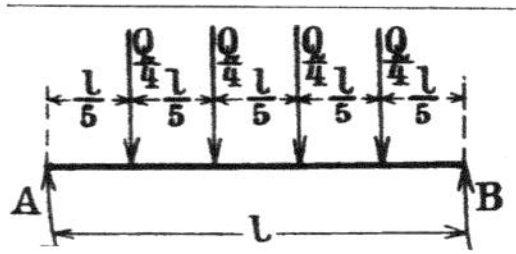	$A = B = \frac{Q}{2}$	$M = \frac{3 Q l}{20}$	—	$f = \frac{63 Q l^3}{4000 E J}$	Gefährl. Querschnitt im mittleren $\frac{l}{5}$

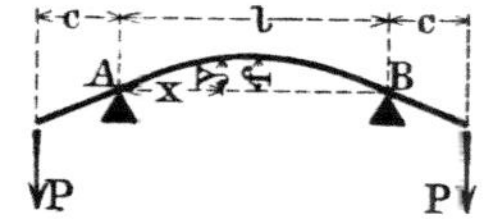	$A = B = P$	Für A und B: $M = Pc$	$y = f - \varrho + \sqrt{\varrho^2 - x^2 + l\left(x - \frac{l}{4}\right)}$ wo $\varrho = \frac{JE}{Pc}$	$f = \frac{Pl^2 c}{8\,EJ}$ $f_2 = \frac{P}{EJ} \cdot \left[\frac{c^3}{3} + \frac{c^2 \cdot l}{2}\right]$ (f_2 = Durchbiegung bei P)	Gefährl. Querschnitt in den Punkten der Strecke AB
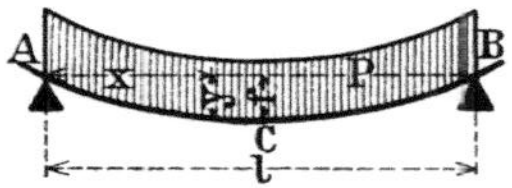	$A = B = \frac{P}{2}$	$M_x = \frac{Px}{2}\left(1 - \frac{x}{l}\right)$ $M_{max} = \frac{Pl}{8}$	$y = \frac{Pl^3}{24\,EJ}\left[\frac{x}{l} - 2\frac{x^3}{l^3} + \frac{x^4}{l^4}\right]$	$f = \frac{5\,Pl^3}{384\,EJ}$	Gefährl. Querschnitt in der Mitte
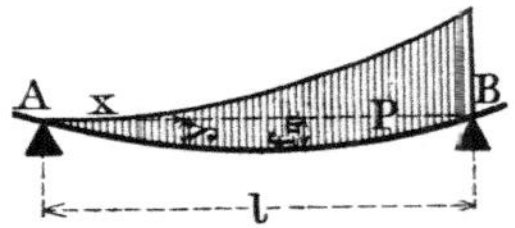	$A = \frac{1}{3}P$ $B = \frac{2}{3}P$	$M_x = \frac{Px}{3}\left(1 - \frac{x^2}{l^2}\right)$ $M_{max} = \frac{2}{9\sqrt{3}}Pl = 0{,}128\,Pl$	$y = \frac{Pl^3}{180\,EJ}\left[7\frac{x}{l} - 10\frac{x^3}{l^3} + 3\frac{x^5}{l^5}\right]$	$f_{max} = 0{,}01304\,\frac{Pl^3}{EJ}$ bei $x = 0{,}5193\,l$	Gefährl. Querschnitt bei $x = {}^1/_3\,l\sqrt{3}$ $= 0{,}5774\,l$
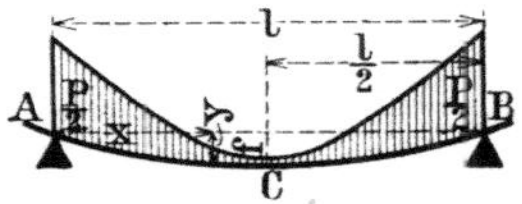	$A = B = \frac{P}{2}$	$M_x = Px\left(\frac{1}{2} - \frac{x}{l} + \frac{2x^2}{3\,l^2}\right)$ $M_{max} = \frac{Pl}{12}$	$y = \frac{P^3}{12\,EJ}\left[\frac{3}{8}\frac{x}{l} - \frac{x^3}{l^3} + \frac{x^4}{l^4} - \frac{2}{5}\frac{x^5}{l^5}\right]$	$f = \frac{3\,Pl^3}{320\,EJ}$	Gefährl. Querschnitt in der Mitte
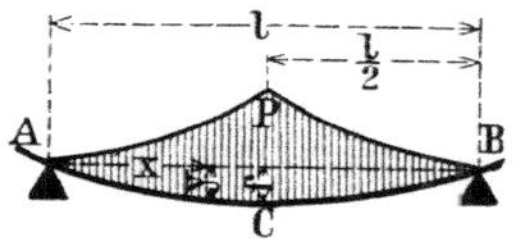	$A = B = \frac{P}{2}$	$M_x = Px\left(\frac{1}{2} - \frac{2}{3}\frac{x^2}{l^2}\right)$ $M_{max} = \frac{Pl}{6}$	$y = \frac{Pl^3}{12\,EJ}\left[\frac{5}{8}\frac{x}{l} - \frac{x^3}{l^3} + \frac{2}{5}\frac{x^5}{l^5}\right]$	$f = \frac{Pl^3}{60\,EJ}$	Gefährl. Querschnitt in der Mitte
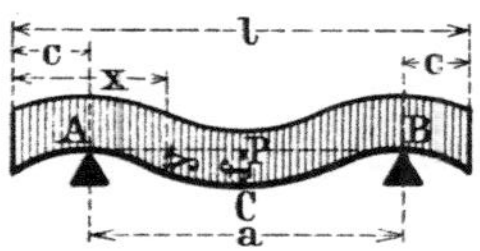	$A = B = \frac{P}{2}$	$M_x = -\frac{Px}{2}\left(\frac{x}{l} - 1 + \frac{c}{x}\right)$ $M_A = M_B = -\frac{Pc^2}{2\,l}$ $M_C = -\frac{Pl}{4}\left(-\frac{1}{2} + \frac{2\,c}{l}\right)$	$y = \frac{Pl^3}{24\,EJ}\left[\frac{x}{l} - 2\frac{x^3}{l^3} + \frac{x^4}{l^4} + 6\frac{cx^2}{l^3} - 6\frac{cx}{l^3} - \frac{c}{l} + 6\frac{c^2}{l^2} - 4\frac{c^3}{l^3} - \frac{c^4}{l^4}\right]$	$f = \frac{Pl^3}{24\,EJ}\left[\frac{5}{16} - \frac{5}{2}\frac{c}{l} + 6\frac{c^2}{l^2} - 4\frac{c^3}{l^3} - \frac{c^4}{l^4}\right]$	Gefährl. Querschnitt bei A B oder C

Belastungsfall	Auflagerdrücke	Momente
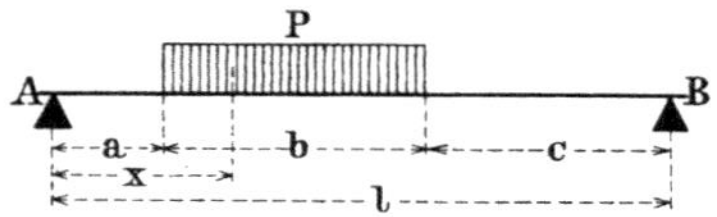	$A = \frac{P(2c+b)}{2l}$ $B = \frac{P(2a+b)}{2l}$ Für $a = c$ ist $A = B = \frac{P}{2}$	$M.x = A.x - \frac{P(x-a)^2}{2b}$ M_{max} für $x = a + \frac{A.b}{P}$ für $a = c$ ist: $M_{max} = M_{Mitte} = \frac{A.l}{2} - P\frac{b}{8}$ $= \frac{P}{4}\left(l - \frac{b}{2}\right)$
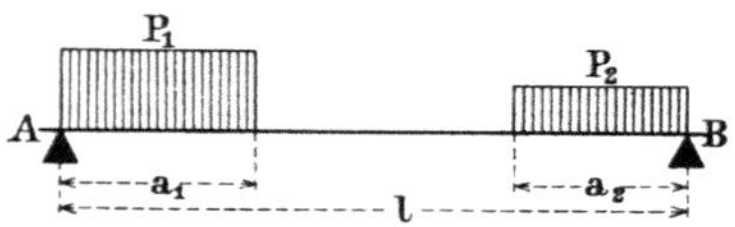	$A = \frac{P_1(2l - a_1) + P_2 a_2}{2l}$ $B = \frac{P_2(2l - a_2) + P_1 a_1}{2l}$	für $A < P_1$ $M = \frac{A^2 . a_1}{2P_1}$ für $B < P_2$ $M = \frac{B^2 . a_2}{2P_2}$
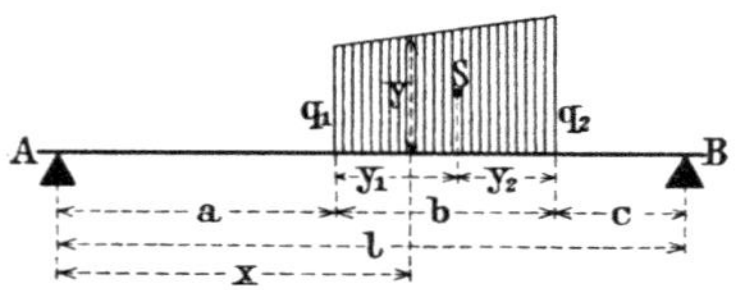	Schwerpunktsabstände $y_1 = \frac{b}{3} \cdot \frac{q_1 + 2q_2}{q_1 + q_2}$ $y_2 = \frac{b}{3} \cdot \frac{2q_1 + q_2}{q_1 + q_2}$ $A = \frac{q_1 + q_2}{2} \cdot b \cdot \frac{c + y_2}{l}$ $B = \frac{q_1 + q_2}{2} \cdot b \cdot \frac{a + y_1}{l}$	Mit $y = q_1 + \frac{(x-a)(q_2 - q_1)}{b}$ wird für $x > a$ $M.x = A.x - \frac{(x-a)^2(2q_1 + y)}{6}$

Angriffsweise	Auflagerdrücke	Biegungsmoment	Gleichung der elastischen Linie	Durchbiegung	Bemerkung
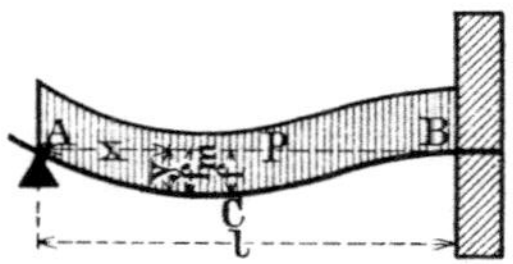	$A=\frac{3}{8}P$ $B=\frac{5}{8}P$	$M_x=\frac{Px}{2}\left(\frac{3}{4}-\frac{x}{l}\right)$ $M_{max}=M_B=-\frac{Pl}{8}$ $M_C=\frac{9}{128}Pl$ } Größtes positives Moment	$y=\frac{Pl^3}{48EJ}\left[\frac{x}{l}-3\frac{x^3}{l^3}+2\frac{x^4}{l^4}\right]$	$f=\frac{Pl^3}{192\,EJ}$ f_{max} bei $x=\frac{l}{16}\cdot(1+\sqrt{33})$	Gefährl. Querschnitt bei B
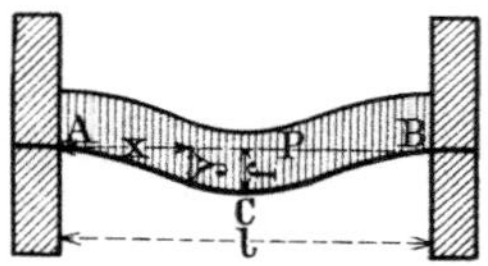	$A=B=\frac{P}{2}$	$M_x=-\frac{Pl}{2}\left(\frac{1}{6}-\frac{x}{l}+\frac{x^2}{l^2}\right)$ $M_A=M_B=-\frac{Pl}{12}$ $M_C=+\frac{Pl}{24}$	$y=\frac{Pl^3}{24EJ}\left[\frac{x^2}{l^2}-2\frac{x^3}{l^3}+\frac{x^4}{l^4}\right]$	$f=\frac{Pl^3}{384\,EJ}$	Gefährl. Querschnitt bei A und B
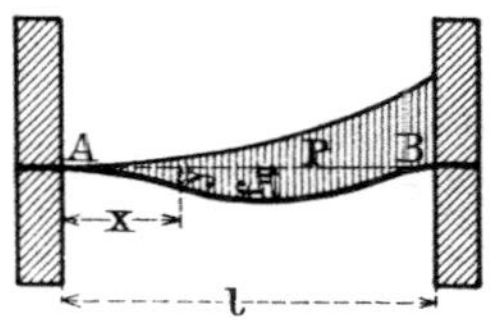	$A=\frac{P}{3}$ $B=\frac{2}{3}P$	$M_x=-\frac{Pl}{30}\left[10\frac{x^3}{l^3}-9\frac{x}{l}+2\right]$ $M_A=\frac{1}{15}Pl$ $M_B=\frac{1}{10}Pl$	$y=\frac{Pl^3}{60EJ}\left[2\frac{x^2}{l^2}-3\frac{x^3}{l^3}+\frac{x^5}{l^5}\right]$	$f_{max}=\frac{Pl^3}{384\,EJ}$ für $x=0{,}525\,l$	Gefährl. Querschnitt für $x=l\sqrt{\frac{3}{10}}$ $=0{,}548\,l$
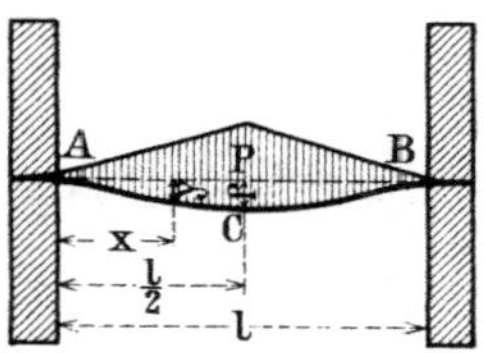	$A=B=\frac{P}{2}$	$M_x=-Pl\left(\frac{5}{48}-\frac{x}{2l}+\frac{2x^3}{3l^3}\right)$ $M_A=M_B=-\frac{5}{48}Pl$ $M_C=+\frac{Pl}{16}$	$y=\frac{Pl^3}{6EJ}\left[\frac{5x^2}{16l^2}-\frac{x^3}{2l^3}+\frac{x^5}{5l^5}\right]$	$f=\frac{7Pl^3}{1920EJ}$	Gefährl. Querschnitt bei A und B

Angriffsweise	Auflagerdrücke	Biegungsmoment	Gleichung der elastischen Linie	Durchbiegung	Bemerkung
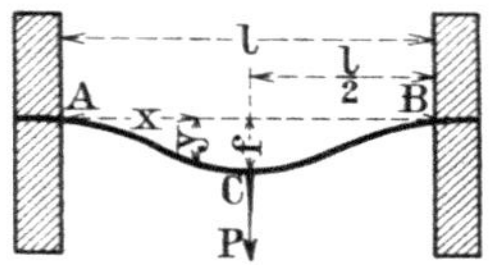	$A = B = \frac{P}{2}$	$M_x = \frac{Pl}{2}\left(\frac{x}{l} - \frac{1}{4}\right)$ $M_A = M_B = -\frac{Pl}{8}$ $M_C = +\frac{Pl}{8}$	$y = \frac{Pl^3}{16EJ}\left[\frac{x^2}{l^2} - \frac{4}{3}\frac{x^3}{l^3}\right]$	$f = \frac{Pl^3}{192\,EJ}$	Gefährl. Querschnitt bei A B und C
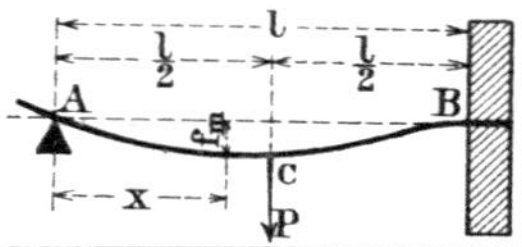	$A = \frac{5P}{16}$ $B = \frac{11P}{16}$	$M_c = +\frac{5Pl}{32}$ $M_{max} = M_B = -\frac{3Pl}{16}$	$y = \frac{Pl^3}{32\,EJ}\left(\frac{x}{l} - \frac{5x^3}{3l^3}\right)$	$f_{max} = \sqrt{\tfrac{1}{5}}\,\frac{Pl^3}{48\,EJ}$ für $x = l\sqrt{\tfrac{1}{5}}$	Gefährl. Querschnitt bei B
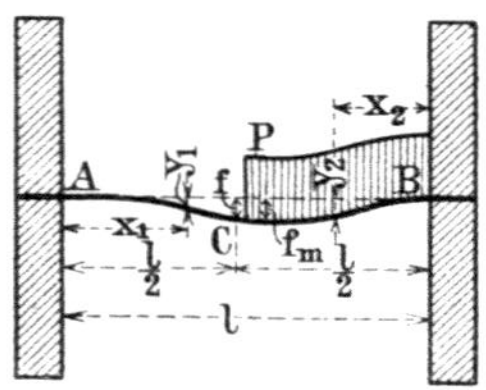	$A = \frac{P}{4}$ $B = \frac{3}{4}P$	von A bis C: $M_{x_1} = \frac{3}{16}Px_1 - \frac{5}{96}Pl$ von B bis C: $M_{x_2} = \frac{11}{16}Px_2 - \frac{Px^2}{l} + \frac{11}{96}Pl$ $M_A = \frac{5}{96}Pl$ $M_B = \frac{11}{96}Pl$	von A bis C: $y_1 = \frac{Pl^3}{32EJ}\left[\frac{5x_1^2}{6l^2} - \frac{x_1^3}{l^3}\right]$ von B bis C: $y_2 = \frac{Pl^3}{192EJ}\left[11\frac{x_2^2}{l^2} - 26\frac{x_2^3}{l^3} + 16\frac{x_2^4}{l^4}\right]$	$f_{max} = \frac{Pl^3}{333\,EJ}$ bei $x_2 = 0{,}445\,l$ $f_{Mitte} = \frac{Pl^3}{384\,EJ}$	Gefährl. Querschnitt bei $x_2 = \frac{13}{32}l = 0{,}407\,l$

Einfach armierter Träger.

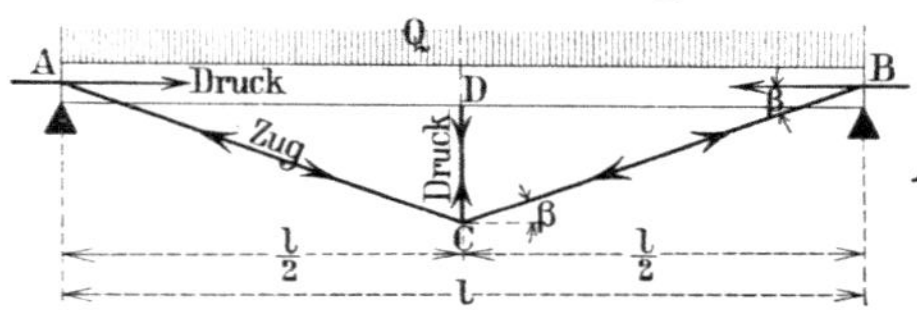

$A' = B' = \frac{3Q}{16}$

$C \div D = -\frac{5Q}{8}$

$A \div C = C \div B = +\frac{5Q}{16\,sin\beta}$

$A \div B = \frac{5Q}{16\,tg\,\beta}$

Obergurt $A \div B$ ist auf Druck und Biegung zu berechnen:

$\sigma_{vorh.} = \frac{5Q}{16\,F\,tg\,\beta} + \frac{Ql}{32\,W}$ { F = Querschnitt des Gurtes in qcm, W = Widerstandsmoment des Gurtquerschnittes in cm³.

Doppelt armierter Träger.

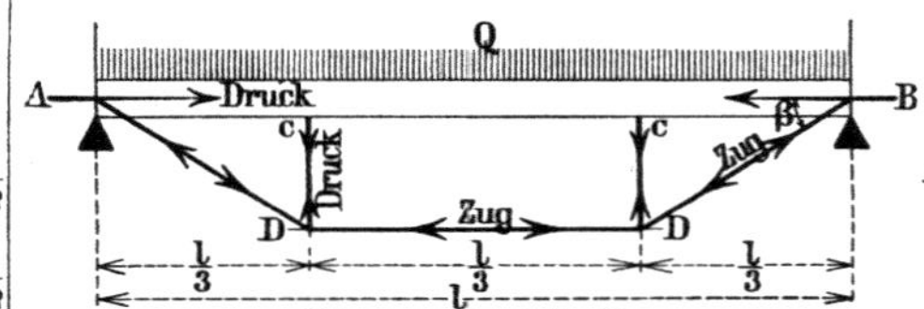

$A' = B' = \frac{4Q}{30}$

$C \div D = -\frac{11Q}{30}$

$A \div D = B \div D = \frac{11Q}{30\,sin\beta}$

$A \div B = -\frac{11Q}{30\,tg\,\beta}$

$D \div D = +\frac{11Q}{30\,tg\,\beta}$

Obergurt $A \div B$ ist auf Druck und Biegung zu rechnen:

$\sigma_{vorh.} = \frac{11Q}{30\,F\,tg\beta} + \frac{Ql}{90\,W}$ { F = Querschnitt des Gurtes in qcm, W = Widerstandsmoment des Gurtquerschnittes in cm³.

Unter A′ und B′ sind die Auflagerkräfte der Träger auf 3 bzw. 4 Stützen zu verstehen. Gesamtauflagerdruck A = B = Q.

I-Eisen, Normalprofile.

Normallängen = 4 bis einschließlich 12 m.
Lagerlängen mit Abstufungen von 200 mm zwischen 4 bis 9 m und von 250 mm zwischen 9 bis 12 m Länge.
t in der Entfernung b/4 von der Außenkante gemessen.
a = Abstand der Mittellinien zweier I, für den die beiden Hauptträgheitsmomente gleich groß werden = $2 J_x$.
S_x = Statisches Moment des halben Querschnittes für die Biegungsachse x — x.
s = Abstand der Zug- und Druck-Mittelpunkte.
i_x und i_y = Trägheitshalbmesser für die Hauptachsen x — x und y — y.
l_0 = Grenz-Knicklänge (nach Tetmajer) = $105 \cdot i_y$ (für 1 I NP.).

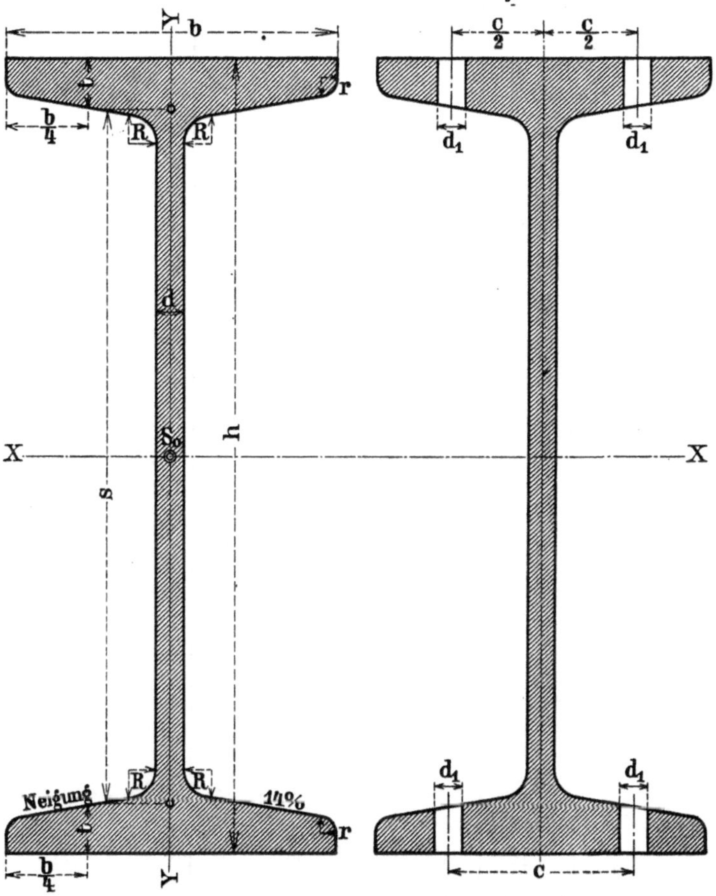

Bis h = 250 mm ist b = 0,4 h + 10 mm; d = 0,03 h + 1,5 mm;
Für h > 250 mm ist b = 0,3 h + 35 mm; d = 0,036 h (mit Ausnahme von Profil 55);
R = d (mit Ausnahme von Profil 55); r = 0,6 d.

F_{netto} = Profilquerschnitt unter Abzug von vier Nietlöchern in den Flanschen.

Profil Nr.	Abmessungen				Querschnitt	Gewicht	Wurzelmaß	Niet durchm.	Querschnitt	Trägheitshalbmesser		Grenzknicklänge
	h	b	d	t	F	G	c	d_1	F_{netto}	i_x	i_y	l_o
	mm	mm	mm	mm	qcm	kg/m	mm	mm	qcm	cm	cm	cm
8	80	42	3,9	5,9	7,58	**5,95**	22	8	5,7	3,20	0,91	95
9	90	46	4,2	6,3	9,00	**7,07**	24	8	7,0	3,61	1,00	105
10	100	50	4,5	6,8	10,6	**8,32**	26	8	8,5	4,01	1,07	115
11	110	54	4,8	7,2	12,3	**9,66**	28	8	10,0	4,41	1,15	121
12	120	58	5,1	7,7	14,2	**11,15**	30	10	11,1	4,81	1,23	129
13	130	62	5,4	8,1	16,1	**12,64**	34	10	12,9	5,20	1,31	137
14	140	66	5,7	8,6	18,3	**14,37**	36	10	14,9	5,61	1,40	146
15	150	70	6,0	9,0	20,4	**16,01**	38	13	15,8	6,00	1,47	158
16	160	74	6,3	9,5	22,8	**17,90**	40	13	18,0	6,40	1,55	163
17	170	78	6,6	9,9	25,2	**19,78**	42	13	20,3	6,80	1,63	171
18	180	82	6,9	10,4	27,9	**21,90**	44	13	22,6	7,20	1,71	180
19	190	86	7,2	10,8	30,6	**24,02**	48	13	25,1	7,60	1,80	188
20	200	90	7,5	11,3	33,5	**26,30**	50	16	26,5	8,00	1,87	200
21	210	94	7,8	11,7	36,4	**28,57**	52	16	29,1	8,40	1,95	205
22	220	98	8,1	12,2	39,6	**31,09**	54	16	32,0	8,80	2,02	212
23	230	102	8,4	12,6	42,7	**33,52**	56	16	34,8	9,21	2,10	220
24	240	106	8,7	13,1	46,1	**36,19**	58	16	37,9	9,59	2,20	230
25	250	110	9,0	13,6	49,7	**39,01**	58	20	38,9	10,00	2,27	238
26	260	113	9,4	14,1	53,4	**41,92**	60	20	42,2	10,38	2,32	244
27	270	116	9,7	14,7	57,2	**44,90**	62	20	45,7	10,77	2,40	251
28	280	119	10,1	15,2	61,1	**47,96**	64	20	49,2	11,14	2,45	256
29	290	122	10,4	15,7	64,9	**50,95**	66	20	52,6	11,55	2,50	263
30	300	125	10,8	16,2	69,1	**54,24**	68	20	56,5	11,91	2,56	273
32	320	131	11,5	17,3	77,8	**61,07**	70	20	64,2	12,70	2,67	284
34	340	137	12,2	18,3	86,8	**68,14**	74	20	72,5	13,45	2,80	294
36	360	143	13,0	19,5	97,1	**76,22**	78	23	79,6	14,21	2,90	304
38	380	149	13,7	20,5	107	**84,00**	80	23	88,5	15,00	3,02	317
40	400	155	14,4	21,6	118	**92,63**	84	23	98,6	15,73	3,13	329
42½	425	163	15,3	23,0	132	**103,62**	88	26	108,6	16,73	3,30	347
45	450	170	16,2	24,3	147	**115,40**	92	26	122,3	17,65	3,43	360
47½	475	178	17,1	25,6	163	**127,96**	98	26	137,0	18,60	3,60	378
50	500	185	18,0	27,0	180	**141,30**	100	26	152,5	19,60	3,72	391
55	550	200	19,0	30,0	213	**167,21**	110	26	182,5	21,42	4,02	422
60	600	215	21,6	32,4	254	**199,40**	120	26	221,2	23,40	4,30	452

Momente für die XX-Biegungsachse			Zug- u. Druck-Mittelpunkt Abstand	Momente für die YY-Biegungsachse		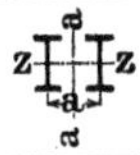	Zusammengesetztes Profil $W_a < W_z$; $W_z = 2 \cdot W_x$ Trägheitshalbmesser $i_a = i_x$			
J_x cm⁴	W_x cm³	S_x cm³	s cm	J_y cm⁴	W_y cm³	a cm	$J_a = J_z = 2\,J_x$ cm⁴	Grenz-Knicklänge l cm	W_a cm³	Profil Nr.
77,8	**19,5**	11,4	6,84	6,29	3,00	6,2	155,6	336	30,3	8
117	**26,0**	15,2	7,71	8,78	3,82	7,0	234	378	40,3	9
171	**34,2**	19,9	8,57	12,2	4,88	7,8	342	420	53,3	10
239	**43,5**	25,3	9,43	16,2	6,00	8,5	478	462	68,8	11
328	**54,7**	31,8	10,3	21,5	7,41	9,4	656	504	86,3	12
436	**67,1**	39,1	11,2	27,5	8,87	10,0	872	546	107,7	13
573	**81,9**	47,7	12,0	35,2	10,7	10,8	1146	588	131,7	14
735	**98,0**	57,1	12,9	43,9	12,5	11,6	1470	630	158	15
935	**117**	68,0	13,7	54,7	14,8	12,4	1870	672	189	16
1166	**137**	79,8	14,6	66,6	17,1	13,2	2332	714	222	17
1446	**161**	93,4	15,5	81,3	19,8	14,0	2892	756	261	18
1763	**186**	108	16,3	97,4	22,7	14,8	3526	798	301	19
2142	**214**	125	17,2	117	26,0	15,6	4284	840	348	20
2563	**244**	142	18,1	138	29,4	16,4	5126	882	397	21
3060	**278**	162	18,9	162	33,1	17,0	6120	924	460	22
3607	**314**	182	19,8	189	37,1	18,0	7214	966	512	23
4246	**354**	206	20,6	221	41,7	18,8	8492	1008	578	24
4966	**397**	231	21,5	256	46,5	19,5	9932	1050	651	25
5744	**442**	257	22,3	288	51,0	20,2	11488	1092	729	26
6626	**491**	306	21,7	326	56,2	21,0	13252	1134	813	27
7587	**542**	316	24,0	364	61,2	21,8	15174	1165	900	28
8636	**596**	347	24,9	406	66,6	22,5	17272	1218	995	29
9800	**653**	381	25,7	451	72,2	23,4	19600	1250	1092	30
12510	**782**	457	27,4	555	84,7	24,8	25020	1333	1320	32
15695	**923**	540	29,1	674	98,4	26,4	31390	1417	1566	34
19605	**1089**	638	30,7	818	114	27,8	39210	1491	1863	36
24012	**1264**	741	32,4	975	131	29,5	48024	1575	2163	38
29213	**1461**	857	34,1	1158	149	30,8	58426	1648	2524	40
36973	**1740**	1022	36,2	1437	176	32,8	73946	1753	3012	42½
45852	**2037**	1198	38,3	1725	203	34,8	91704	1858	3541	45
56481	**2378**	1400	40,4	2088	235	36,5	112962	1953	4161	47½
68738	**2750**	1620	42,4	2478	268	38,5	137476	2058	4824	50
99184	**3607**	2120	46,8	3488	349	42,5	198368	2247	6348	55
138957	**4632**	2732	50,9	4668	434	46,0	277914	2457	8333	60

I-Eisen, breitflanschige Spezialprofile und Greyträger.

Diese Spezialprofile werden nach dem System Grey (Differdingen), einzelne niedere Profile auch nach anderem Verfahren gewalzt.

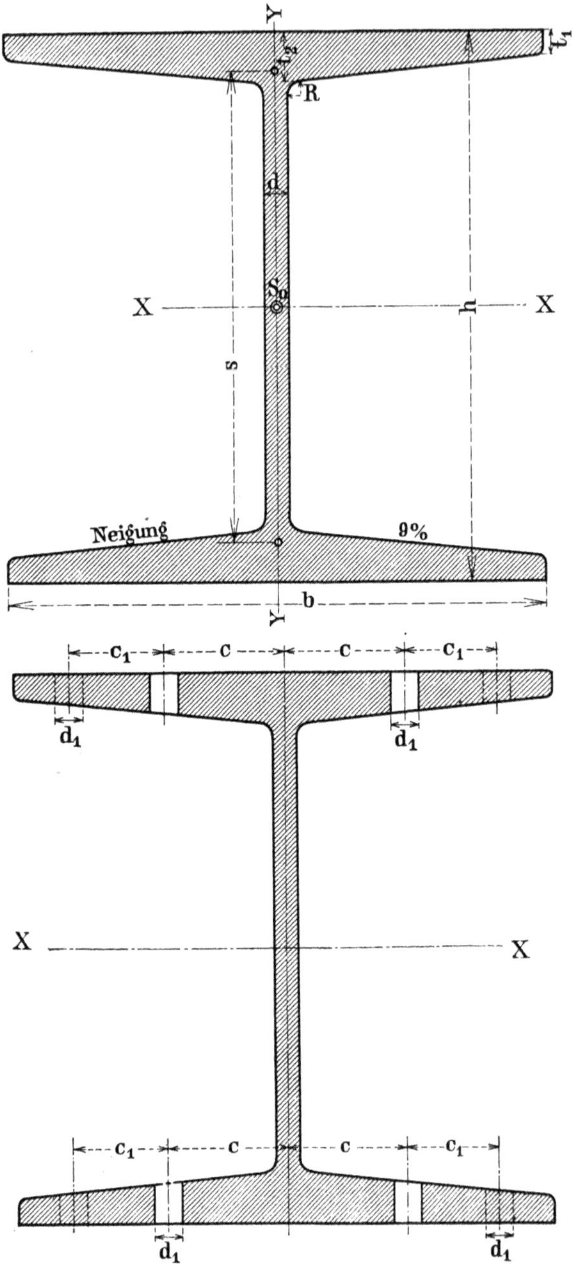

Normallängen = 4 bis einschließlich 12 m.

Lagerlängen mit Abstufungen von 500 mm zwischen 4—15 m.

S_x = Statisches Moment des halben Querschnittes für die Biegungsachse X-X.

s = Abstand der Zug- und Druck-Mittelpunkte.

i_x und i_y = Trägheitshalbmesser für die Hauptachsen x — x u. y — y.

l_0 = Grenzknicklänge (nach Tetmajer) = $105 \cdot i_y$.

R = d.

Bis inkl. Profil 30 B ist b = h. Von 32 ÷ 100 B ist b konstant = 300 mm.

F_{netto} = Profilquerschnitt unter Abzug von vier Nietlöchern in den Flanschen.

Profil	Abmessungen					Querschnitt	Gewicht	Wurzel-Masse		Niet Durchmesser	Querschnitt	Trägheitshalbmesser		Grenz-Knicklänge	Momente für die Biegungsachse X–X			Abstand der Druckmittelpunkte	Momente für die Biegungsachse Y–Y		Profil
Nr.	h	b	t_1	t_2	d	F	G	c	c_1	d_1	F_{netto}	i_x	i_y	l_o	Jx	Wx	Sx	s	Jy	Wy	Nr.
	mm	mm	mm	mm	mm	qcm	kg/m	mm	mm	mm	qcm	cm	cm	cm	cm^4	cm^3	cm^3	cm	cm^4	cm^3	
18 B	180	180	9,0	16,72	8,5	59,9	**47,0**	50	—		48,3	7,66	4,23	444	3 512	**390**	220	16,0	1 073	119	18 B
20 B	200	200	9,5	18,12	8,5	70,4	**55,3**	55	—		58,0	8,57	4,72	496	5 171	**517**	290	17,8	1 568	157	20 B
22 B	220	220	10,0	19,5	9,0	82,6	**64,8**	60	—	23	69,3	9,45	5,18	544	7 379	**671**	376	19,6	2 216	201	22 B
24 B	240	240	10,5	20,85	10,0	96,8	**76,0**	50	30		81,4	10,30	5,61	589	10 260	**855**	479	21,4	3 043	254	24 B
25 B	250	250	10,9	21,7	10,5	105,1	**82,5**	50	35		88,8	10,71	5,83	612	12 066	**965**	540	22,3	3 575	286	25 B
26 B	260	260	11,7	22,9	11,0	115,6	**90,7**	50	40		95,9	11,14	6,07	637	14 352	**1 104**	619	23,2	4 261	328	26 B
27 B	270	270	11,95	23,6	11,25	123,2	**96,7**	50	45		102,7	11,58	6,32	664	16 529	**1 224**	686	24,1	4 920	365	27 B
28 B	280	280	12,35	24,4	11,5	131,8	**103,4**	55	45	26	111,0	12,02	6,56	689	19 052	**1 361**	762	25,0	5 671	405	28 B
29 B	290	290	12,7	25,2	12,0	141,1	**110,8**	60	45		120,0	12,45	6,74	708	21 866	**1 508**	844	25,9	6 417	443	29 B
30 B	300	300	13,25	26,25	12,5	152,1	**119,4**	60	50		129,8	12,88	7,02	737	25 201	**1 680**	941	26,8	7 494	500	30 B
32 B	320	300	14,1	27,0	13,0	160,7	**126,2**				137,6	13,69	7,00	735	30 119	**1 882**	1 055	28,5	7 867	524	32 B
34 B	340	300	14,6	27,5	13,4	167,4	**131,4**				143,8	14,51	6,95	730	35 241	**2 073**	1 162	30,3	8 097	540	34 B
36 B	360	300	16,15	29,0	14,2	181,5	**142,5**	60	50	26	156,3	15,30	6,96	731	42 479	**2 360**	1 327	32,0	8 793	586	36 B
38 B	380	300	17,0	29,8	14,8	191,2	**150,1**				165,1	16,09	6,93	728	49 496	**2 605**	1 468	33,7	9 175	612	38 B
40 B	400	300	18,2	31,0	15,5	203,6	**159,8**				176,3	16,85	6,91	726	57 834	**2 892**	1 636	35,4	9 721	648	40 B
42½ B	425	300	19,0	31,75	16,0	213,9	**167,9**				185,7	17,86	6,85	719	68 249	**3 212**	1 815	37,6	10 078	672	42½ B
45 B	450	300	20,3	33,0	17,0	229,3	**180,0**				199,8	18,78	6,82	716	80 887	**3 595**	2 044	39,6	10 668	711	45 B
47½ B	475	300	21,35	34,0	17,6	242,0	**190,0**	60	50	26	211,4	19,79	6,79	713	94 811	**3 992**	2 264	41,9	11 142	743	47½ B
50 B	500	300	22,6	35,2	19,4	261,8	**205,5**				229,9	20,62	6,69	702	111 283	**4 451**	2 542	43,8	11 718	781	50 B
55 B	550	300	24,5	37,0	20,6	288,0	**226,1**				254,2	22,51	6,61	694	145 957	**5 308**	3 060	47,7	12 582	839	55 B
60 B	600	300	24,7	37,2	20,8	300,6	**236,0**				267,0	24,42	6,49	681	179 303	**5 977**	3 432	52,2	12 672	845	60 B
65 B	650	300	25,0	37,5	21,1	314,5	**246,9**	65	45	26	280,6	26,29	6,38	670	217 402	**6 690**	3 844	56,6	12 814	854	65 B
70 B	700	300	25,0	37,5	21,1	325,2	**255,3**				291,3	28,17	6,28	659	258 106	**7 374**	4 254	60,7	12 818	854	70 B
75 B	750	300	25,0	37,5	21,1	335,7	**263,4**				301,8	30,02	6,18	649	302 560	**8 068**	4 664	64,9	12 823	855	75 B
80 B	800	300	26,0	38,5	21,5	354,9	**278,6**				320,4	31,9	6,1	641	360 486	**9 012**	5 223	69,0	13 269	885	80 B
85 B	850	300	26,0	38,5	21,5	365,6	**287,0**				331,1	33,7	6,0	630	414 887	**9 762**	5 673	73,1	13 274	885	85 B
90 B	900	300	26,0	38,5	21,5	376,4	**295,5**	70	40	26	341,9	35,5	5,9	620	473 964	**10 533**	6 137	77,2	13 279	885	90 B
95 B	950	300	27,0	39,5	21,9	396,2	**311,0**				360,6	37,3	5,9	620	550 974	**11 600**	6 779	81,3	13 727	915	95 B
100 B	1000	300	27,0	39,5	21,9	407,2	**319,7**				371,7	39,1	5,8	609	621 287	**12 425**	7 281	85,3	13 732	915	100 B

Maximale Stützweiten von I NP. bei 1200 kg/qcm Beanspruchung, 450 kg/qm Gesamtlast und gegebener Trägerentfernung.

I NP.	Trägerentfernung 1,00	1,05	1,10	1,15	1,20	1,25	1,30	1,35	1,40	1,45	1,50	1,55	1,60	1,65	1,70	1,75	1,80	1,85	1,90	1,95	2,00	2,10	2,20	2,30	2,40	2,50	I NP.
12	3,41	3,33	3,25	3,18	3,11	3,05	2,99	2,94	2,88	2,83	2,78	2,74	2,70	2,65	2,61	2,58	2,54	2,51	2,47	2,44	2,41	2,35	2,30				12
13	3,78	3,69	3,60	3,53	3,45	3,38	3,31	3,25	3,19	3,14	3,09	3,04	2,99	2,94	2,90	2,86	2,82	2,78	2,74	2,71	2,67	2,61	2,55	2,49	2,44		13
14	4,17	4,07	3,97	3,89	3,81	3,73	3,66	3,60	3,53	3,47	3,41	3,35	3,30	3,25	3,20	3,16	3,11	3,07	3,03	2,99	2,95	2,88	2,81	2,75	2,69	2,64	14
15	4,56	4,46	4,34	4,26	4,17	4,08	4,01	3,93	3,86	3,79	3,73	3,67	3,61	3,55	3,50	3,45	3,40	3,36	3,31	3,27	3,23	3,15	3,08	3,01	2,95	2,89	15
16	4,99	4,87	4,75	4,65	4,56	4,46	4,38	4,30	4,21	4,14	4,07	4,01	3,94	3,88	3,83	3,77	3,72	3,67	3,62	3,57	3,53	3,44	3,36	3,29	3,22	3,16	16
17	5,40	5,27	5,14	5,04	4,93	4,83	4,73	4,65	4,56	4,48	4,41	4,33	4,26	4,20	4,14	4,08	4,02	3,97	3,92	3,87	3,82	3,72	3,64	3,56	3,48	3,42	17
18	5,85	5,71	5,57	5,46	5,34	5,23	5,13	5,04	4,94	4,86	4,78	4,70	4,63	4,56	4,49	4,42	4,36	4,30	4,24	4,19	4,14	4,04	3,95	3,86	3,78	3,70	18
19	6,29	6,14	5,99	5,86	5,75	5,63	5,52	5,41	5,31	5,22	5,14	5,05	4,97	4,90	4,82	4,76	4,69	4,62	4,56	4,51	4,45	4,34	4,24	4,15	4,06	3,98	19
20	6,75	6,58	6,42	6,30	6,16	6,03	5,91	5,81	5,70	5,61	5,51	5,42	5,33	5,26	5,18	5,10	5,03	4,96	4,90	4,83	4,77	4,66	4,55	4,45	4,35	4,27	20
21	7,20	7,03	6,85	6,72	6,58	6,44	6,32	6,20	6,09	5,99	5,88	5,79	5,70	5,61	5,52	5,45	5,37	5,30	5,23	5,16	5,09	4,97	4,86	4,75	4,65	4,56	21
22	7,69	7,51	7,32	7,17	7,02	6,88	6,78	6,62	6,50	6,39	6,28	6,18	6,08	5,99	5,90	5,81	5,73	5,65	5,58	5,51	5,44	5,31	5,19	5,07	4,96	4,86	22
23	8,17	7,98	7,78	7,62	7,46	7,31	7,17	7,03	6,91	6,79	6,67	6,56	6,46	6,36	6,27	6,18	6,10	6,01	5,93	5,85	5,78	5,64	5,51	5,39	5,28	5,17	23
24		8,47	8,26	8,09	7,92	7,76	7,61	7,47	7,33	7,21	7,09	6,98	6,86	6,72	6,61	6,56	6,47	6,38	6,30	6,22	6,14	5,99	5,85	5,72	5,60	5,49	24
25					8,68	8,22	8,06	7,88	7,77	7,63	7,51	7,38	7,26	7,16	7,05	6,95	6,85	6,76	6,67	6,59	6,50	6,35	6,20	6,06	5,93	5,81	25
26								8,35	8,20	8,06	7,92	7,79	7,67	7,55	7,44	7,33	7,23	7,13	7,03	6,95	6,86	6,70	6,54	6,39	6,26	6,14	26
27											8,35	8,21	8,08	7,96	7,84	7,73	7,62	7,51	7,41	7,32	7,24	7,05	6,89	6,74	6,60	6,47	27
28														8,36	8,24	8,12	8,01	7,90	7,79	7,70	7,59	7,41	7,24	7,08	6,93	6,80	28
29																		8,28	8,17	8,07	7,97	7,77	7,59	7,43	7,26	7,12	29
30																					8,21	8,14	7,95	7,77	7,61	7,46	30
32																							8,70	8,51	8,33	8,16	32

Maximale Stützweiten von I NP. bei 1200 kg/qcm Beanspruchung, 470 kg/qm Gesamtlast und gegebener Trägerentfernung.

I NP.	Trägerentfernung 1,00	1,05	1,10	1,15	1,20	1,25	1,30	1,35	1,40	1,45	1,50	1,55	1,60	1,65	1,70	1,75	1,80	1,85	1,90	1,95	2,00	2,10	2,20	2,30	2,40	2,50	I NP.
12	3,34	3,26	3,18	3,11	3,05	2,99	2,93	2,87	2,82	2,77	2,73	2,68	2,64	2,60	2,56	2,52	2,49	2,45	2,42	2,39	2,36	2,30	2,25				12
13	3,70	3,61	3,53	3,45	3,37	3,31	3,24	3,16	3,12	3,07	3,02	2,97	2,92	2,88	2,83	2,80	2,76	2,72	2,68	2,65	2,61	2,55	2,49	2,44			13
14	4,08	3,99	3,89	3,81	3,73	3,65	3,58	3,51	3,45	3,39	3,34	3,28	3,23	3,18	3,13	3,09	3,04	3,00	2,96	2,92	2,89	2,82	2,75	2,69	2,63	2,58	14
15	4,47	4,36	4,26	4,17	4,08	4,00	3,92	3,84	3,78	3,71	3,65	3,59	3,53	3,48	3,43	3,38	3,33	3,29	3,24	3,20	3,16	3,08	3,01	2,95	2,89	2,82	15
16	4,89	4,76	4,66	4,56	4,46	4,37	4,28	4,19	4,13	4,06	3,99	3,92	3,86	3,80	3,74	3,69	3,65	3,59	3,54	3,50	3,45	3,37	3,29	3,22	3,15	3,09	16
17	5,28	5,16	5,04	4,93	4,82	4,73	4,63	4,54	4,46	4,39	4,31	4,24	4,18	4,11	4,05	4,00	3,94	3,88	3,83	3,78	3,74	3,65	3,56	3,48	3,41	3,34	17
18	5,73	5,59	5,46	5,34	5,23	5,12	5,02	4,92	4,84	4,76	4,68	4,60	4,53	4,46	4,39	4,33	4,27	4,21	4,16	4,10	4,05	3,95	3,86	3,78	3,70	3,62	18
19	6,16	6,01	5,87	5,74	5,63	5,51	5,40	5,29	5,21	5,11	5,03	4,94	4,86	4,79	4,73	4,66	4,59	4,52	4,47	4,41	4,35	4,25	4,15	4,06	3,97	3,89	19
20	6,61	6,44	6,30	6,16	6,03	5,91	5,79	5,67	5,58	5,48	5,39	5,31	5,22	5,14	5,06	4,99	4,92	4,86	4,79	4,73	4,67	4,56	4,45	4,36	4,26	4,18	20
21	7,06	6,88	6,72	6,57	6,44	6,31	6,18	6,06	5,96	5,86	5,76	5,66	5,58	5,48	5,41	5,33	5,26	5,18	5,12	5,05	4,99	4,87	4,76	4,65	4,55	4,46	21
22	7,53	7,35	7,18	7,02	6,88	6,73	6,60	6,46	6,36	6,25	6,15	6,04	5,95	5,86	5,77	5,69	5,61	5,53	5,46	5,39	5,32	5,19	5,07	4,96	4,86	4,76	22
23	8,00	7,81	7,63	7,46	7,31	7,16	7,02	6,87	6,76	6,64	6,53	6,43	6,32	6,23	6,14	6,05	5,96	5,88	5,81	5,73	5,66	5,52	5,40	5,28	5,17	5,06	23
24		8,29	8,10	7,92	7,75	7,60	7,45	7,30	7,17	7,06	6,94	6,82	6,71	6,61	6,51	6,42	6,32	6,24	6,16	6,08	6,01	5,86	5,72	5,60	5,48	5,37	24
25				8,39	8,21	8,05	7,89	7,72	7,60	7,47	7,34	7,22	7,11	7,00	6,90	6,80	6,70	6,61	6,53	6,44	6,36	6,21	6,07	5,93	5,81	5,69	25
26							8,32	8,15	8,02	7,88	7,75	7,62	7,51	7,38	7,28	7,17	7,07	6,98	6,89	6,80	6,71	6,55	6,40	6,26	6,12	6,00	26
27										8,31	8,16	8,03	7,91	7,78	7,67	7,57	7,45	7,36	7,26	7,17	7,08	6,90	6,75	6,59	6,46	6,32	27
28													8,31	8,18	8,06	7,95	7,84	7,72	7,63	7,52	7,44	7,25	7,09	6,93	6,78	6,65	28
29																8,33	8,21	8,11	8,00	7,89	7,80	7,60	7,43	7,27	7,12	6,98	29
30																				8,26	8,15	7,96	7,78	7,61	7,45	7,31	30
32																						8,71	8,51	8,33	8,15	7,98	32

Maximale Stützweiten von I NP. bei 1200 kg/qcm Beanspruchung, 490 kg/qm Gesamtlast und gegebener Trägerentfernung.

I NP.	Trägerentfernung 1,00	1,05	1,10	1,15	1,20	1,25	1,30	1,35	1,40	1,45	1,50	1,55	1,60	1,65	1,70	1;75	1,80	1,85	1,90	1,95	2,00	2,10	2,20	2,30	2,40	2,50	I NP.
12	3,27	3,19	3,12	3,05	2,99	2,92	2,87	2,81	2,76	2,72	2,67	2,63	2,59	2,54	2,51	2,47	2,44	2,40	2,37	2,34	2,31	2,28	2,21				12
13	3,62	3,53	3,45	3,38	3,31	3,24	3,18	3,12	3,06	3,01	2,95	2,91	2,86	2,82	2,78	2,74	2,70	2,66	2,63	2,59	2,56	2,50	2,44	2,39			13
14	4,00	3,90	3,82	3,73	3,65	3,58	3,51	3,44	3,38	3,32	3,27	3,21	3,16	3,11	3,07	3,02	2,97	2,94	2,90	2,86	2,83	2,76	2,69	2,64	2,58	2,53	14
15	4,38	4,27	4,17	4,08	4,00	3,92	3,84	3,77	3,70	3,63	3,57	3,51	3,46	3,41	3,36	3,31	3,26	3,21	3,18	3,13	3,09	3,02	2,95	2,88	3,82	2,76	15
16	4,79	4,67	4,56	4,46	4,37	4,28	4,19	4,12	4,04	3,97	3,91	3,84	3,78	3,72	3,67	3,61	3,56	3,51	3,46	3,42	3,38	3,30	3,22	3,15	3,09	3,02	16
17	5,17	5,05	4,94	4,82	4,72	4,63	4,54	4,46	4,37	4,30	4,22	4,16	4,09	4,03	3,97	3,91	3,86	3,80	3,75	3,70	3,66	3,57	3,48	3,41	3,34	3,27	17
18	5,52	5,47	5,35	5,23	5,12	5,02	4,92	4,83	4,74	4,66	4,58	4,51	4,44	4,37	4,30	4,24	4,18	4,12	4,07	4,01	3,96	3,87	3,78	3,70	3,62	3,55	18
19	6,03	5,88	5,75	5,62	5,51	5,39	5,29	5,19	5,09	5,00	4,92	4,84	4,77	4,69	4,63	4,56	4,49	4,44	4,38	4,32	4,26	4,16	4,06	3,98	3,89	3,81	19
20	6,47	6,31	6,17	6,35	5,90	5,79	5,67	5,57	5,47	5,37	5,28	5,19	5,11	5,04	4,96	4,89	4,82	4,75	4,69	4,63	4,57	4,46	4,36	4,26	4,18	4,08	20
21	6,91	6,74	6,59	6,44	6,31	6,18	6,06	5,94	5,83	5,74	5,64	5,55	5,46	5,37	5,29	5,22	5,15	5,07	5,01	4,94	4,88	4,76	4,66	4,55	4,46	4,37	21
22	7,38	7,19	7,03	6,88	6,73	6,59	6,47	6,35	6,23	6,12	6,02	5,91	5,83	5,74	5,65	5,58	5,50	5,42	5,35	5,28	5,21	5,09	4,97	4,86	4,76	4,65	22
23	7,84	7,64	7,47	7,31	7,16	7,01	6,88	6,74	6,62	6,51	6,39	6,29	6,19	6,10	6,00	5,92	5,84	5,76	5,68	5,60	5,54	5,41	5,28	5,16	5,06	4,95	23
24	8,32	8,12	7,94	7,76	7,59	7,44	7,30	7,17	7,03	6,91	6,79	6,68	6,58	6,48	6,38	6,29	6,20	6,11	6,03	5,95	5,88	5,74	5,60	5,48	5,37	5,26	24
25			8,40	8,21	8,05	7,88	7,73	7,58	7,45	7,31	7,19	7,08	6,96	6,86	6,76	6,65	6,56	6,47	6,39	6,30	6,22	6,08	5,94	5,80	5,68	5,57	25
26						8,31	8,15	8,00	7,86	7,71	7,59	7,46	7,35	7,23	7,13	7,02	6,93	6,83	6,75	5,65	6,57	6,41	6,26	6,13	6,00	5,88	26
27									8,27	8,14	8,00	7,87	7,75	7,63	7,51	7,40	7,30	7,20	7,10	7,00	6,93	6,75	6,60	6,45	6,32	6,19	27
28												8,27	8,13	8,02	7,90	7,78	7,67	7,56	7,45	7,36	7,27	7,10	6,94	6,78	6,65	6,50	28
29															8,28	8,15	8,05	7,93	7,82	7,72	7,63	7,45	7,27	7,10	6,96	6,82	29
30																		8,30	8,19	8,09	7,98	7,79	7,61	7,45	7,30	7,15	30
32																					8,74	8,51	8,33	8,15	7,97	7,81	32
34																									8,66	8,50	34

Maximale Stützweiten von I NP. bei 1200 kg/qcm Beanspruchung, 500 kg/qm Gesamtlast und gegebener Trägerentfernung.

I	Trägerentfernung																									I
NP.	1,00	1,05	1,10	1,15	1,20	1,25	1,30	1,35	1,40	1,45	1,50	1,55	1,60	1,65	1,70	1,75	1,80	1,85	1,90	1,95	2,00	2,10	2,20	2,30	2,40	2,50	NP.
12	3,24	3,16	3,09	3,02	2,96	2,90	2,84	2,79	2,74	2,69	2,64	2,60	2,56	2,52	2,48	2,44	2,41	2,38	2,35	2,32	2,29						**12**
13	3,59	3,50	3,42	3,34	3,27	3,21	3,15	3,09	3,04	2,98	2,93	2,89	2,84	2,80	2,75	2,71	2,67	2,63	2,60	2,57	2,54	2,48					**13**
14	3,96	3,86	3,78	3,70	3,62	3,54	3,48	3,42	3,36	3,29	3,23	3,18	3,13	3,09	3,04	3,00	2,96	2,92	2,87	2,84	2,80	2,73	2,67	2,61			**14**
15	4,34	4,22	4,13	4,04	3,96	3,88	3,81	3,74	3,67	3,60	3,54	3,48	3,43	3,38	3,33	3,28	3,23	3,18	3,14	3,11	3,07	2,99	2,92	2,85	2,79	2,73	**15**
16	4,73	4,62	4,51	4,42	4,32	4,23	4,15	4,08	4,01	3,94	3,87	3,81	3,75	3,69	3,63	3,58	3,53	3,48	3,44	3,39	3,35	3,27	3,19	3,12	3,05	2,99	**16**
17	5,12	5,00	4,89	4,78	4,68	4,58	4,49	4,41	4,33	4,25	4,18	4,12	4,06	4,00	3,94	3,88	3,82	3,77	3,72	3,67	3,63	3,54	3,46	3,39	3,31	3,24	**17**
18	5,55	5,41	5,30	5,18	5,08	4,98	4,88	4,78	4,70	4,62	4,54	4,47	4,40	4,33	4,26	4,20	4,14	4,08	4,03	3,98	3,93	3,84	3,75	3,66	3,58	3,51	**18**
19	5,97	5,83	5,70	5,57	5,46	5,35	5,24	5,14	5,05	4,96	4,88	4,81	4,73	4,66	4,58	4,52	4,46	4,40	4,34	4,28	4,22	4,12	4,03	3,94	3,86	3,78	**19**
20	6,41	6,25	6,11	5,98	5,85	5,73	5,62	5,52	5,42	5,32	5,23	5,15	5,07	4,99	4,91	4,85	4,78	4,71	4,65	4,60	4,54	4,42	4,32	4,23	4,14	4,06	**20**
21	6,84	6,67	6,53	6,39	6,25	6,12	6,00	5,89	5,79	5,69	5,59	5,50	5,41	5,33	5,25	5,17	5,10	5,03	4,96	4,90	4,84	4,72	4,61	4,51	4,42	4,33	**21**
22	7,30	7,12	6,97	6,83	6,67	6,53	6,41	6,30	6,18	6,07	5,96	5,87	5,78	5,69	5,60	5,52	5,45	5,37	5,30	5,23	5,16	5,04	4,92	4,82	4,72	4,62	**22**
23	7,75	7,56	7,40	7,24	7,09	6,94	6,80	6,68	6,56	6,45	6,34	6,24	6,14	6,05	5,95	5,87	5,79	5,71	5,63	5,56	5,49	5,36	5,23	5,12	5,01	4,91	**23**
24	8,24	8,04	7,86	7,70	7,53	7,38	7,23	7,10	6,97	6,85	6,73	6,62	6,51	6,42	6,32	6,23	6,15	6,07	5,98	5,90	5,83	5,69	5,55	5,43	5,32	5,21	**24**
25			8,33	8,15	7,98	7,81	7,65	7,51	7,38	7,25	7,12	7,01	6,90	6,80	6,70	6,60	6,50	6,41	6,33	6,25	6,17	6,02	5,88	5,75	5,63	5,52	**25**
26						8,24	8,08	7,92	7,78	7,65	7,52	7,40	7,29	7,18	7,06	6,96	6,86	6,77	6,68	6,60	6,51	6,35	6,21	6,07	5,94	5,82	**26**
27								8,33	8,20	8,06	7,92	7,80	7,68	7,56	7,45	7,34	7,25	7,15	7,05	6,95	6,87	6,70	6,55	6,40	6,26	6,14	**27**
28											8,33	8,19	8,06	7,94	7,82	7,71	7,60	7,50	7,40	7,31	7,22	7,04	6,87	6,73	6,59	6,45	**28**
29														8,33	8,20	8,08	7,97	7,86	7,76	7,66	7,56	7,38	7,27	7,05	6,90	6,76	**29**
30																	8,33	8,22	8,12	8,02	7,92	7,73	7,55	7,39	7,23	7,09	**30**
32																					8,65	8,45	8,26	8,08	7,91	7,75	**32**
34																									8,58	8,41	**34**

Maximale Stützweiten von I NP. bei 1200 kg/qcm Beanspruchung, 510 kg/qm Gesamtlast und gegebener Trägerentfernung.

I	Trägerentfernung																									I
NP.	1,00	1,05	1,10	1,15	1,20	1,25	1,30	1,35	1,40	1,45	1,50	1,55	1,60	1,65	1,70	1,75	1,80	1,85	1,90	1,95	2,00	2,10	2,20	2,30	2,40	2,50	NP.
12	3,21	3,13	3,06	2,99	2,92	2,86	2,81	2,76	2,71	2,67	2,64	2,58	2,53	2,49	2,46	2,42	2,39	2,36	2,33	2,30	2,27	2,21					12
13	3,55	3,46	3,39	3,31	3,24	3,17	3,11	3,05	3,00	2,95	2,90	2,85	2,80	2,76	2,72	2,68	2,64	2,61	2,58	2,54	2,51	2,45	2,39	2,34			13
14	3,92	3,83	3,74	3,66	3,58	3,51	3,44	3,38	3,32	3,26	3,20	3,15	3,10	3,05	3,01	2,96	2,92	2,88	2,84	2,80	2,77	2,70	2,64	2,58	2,53		14
15	4,30	4,19	4,09	4,00	3,91	3,83	3,76	3,69	3,62	3,56	3,50	3,44	3,39	3,34	3,29	3,24	3,20	3,15	3,11	3,07	3,04	2,96	2,89	2,83	2,77	2,71	15
16	4,69	4,57	4,47	4,37	4,28	4,19	4,10	4,03	3,96	3,89	3,83	3,76	3,70	3,65	3,60	3,54	3,49	3,44	3,40	3,36	3,32	3,24	3,16	3,09	3,02	2,96	16
17	5,08	4,95	4,84	4,77	4,63	4,54	4,45	4,37	4,29	4,21	4,14	4,07	4,01	3,95	3,89	3,83	3,78	3,73	3,68	3,63	3,59	3,50	3,42	3,35	3,28	3,21	17
18	5,50	5,36	5,25	5,12	5,01	4,91	4,82	4,73	4,65	4,57	4,49	4,42	4,35	4,28	4,22	4,16	4,10	4,04	3,99	3,94	3,89	3,79	3,70	3,63	3,56	3,48	18
19	5,91	5,77	5,64	5,48	5,40	5,29	5,18	5,09	5,00	4,91	4,82	4,74	4,67	4,60	4,54	4,47	4,40	4,34	4,29	4,23	4,18	4,08	3,98	3,90	3,82	3,74	19
20	6,34	6,18	6,05	5,91	5,79	5,67	5,56	5,45	5,35	5,26	5,17	5,09	5,01	4,93	4,86	4,79	4,72	4,66	4,60	4,54	4,48	4,37	4,27	4,18	4,09	4,01	20
21	6,76	6,61	6,45	6,31	6,18	6,06	5,94	5,83	5,72	5,62	5,53	5,44	5,35	5,27	5,20	5,12	5,05	4,98	4,91	4,85	4,79	4,67	4,55	4,46	4,37	4,28	21
22	7,24	7,05	6,90	6,74	6,60	6,47	6,34	6,22	6,11	6,00	5,90	5,80	5,71	5,62	5,54	5,46	5,38	5,31	5,25	5,18	5,11	4,99	4,87	4,77	4,67	4,57	22
23	7,67	7,50	7,31	7,16	7,01	6,86	6,72	6,60	6,49	6,37	6,26	6,16	6,06	5,97	5,89	5,80	5,72	5,64	5,56	5,49	5,43	5,30	5,18	5,07	4,96	4,85	23
24	8,15	7,95	7,78	7,60	7,44	7,29	7,15	7,02	6,90	6,77	6,65	6,55	6,45	6,35	6,25	6,16	6,08	5,99	5,91	5,83	5,76	5,63	5,50	5,38	5,26	5,15	24
25		8,43	8,23	8,05	7,89	7,73	7,57	7,44	7,31	7,18	7,05	6,94	6,83	6,72	6,61	6,52	6,43	6,34	6,26	6,18	6,10	5,95	5,81	5,69	5,57	5,45	25
26					8,31	8,15	7,99	7,84	7,70	7,57	7,44	7,32	7,20	7,09	6,99	6,89	6,80	6,70	6,60	6,52	6,45	6,29	6,14	6,01	5,88	5,75	26
27							8,42	8,26	8,11	7,97	7,84	7,71	7,59	7,47	7,36	7,26	7,16	7,06	6,96	6,87	6,79	6,62	6,46	6,33	6,20	6,06	27
28										8,38	8,25	8,10	7,96	7,84	7,73	7,62	7,51	7,41	7,31	7,22	7,14	6,97	6,80	6,65	6,51	6,38	28
29													8,36	8,23	8,10	7,99	7,89	7,78	7,67	7,58	7,49	7,31	7,13	6,98	6,83	6,69	29
30																8,38	8,26	8,14	8,03	7,93	7,84	7,64	7,45	7,30	7,15	7,00	30
32																				8,68	8,56	8,35	8,15	7,99	7,82	7,65	32
34																								8,68	8,50	8,32	34

Maximale Stützweiten von Ɪ NP. bei 1200 kg/qcm Beanspruchung, 530 kg/qm Gesamtlast und gegebener Trägerentfernung.

I	Trägerentfernung																									I
NP.	1,00	1,05	1,10	1,15	1,20	1,25	1,30	1,35	1,40	1,45	1,50	1,55	1,60	1,65	1,70	1,75	1,80	1,85	1,90	1,95	2,00	2,10	2,20	2,30	2,40	2,50	NP.
12	3,14	3,07	3,00	2,93	2,87	2,81	2,76	2,71	2,66	2,61	2,57	2,52	2,48	2,44	2,41	2,37	2,34	2,31	2,28	2,25	2,22	2,17					12
13	3,48	3,40	3,32	3,25	3,18	3,12	3,06	3,00	2,94	2,89	2,84	2,79	2,75	2,71	2,67	2,63	2,60	2,56	2,52	2,49	2,46	2,40	2,35	2,30			13
14	3,85	3,76	3,67	3,59	3,51	3,44	3,38	3,31	3,25	3,19	3,14	3,09	3,04	2,99	2,95	2,91	2,87	2,83	2,79	2,75	2,72	2,66	2,60	2,54	2,48		14
15	4,21	4,11	4,01	3,92	3,84	3,76	3,69	3,62	3,56	3,50	3,44	3,38	3,33	3,28	3,23	3,18	3,14	3,09	3,05	3,01	2,97	2,90	2,84	2,77	2,71	2,66	15
16	4,60	4,49	4,39	4,29	4,20	4,12	4,04	3,96	3,88	3,82	3,76	3,70	3,64	3,58	3,52	3,47	3,42	3,38	3,34	3,29	3,25	3,17	3,10	3,03	2,97	2,90	16
17	4,98	4,86	4,75	4,65	4,55	4,46	4,37	4,28	4,20	4,13	4,06	4,00	3,94	3,88	3,82	3,76	3,70	3,65	3,61	3,56	3,52	3,44	3,36	3,28	3,21	3,15	17
18	5,40	5,27	5,15	5,04	4,93	4,83	4,73	4,64	4,56	4,48	4,41	4,34	4,27	4,20	4,14	4,08	4,02	3,96	3,91	3,86	3,81	3,72	3,64	3,56	3,48	3,41	18
19	5,80	5,66	5,53	5,41	5,29	5,18	5,08	4,99	4,90	4,80	4,71	4,65	4,59	4,52	4,45	4,38	4,32	4,26	4,20	4,15	4,10	4,00	3,91	3,82	3,74	3,67	19
20	6,21	6,07	5,94	5,80	5,67	5,56	5,45	5,35	5,25	5,16	5,07	4,99	4,92	4,85	4,78	4,71	4,64	4,57	4,51	4,45	4,40	4,30	4,20	4,10	4,01	3,94	20
21	6,64	6,48	6,33	6,19	6,05	5,93	5,82	5,71	5,61	5,51	5,42	5,33	5,25	5,17	5,09	5,02	4,95	4,88	4,82	4,75	4,69	4,58	4,47	4,37	4,28	4,20	21
22	7,08	6,91	6,75	6,61	6,47	6,34	6,21	6,10	5,99	5,89	5,79	5,69	5,60	5,52	5,44	5,36	5,28	5,21	5,14	5,07	5,01	4,89	4,77	4,67	4,57	4,49	22
23	7,52	7,34	7,16	7,01	6,87	6,73	6,60	6,48	6,36	6,25	6,14	6,04	5,95	5,86	5,77	5,69	5,61	5,53	5,46	5,39	5,32	5,20	5,08	4,97	4,86	4,76	23
24	8,00	7,81	7,63	7,46	7,30	7,15	7,01	6,88	6,75	6,64	6,53	6,42	6,32	6,23	6,14	6,05	5,96	5,88	5,80	5,72	5,65	5,52	5,39	5,27	5,16	5,06	24
25		8,26	8,08	7,91	7,74	7,59	7,44	7,29	7,15	7,03	6,91	6,80	6,70	6,60	6,50	6,40	6,30	6,22	6,14	6,06	5,98	5,84	5,71	5,58	5,46	5,35	25
26				8,33	8,15	7,99	7,84	7,69	7,55	7,42	7,30	7,18	7,06	6,95	6,85	6,75	6,65	6,57	6,49	6,41	6,34	6,18	6,02	5,89	5,76	5,65	26
27						8,42	8,26	8,11	7,96	7,83	7,70	7,57	7,45	7,34	7,23	7,12	7,01	6,92	6,83	6,74	6,65	6,50	6,35	6,21	6,08	5,95	27
28									8,36	8,22	8,08	7,95	7,83	7,71	7,59	7,48	7,38	7,28	7,18	7,09	7,00	6,84	6,68	6,53	6,39	6,25	28
29												8,34	8,20	8,08	7,96	7,85	7,74	7,63	7,52	7,42	7,33	7,16	7,00	6,84	6,69	6,56	29
30															8,33	8,21	8,09	7,98	7,88	7,78	7,68	7,50	7,32	7,16	7,01	6,86	30
32																		8,74	8,62	8,51	8,40	8,20	8,01	7,83	7,66	7,51	32
34																								8,51	8,33	8,15	34

Maximale Stützweiten von I NP. bei 1200 kg/qcm Beanspruchung, 550 kg/qm Gesamtlast und gegebener Trägerentfernung.

I	Trägerentfernung																									I
NP.	1,00	1,05	1,10	1,15	1,20	1,25	1,30	1,35	1,40	1,45	1,50	1,55	1,60	1,65	1,70	1,75	1,80	1,85	1,90	1,95	2,00	2,10	2,20	2,30	2,40	2,50	NP.
12	3,09	3,01	2,94	2,88	2,82	2,77	2,71	2,66	2,61	2,56	2,52	2,48	2,44	2,41	2,37	2,34	2,30	2,27	2,24	2,21	2,18	2,13					**12**
13	3,42	3,34	3,27	3,19	3,12	3,06	3,00	2,94	2,89	2,84	2,80	2,75	2,71	2,66	2,62	2,59	2,55	2,52	2,48	2,45	2,42	2,36	2,31				**13**
14	3,78	3,69	3,60	3,53	3,45	3,38	3,32	3,25	3,20	3,14	3,09	3,04	2,99	2,94	2,90	2,86	2,82	2,78	2,74	2,71	2,67	2,61	2,55	2,49	2,44		**14**
15	4,14	4,03	3,94	3,86	3,78	3,70	3,63	3,56	3,50	3,42	3,38	3,32	3,27	3,22	3,16	3,12	3,08	3,04	3,00	2,96	2,92	2,86	2,79	2,73	2,67	2,62	**15**
16	4,52	4,41	4,31	4,22	4,13	4,04	3,96	3,89	3,82	3,76	3,69	3,63	3,57	3,52	3,47	3,42	3,36	3,32	3,28	3,23	3,19	3,13	3,06	2,99	2,91	2,86	**16**
17	4,89	4,77	4,66	4,56	4,46	4,37	4,29	4,21	4,14	4,06	4,00	3,93	3,87	3,81	3,74	3,70	3,65	3,60	3,55	3,50	3,46	3,37	3,30	3,22	3,16	3,09	**17**
18	5,31	5,18	5,06	4,95	4,84	4,74	4,65	4,56	4,48	4,40	4,33	4,26	4,19	4,13	4,07	4,01	3,96	3,90	3,85	3,79	3,75	3,66	3,58	3,50	3,42	3,36	**18**
19	5,70	5,55	5,44	5,32	5,21	5,10	5,00	4,91	4,81	4,74	4,66	4,57	4,51	4,44	4,37	4,31	4,25	4,18	4,13	4,08	4,03	3,93	3,84	3,76	3,68	3,60	**19**
20	6,11	5,97	5,83	5,70	5,58	5,47	5,36	5,27	5,16	5,08	4,99	4,91	4,83	4,76	4,69	4,62	4,55	4,49	4,43	4,37	4,32	4,22	4,12	4,03	3,94	3,87	**20**
21	6,52	6,37	6,22	6,09	5,96	5,84	5,72	5,62	5,51	5,42	5,33	5,24	5,16	5,08	5,01	4,93	4,87	4,80	4,73	4,67	4,61	4,50	4,40	4,30	4,21	4,13	**21**
22	6,96	6,80	6,65	6,50	6,36	6,24	6,11	6,00	5,89	5,78	5,69	5,60	5,51	5,42	5,35	5,26	5,19	5,12	5,05	4,98	4,92	4,80	4,69	4,59	4,49	4,40	**22**
23	7,40	7,24	7,06	6,91	6,76	6,62	6,49	6,37	6,25	6,15	6,05	5,95	5,85	5,76	5,68	5,60	5,51	5,45	5,37	5,30	5,23	5,11	5,00	4,88	4,78	4,68	**23**
24	7,86	7,67	7,50	7,33	7,18	7,03	6,90	6,76	6,65	6,53	6,42	6,31	6,21	6,12	6,03	5,95	5,86	5,77	5,70	5,62	5,55	5,42	5,30	5,19	5,07	4,98	**24**
25	8,32	8,12	7,94	7,76	7,60	7,45	7,30	7,16	7,03	6,91	6,80	6,68	6,58	6,48	6,39	6,30	6,20	6,11	6,03	5,96	5,88	5,74	5,61	5,48	5,37	5,26	**25**
26			8,38	8,19	8,02	7,85	7,70	7,56	7,42	7,30	7,18	7,06	6,94	6,84	6,73	6,65	6,55	6,45	6,37	6,29	6,21	6,06	5,92	5,79	5,67	5,55	**26**
27						8,28	8,12	7,97	7,82	7,70	7,56	7,44	7,32	7,21	7,11	7,00	6,90	6,80	6,71	6,62	6,55	6,38	6,24	6,10	5,98	5,85	**27**
28								8,36	8,22	8,09	7,94	7,83	7,70	7,57	7,46	7,35	7,25	7,15	7,05	6,96	6,87	6,71	6,55	6,41	6,28	6,15	**28**
29											8,32	8,20	8,06	7,95	7,82	7,71	7,60	7,50	7,40	7,30	7,21	7,04	6,88	6,72	6,58	6,45	**29**
30														8,31	8,19	8,07	7,96	7,85	7,75	7,65	7,55	7,37	7,20	7,04	6,89	6,75	**30**
32																	8,70	8,59	8,46	8,36	8,26	8,05	7,87	7,71	7,53	7,39	**32**
34																							8,55	8,36	8,20	8,03	**34**

Maximale Stützweiten von I NP. bei 1200 kg/qcm Beanspruchung, 570 kg/qm Gesamtlast und gegebener Trägerentfernung.

I	Trägerentfernung																									I
NP.	1,00	1,05	1,10	1,15	1,20	1,25	1,30	1,35	1,40	1,45	1,50	1,55	1,60	1,65	1,70	1,75	1,80	1,85	1,90	1,95	2,00	2,10	2,20	2,30	2,40	2,50	NP.
12	3,03	2,96	2,89	2,82	2,76	2,71	2,66	2,61	2,56	2,52	2,48	2,44	2,40	2,36	2,33	2,29	2,26	2,23	2,20	2,17	2,14	2,10					12
13	3,36	3,28	3,20	3,13	3,07	3,00	2,94	2,89	2,84	2,79	2,74	2,70	2,66	2,62	2,58	2,54	2,50	2,47	2,44	2,41	2,38	2,32	2,26				13
14	3,71	3,62	3,54	3,45	3,37	3,31	3,26	3,20	3,14	3,08	3,03	2,98	2,94	2,89	2,84	2,80	2,76	2,72	2,69	2,65	2,62	2,56	2,50	2,45			14
15	4,06	3,96	3,87	3,78	3,70	3,63	3,56	3,49	3,43	3,37	3,32	3,26	3,21	3,17	3,13	3,07	3,02	2,98	2,94	2,90	2,87	2,80	2,74	2,68	2,62	2,56	15
16	4,43	4,33	4,23	4,14	4,05	3,97	3,89	3,82	3,75	3,68	3,62	3,56	3,51	3,45	3,40	3,35	3,30	3,26	3,22	3,18	3,14	3,06	2,99	2,92	2,86	2,80	16
17	4,80	4,68	4,57	4,47	4,38	4,29	4,21	4,13	4,06	3,99	3,92	3,86	3,80	3,74	3,68	3,63	3,58	3,53	3,48	3,43	3,39	3,31	3,24	3,17	3,10	3,04	17
18	5,20	5,08	4,96	4,85	4,75	4,65	4,55	4,47	4,40	4,32	4,25	4,18	4,11	4,05	3,99	3,93	3,88	3,83	3,78	3,73	3,68	3,59	3,50	3,43	3,36	3,29	18
19	5,59	5,46	5,33	5,21	5,10	5,00	4,90	4,81	4,73	4,64	4,56	4,48	4,41	4,35	4,29	4,23	4,17	4,11	4,06	4,01	3,96	3,86	3,77	3,69	3,61	3,54	19
20	6,00	5,85	5,71	5,59	5,47	5,36	5,26	5,16	5,07	4,98	4,90	4,82	4,75	4,67	4,60	4,53	4,47	4,41	4,35	4,29	4,24	4,14	4,04	3,93	3,87	3,79	20
21	6,40	6,25	6,10	5,97	5,85	5,73	5,62	5,51	5,41	5,32	5,23	5,14	5,06	4,98	4,91	4,84	4,77	4,71	4,65	4,61	4,57	4,44	4,32	4,22	4,13	4,05	21
22	6,84	6,67	6,51	6,37	6,24	6,12	6,00	5,88	5,76	5,66	5,57	5,48	5,40	5,32	5,25	5,17	5,10	5,03	4,96	4,90	4,84	4,72	4,60	4,50	4,41	4,32	22
23	7,25	7,09	6,93	6,78	6,63	6,50	6,38	6,26	6,14	6,03	5,93	5,84	5,75	5,65	5,56	5,47	5,41	5,34	5,27	5,20	5,13	5,01	4,89	4,79	4,69	4,60	23
24	7,71	7,53	7,35	7,20	7,05	6,90	6,75	6,63	6,52	6,41	6,30	6,19	6,09	6,00	5,91	5,82	5,74	5,66	5,59	5,52	5,45	5,32	5,20	5,09	4,98	4,88	24
25	8,15	7,97	7,79	7,62	7,45	7,30	7,16	7,03	6,90	6,78	6,66	6,55	6,45	6,35	6,26	6,17	6,08	6,00	5,93	5,85	5,77	5,63	5,50	5,38	5,26	5,16	25
26		8,40	8,21	8,03	7,86	7,71	7,56	7,42	7,29	7,16	7,04	6,92	6,81	6,71	6,61	6,51	6,41	6,33	6,25	6,17	6,10	5,95	5,81	5,68	5,55	5,45	26
27					8,29	8,12	7,96	7,82	7,68	7,54	7,41	7,29	7,17	7,06	6,96	6,86	6,76	6,67	6,59	6,50	6,42	6,27	6,12	5,99	5,86	5,75	27
28							8,36	8,21	8,06	7,92	7,79	7,67	7,55	7,43	7,31	7,20	7,10	7,01	6,92	6,83	6,75	6,58	6,42	6,29	6,16	6,03	28
29										8,31	8,15	8,02	7,90	7,79	7,68	7,56	7,45	7,35	7,25	7,16	7,07	6,91	6,75	6,60	6,45	6,33	29
30													8,26	8,14	8,03	7,91	7,80	7,70	7,60	7,50	7,41	7,24	7,06	6,90	6,75	6,62	30
32																8,66	8,55	8,42	8,30	8,20	8,10	7,91	7,72	7,56	7,40	7,25	32
34																						8,60	8,39	8,21	8,04	7,88	34
36																										8,55	36

Maximale Stützweiten von I NP. bei 1200 kg/qcm Beanspruchung, 590 kg/qm Gesamtlast und gegebener Trägerentfernung.

I NP.	Trägerentfernung 1,00	1,05	1,10	1,15	1,20	1,25	1,30	1,35	1,40	1,45	1,50	1,55	1,60	1,65	1,70	1,75	1,80	1,85	1,90	1,95	2,00	2,10	2,20	2,30	2,40	2,50	I NP.
12	2,98	2,91	2,84	2,78	2,72	2,67	2,62	2,57	2,52	2,48	2,43	2,39	2,35	2,32	2,29	2,25	2,22	2,19	2,16	2,13	2,11						12
13	3,30	3,22	3,15	3,08	3,01	2,95	2,89	2,84	2,79	2,74	2,69	2,65	2,61	2,57	2,53	2,49	2,46	2,43	2,40	2,36	2,33	2,27	2,22				13
14	3,64	3,56	3,48	3,40	3,33	3,26	3,20	3,14	3,08	3,03	2,98	2,93	2,88	2,84	2,80	2,75	2,71	2,68	2,65	2,61	2,58	2,52	2,46	2,40			14
15	3,99	3,89	3,80	3,72	3,64	3,57	3,50	3,43	3,37	3,31	3,26	3,21	3,16	3,11	3,06	3,02	2,98	2,93	2,89	2,85	2,82	2,75	2,69	2,63	2,58	2,52	15
16	4,36	4,26	4,16	4,07	3,98	3,90	3,83	3,75	3,68	3,62	3,56	3,50	3,45	3,39	3,34	3,29	3,24	3,20	3,16	3,12	3,08	3,01	2,94	2,88	2,82	2,76	16
17	4,71	4,60	4,50	4,40	4,30	4,21	4,13	4,05	3,98	3,92	3,86	3,79	3,73	3,67	3,62	3,56	3,51	3,46	3,42	3,37	3,33	3,25	3,18	3,11	3,04	2,98	17
18	5,11	4,99	4,88	4,77	4,66	4,57	4,49	4,40	4,32	4,25	4,18	4,11	4,04	3,98	3,92	3,86	3,81	3,76	3,71	3,66	3,62	3,53	3,45	3,37	3,30	3,24	18
19	5,47	5,36	5,25	5,13	5,02	4,91	4,81	4,73	4,65	4,57	4,49	4,42	4,35	4,28	4,22	4,16	4,10	4,04	3,99	3,93	3,88	3,79	3,70	3,62	3,54	3,46	19
20	5,90	5,76	5,62	5,50	5,39	5,28	5,17	5,08	4,99	4,90	4,81	4,73	4,66	4,59	4,52	4,45	4,39	4,33	4,28	4,22	4,16	4,06	3,97	3,88	3,80	3,73	20
21	6,29	6,14	6,00	5,87	5,74	5,63	5,52	5,42	5,32	5,23	5,14	5,06	4,98	4,90	4,83	4,76	4,69	4,62	4,56	4,50	4,45	4,34	4,24	4,15	4,06	3,98	21
22	6,71	6,56	6,41	6,27	6,13	6,01	5,90	5,78	5,67	5,57	5,48	5,39	5,31	5,23	5,16	5,08	5,01	4,94	4,88	4,81	4,75	4,64	4,53	4,43	4,34	4,25	22
23	7,15	6,97	6,80	6,65	6,51	6,38	6,26	6,14	6,03	5,92	5,82	5,73	5,64	5,55	5,47	5,39	5,32	5,25	5,18	5,11	5,05	4,93	4,81	4,71	4,61	4,51	23
24	7,58	7,44	7,30	7,14	6,92	6,78	6,65	6,53	6,41	6,30	6,19	6,09	5,99	5,90	5,81	5,73	5,65	5,57	5,50	5,43	5,36	5,23	5,11	5,00	4,89	4,79	24
25	8,03	7,84	7,65	7,48	7,32	7,18	7,05	6,92	6,79	6,67	6,55	6,44	6,34	6,25	6,16	6,07	5,98	5,90	5,83	5,75	5,67	5,54	5,41	5,29	5,18	5,08	25
26		8,27	8,08	7,90	7,73	7,58	7,43	7,30	7,17	7,04	6,91	6,80	6,70	6,60	6,50	6,41	6,32	6,23	6,14	6,06	5,99	5,85	5,71	5,58	5,46	5,35	26
27				8,33	8,15	7,99	7,83	7,69	7,55	7,42	7,30	7,17	7,05	6,95	6,85	6,72	6,59	6,53	6,47	6,39	6,31	6,16	6,02	5,89	5,76	5,65	27
28						8,40	8,23	8,08	7,93	7,79	7,65	7,53	7,41	7,30	7,19	7,09	6,99	6,89	6,80	6,72	6,64	6,48	6,32	6,18	6,05	5,93	28
29									8,32	8,17	8,03	7,90	7,78	7,66	7,55	7,43	7,32	7,23	7,14	7,04	6,95	6,79	6,63	6,48	6,34	6,22	29
30												8,26	8,15	8,02	7,90	7,78	7,67	7,56	7,46	7,37	7,28	7,11	6,95	6,80	6,65	6,50	30
32															8,63	8,51	8,39	8,27	8,16	8,05	7,25	7,77	7,59	7,42	7,25	7,12	32
34																					8,65	8,45	8,25	8,07	7,90	7,74	34
36																									8,56	8,40	36

Maximale Stützweiten von I NP. bei 1200 kg/qcm Beanspruchung, 600 kg/qm Gesamtlast und gegebener Trägerentfernung.

I NP.	Trägerentfernung 1,00	1,05	1,10	1,15	1,20	1,25	1,30	1,35	1,40	1,45	1,50	1,55	1,60	1,65	1,70	1,75	1,80	1,85	1,90	1,95	2,00	2,10	2,20	2,30	2,40	2,50	I NP.
12	2,96	2,89	2,82	2,76	2,70	2,64	2,59	2,54	2,49	2,45	2,41	2,37	2,34	2,30	2,26	2,23	2,20	2,17	2,14	2,12							12
13	3,27	3,19	3,12	3,05	2,99	2,93	2,87	2,82	2,77	2,72	2,67	2,63	2,59	2,55	2,51	2,48	2,44	2,41	2,38	2,35	2,32	2,26					13
14	3,62	3,54	3,45	3,37	3,30	3,23	3,17	3,11	3,06	3,01	2,96	2,91	2,86	2,82	2,77	2,73	2,69	2,65	2,62	2,59	2,56	2,50	2,44	2,38			14
15	3,96	3,87	3,78	3,70	3,62	3,54	3,47	3,41	3,35	3,29	3,23	3,18	3,13	3,08	3,03	2,99	2,95	2,91	2,87	2,83	2,79	2,73	2,67	2,61	2,55	2,50	15
16	4,32	4,22	4,13	4,04	3,95	3,87	3,80	3,73	3,66	3,60	3,53	3,48	3,42	3,36	3,32	3,27	3,22	3,17	3,13	3,10	3,05	2,98	2,91	2,85	2,79	2,73	16
17	4,68	4,57	4,46	4,36	4,27	4,18	4,10	4,03	3,96	3,89	3,82	3,75	3,70	3,65	3,59	3,54	3,49	3,44	3,39	3,35	3,31	3,23	3,16	3,09	3,02	2,96	17
18	5,08	4,96	4,84	4,73	4,63	4,54	4,45	4,37	4,29	4,21	4,14	4,07	4,01	3,96	3,89	3,84	3,78	3,73	3,68	3,63	3,58	3,50	3,42	3,35	3,28	3,21	18
19	5,46	5,33	5,21	5,09	4,98	4,88	4,78	4,69	4,61	4,52	4,46	4,38	4,31	4,25	4,18	4,12	4,07	4,01	3,96	3,91	3,86	3,77	3,68	3,60	3,52	3,45	19
20	5,85	5,71	5,58	5,46	5,35	5,23	5,13	5,04	4,95	4,86	4,78	4,70	4,63	4,55	4,49	4,42	4,36	4,30	4,24	4,19	4,14	4,03	3,94	3,86	3,78	3,70	20
21	6,25	6,10	5,96	5,82	5,70	5,59	5,48	5,38	5,28	5,19	5,10	5,03	4,95	4,87	4,79	4,72	4,66	4,59	4,53	4,47	4,42	4,31	4,21	4,12	4,03	3,95	21
22	6,67	6,51	6,36	6,22	6,09	5,96	5,85	5,74	5,64	5,54	5,45	5,36	5,28	5,19	5,12	5,04	4,97	4,90	4,84	4,78	4,72	4,60	4,49	4,39	4,30	4,21	22
23	7,09	6,92	6,76	6,61	6,47	6,34	6,22	6,10	5,99	5,89	5,79	5,70	5,60	5,51	5,44	5,36	5,28	5,20	5,13	5,07	5,01	4,89	4,78	4,67	4,57	4,48	23
24	7,53	7,35	7,18	7,02	6,87	6,73	6,60	6,48	6,36	6,25	6,15	6,05	5,95	5,86	5,77	5,69	5,61	5,53	5,46	5,39	5,32	5,19	5,07	4,96	4,86	4,76	24
25	7,98	7,79	7,60	7,43	7,27	7,12	6,99	6,86	6,74	6,62	6,50	6,40	6,30	6,20	6,11	6,02	5,94	5,87	5,79	5,71	5,63	5,50	5,37	5,25	5,14	5,04	25
26		8,21	8,02	7,84	7,68	7,52	7,38	7,24	7,11	6,99	6,86	6,76	6,65	6,55	6,46	6,35	6,28	6,19	6,10	6,02	5,94	5,80	5,67	5,55	5,43	5,32	26
27				8,27	8,10	7,92	7,77	7,63	7,49	7,37	7,25	7,13	7,01	6,90	6,80	6,70	6,61	6,52	6,43	6,35	6,26	6,12	5,98	5,85	5,72	5,60	27
28						8,33	8,16	8,01	7,87	7,73	7,60	7,49	7,37	7,25	7,15	7,04	6,94	6,85	6,76	6,67	6,59	6,43	6,28	6,14	6,01	5,89	28
29									8,26	8,11	7,97	7,84	7,72	7,60	7,49	7,38	7,28	7,18	7,08	6,99	6,90	6,74	6,58	6,44	6,31	6,18	29
30												8,21	8,09	7,96	7,85	7,73	7,62	7,52	7,42	7,32	7,23	7,06	6,89	6,74	6,60	6,47	30
32														8,70	8,59	8,45	8,34	8,22	8,11	8,01	7,91	7,71	7,53	7,37	7,22	7,08	32
34																					8,58	8,39	8,20	8,02	7,85	7,69	34
36																									8,52	8,35	36

Maximale Stützweiten von I NP. bei 1200 kg/qcm Beanspruchung, 620 kg/qm Gesamtlast und gegebener Trägerentfernung.

I	Trägerentfernung																										I
NP.	1,00	1,05	1,10	1,15	1,20	1,25	1,30	1,35	1,40	1,45	1,50	1,55	1,60	1,65	1,70	1,75	1,80	1,85	1,90	1,95	2,00	2,10	2,20	2,30	2,40	2,50	NP.
12	2,91	2,84	2,77	2,71	2,65	2,60	2,55	2,50	2,46	2,41	2,37	2,33	2,29	2,26	2,23	2,19	2,16	2,13	2,11	2,08	2,05						12
13	3,22	3,14	3,07	3,00	2,94	2,88	2,82	2,77	2,72	2,67	2,63	2,58	2,54	2,51	2,48	2,44	2,40	2,36	2,33	2,30	2,28	2,25					13
14	3,56	3,47	3,39	3,31	3,24	3,18	3,12	3,06	3,01	2,95	2,90	2,85	2,81	2,77	2,73	2,69	2,65	2,61	2,58	2,55	2,52	2,46	2,40	2,34			14
15	3,89	3,80	3,71	3,63	3,56	3,49	3,42	3,35	3,29	3,23	3,18	3,13	3,08	3,03	2,99	2,94	2,90	2,86	2,82	2,78	2,75	2,68	2,62	2,57	2,51		15
16	4,25	4,15	4,06	3,97	3,88	3,80	3,73	3,66	3,59	3,53	3,48	3,42	3,36	3,31	3,26	3,21	3,16	3,12	3,08	3,04	3,01	2,94	2,87	2,81	2,75	2,69	16
17	4,60	4,49	4,39	4,29	4,20	4,12	4,04	3,96	3,89	3,82	3,76	3,70	3,64	3,58	3,53	3,48	3,43	3,38	3,34	3,30	3,26	3,18	3,10	3,03	2,97	2,91	17
18	4,99	4,88	4,76	4,65	4,55	4,46	4,37	4,29	4,21	4,14	4,07	4,00	3,94	3,88	3,83	3,77	3,72	3,67	3,62	3,57	3,53	3,44	3,36	3,29	3,22	3,16	18
19	5,36	5,24	5,12	5,01	4,90	4,80	4,70	4,61	4,53	4,45	4,37	4,30	4,24	4,17	4,11	4,05	4,00	3,94	3,89	3,84	3,79	3,70	3,62	3,54	3,46	3,39	19
20	5,75	5,62	5,49	5,37	5,25	5,14	5,04	4,94	4,85	4,77	4,70	4,62	4,55	4,48	4,41	4,35	4,29	4,23	4,17	4,11	4,06	3,97	3,88	3,79	3,71	3,64	20
21	6,14	5,99	5,85	5,72	5,60	5,49	5,38	5,28	5,19	5,10	5,01	4,93	4,85	4,78	4,71	4,64	4,57	4,51	4,45	4,40	4,35	4,24	4,14	4,05	3,96	3,88	21
22	6,55	6,40	6,25	6,11	5,98	5,86	5,75	5,64	5,54	5,44	5,35	5,26	5,18	5,10	5,03	4,96	4,89	4,82	4,75	4,69	4,64	4,53	4,42	4,32	4,23	4,15	22
23	6,96	6,80	6,64	6,49	6,35	6,22	6,10	5,99	5,89	5,79	5,69	5,59	5,50	5,42	5,35	5,27	5,19	5,12	5,05	4,98	4,92	4,81	4,70	4,60	4,50	4,41	23
24	7,40	7,22	7,05	6,90	6,75	6,62	6,49	6,37	6,25	6,14	6,04	5,94	5,85	5,76	5,67	5,58	5,50	5,43	5,36	5,29	5,22	5,10	4,99	4,88	4,77	4,68	24
25	7,84	7,64	7,45	7,30	7,16	7,01	6,86	6,73	6,61	6,50	6,40	6,29	6,19	6,09	6,00	5,92	5,84	5,75	5,67	5,60	5,54	5,40	5,27	5,16	5,05	4,95	25
26	8,26	8,07	7,89	7,72	7,55	7,40	7,25	7,11	6,98	6,86	6,75	6,64	6,54	6,44	6,34	6,25	6,16	6,08	6,00	5,92	5,85	5,71	5,57	5,45	5,34	5,22	26
27			8,31	8,13	7,95	7,80	7,65	7,50	7,36	7,23	7,10	6,99	6,89	6,78	6,68	6,58	6,49	6,40	6,32	6,23	6,15	6,01	5,87	5,75	5,63	5,50	27
28					8,35	8,19	8,03	7,88	7,73	7,59	7,46	7,35	7,24	7,12	7,01	6,91	6,82	6,73	6,64	6,55	6,47	6,32	6,17	6,04	5,91	5,79	28
29								8,26	8,10	7,97	7,84	7,71	7,58	7,47	7,36	7,25	7,15	7,05	6,96	6,87	6,79	6,62	6,46	6,33	6,20	6,06	29
30										8,34	8,20	8,07	7,95	7,82	7,70	7,59	7,49	7,39	7,30	7,20	7,10	6,93	6,76	6,62	6,49	6,35	30
32													8,69	8,56	8,43	8,31	8,20	8,08	7,96	7,87	7,78	7,59	7,40	7,25	7,10	6,95	32
34																			8,66	8,55	8,45	8,25	8,05	7,87	7,70	7,55	34
36																								8,55	8,38	8,20	36

Maximale Stützweiten von I NP. bei 1200 kg/qcm Beanspruchung, 640 kg/qm Gesamtlast und gegebener Trägerentfernung.

I NP.	Trägerentfernung 1,00	1,05	1,10	1,15	1,20	1,25	1,30	1,35	1,40	1,45	1,50	1,55	1,60	1,65	1,70	1,75	1,80	1,85	1,90	1,95	2,00	2,10	2,20	2,30	2,40	2,50	I NP.
12	2,86	2,79	2,73	2,67	2,61	2,56	2,51	2,46	2,42	2,38	2,34	2,30	2,26	2,22	2,19	2,16	2,13	2,09	2,06	2,04	2,02						12
13	3,16	3,09	3,02	2,95	2,89	2,83	2,78	2,73	2,68	2,63	2,59	2,54	2,50	2,46	2,43	2,39	2,36	2,32	2,29	2,26	2,24	2,18					13
14	3,50	3,42	3,34	3,27	3,20	3,13	3,07	3,01	2,96	2,91	2,86	2,81	2,76	2,72	2,69	2,65	2,61	2,56	2,52	2,50	2,48	2,42	2,36	2,30			14
15	3,83	3,74	3,65	3,57	3,50	3,43	3,36	3,30	3,24	3,18	3,13	3,07	3,02	2,98	2,94	2,89	2,85	2,80	2,76	2,73	2,71	2,64	2,58	2,52	2,47		15
16	4,19	4,09	3,99	3,90	3,82	3,74	3,67	3,60	3,54	3,48	3,42	3,36	3,31	3,26	3,21	3,16	3,12	3,07	3,02	2,99	2,96	2,89	2,82	2,76	2,70	2,65	16
17	4,53	4,42	4,32	4,22	4,13	4,05	3,97	3,90	3,83	3,76	3,70	3,64	3,58	3,53	3,48	3,43	3,38	3,32	3,27	3,23	3,20	3,12	3,05	2,99	2,92	2,86	17
18	4,91	4,79	4,67	4,58	4,49	4,39	4,30	4,22	4,15	4,08	4,01	3,94	3,88	3,82	3,77	3,71	3,66	3,60	3,54	3,51	3,48	3,39	3,31	3,23	3,16	3,10	18
19	5,28	5,15	5,03	4,92	4,82	4,72	4,62	4,54	4,46	4,38	4,31	4,24	4,18	4,11	4,05	3,99	3,94	3,87	3,80	3,76	3,73	3,64	3,56	3,48	3,40	3,34	19
20	5,66	5,53	5,40	5,28	5,17	5,07	4,97	4,87	4,78	4,70	4,62	4,54	4,47	4,41	4,35	4,28	4,22	4,15	4,08	4,04	4,00	3,90	3,81	3,73	3,65	3,58	20
21	6,05	5,90	5,76	5,64	5,52	5,41	5,30	5,20	5,11	5,03	4,94	4,86	4,78	4,71	4,64	4,57	4,50	4,43	4,36	4,32	4,28	4,18	4,08	3,99	3,90	3,83	21
22	6,45	6,30	6,15	6,02	5,89	5,77	5,65	5,55	5,45	5,36	5,27	5,18	5,10	5,02	4,95	4,88	4,81	4,73	4,65	4,60	4,56	4,45	4,35	4,25	4,16	4,08	22
23	6,86	6,70	6,54	6,40	6,26	6,13	6,01	5,90	5,79	5,69	5,60	5,51	5,42	5,34	5,27	5,19	5,11	5,03	4,95	4,90	4,85	4,73	4,61	4,51	4,42	4,34	23
24	7,29	7,12	6,95	6,80	6,65	6,51	6,38	6,26	6,15	6,04	5,94	5,84	5,75	5,66	5,58	5,50	5,42	5,33	5,25	5,20	5,15	5,03	4,91	4,80	4,70	4,60	24
25	7,70	7,52	7,35	7,20	7,05	6,90	6,75	6,63	6,51	6,46	6,30	6,20	6,10	6,00	5,90	5,82	5,75	5,65	5,55	5,50	5,45	5,32	5,20	5,09	4,98	4,88	25
26	8,14	7,95	7,76	7,60	7,44	7,28	7,12	6,99	6,87	6,76	6,65	6,53	6,42	6,33	6,24	6,14	6,05	5,95	5,85	5,80	5,75	5,61	5,48	5,36	5,25	5,15	26
27		8,37	8,16	8,00	7,83	7,67	7,51	7,38	7,25	7,12	7,00	6,88	6,77	6,67	6,57	6,48	6,39	6,29	6,19	6,12	6,06	5,91	5,77	5,65	5,54	5,42	27
28					8,22	8,06	7,90	7,75	7,61	7,48	7,36	7,23	7,11	7,00	6,90	6,80	6,71	6,60	6,49	6,43	6,37	6,21	6,06	5,93	5,81	5,70	28
29							8,27	8,12	7,97	7,83	7,70	7,57	7,45	7,35	7,25	7,14	7,04	6,92	6,80	6,74	6,69	6,53	6,37	6,23	6,10	5,98	29
30									8,35	8,22	8,09	7,95	7,82	7,70	7,58	7,47	7,37	7,25	7,13	7,06	7,00	6,84	6,68	6,53	6,38	6,25	30
32												8,69	8,55	8,42	8,29	8,18	8,07	7,93	7,80	7,72	7,65	7,47	7,30	7,14	6,99	6,84	32
34																		8,64	8,46	8,39	8,32	8,11	7,91	7,75	7,59	7,44	34
36																							8,61	8,43	8,25	8,08	36

Maximale Stützweiten von I NP. bei 1200 kg/qcm Beanspruchung, 650 kg/qm Gesamtlast und gegebener Trägerentfernung.

I NP.	Trägerentfernung																									I NP.
	1,00	1,05	1,10	1,15	1,20	1,25	1,30	1,35	1,40	1,45	1,50	1,55	1,60	1,65	1,70	1,75	1,80	1,85	1,90	1,95	2,00	2,10	2,20	2,30	2,40	2,50	
12	2,84	2,78	2,71	2,65	2,59	2,54	2,49	2,45	2,40	2,36	2,32	2,28	2,24	2,21	2,18	2,15	2,12	2,09	2,06	2,03							12
13	3,15	3,08	3,00	2,94	2,87	2,81	2,76	2,71	2,66	2,62	2,57	2,53	2,49	2,45	2,42	2,38	2,35	2,32	2,28	2,25	2,22	2,17					13
14	3,48	3,39	3,32	3,24	3,17	3,10	3,05	3,00	2,94	2,89	2,84	2,80	2,75	2,71	2,67	2,63	2,59	2,56	2,52	2,49	2,46	2,40	2,34				14
15	3,81	3,71	3,60	3,54	3,47	3,40	3,34	3,28	3,22	3,16	3,11	3,06	3,01	2,96	2,92	2,87	2,83	2,80	2,76	2,72	2,68	2,62	2,56	2,51	2,46		15
16	4,15	4,05	3,96	3,88	3,80	3,72	3,65	3,58	3,51	3,45	3,39	3,34	3,28	3,23	3,18	3,14	3,10	3,06	3,02	2,98	2,94	2,87	2,80	2,74	2,68	2,63	16
17	4,49	4,39	4,29	4,19	4,10	4,02	3,94	3,88	3,81	3,74	3,67	3,61	3,55	3,50	3,45	3,40	3,35	3,31	3,27	3,22	3,18	3,10	3,03	2,97	2,91	2,84	17
18	4,88	4,76	4,65	4,55	4,45	4,36	4,28	4,20	4,12	4,05	3,98	3,91	3,85	3,79	3,74	3,68	3,63	3,59	3,54	3,49	3,44	3,36	3,29	3,22	3,15	3,09	18
19	5,24	5,11	5,00	4,88	4,78	4,69	4,60	4,51	4,43	4,35	4,28	4,21	4,14	4,08	4,02	3,96	3,91	3,86	3,80	3,76	3,70	3,62	3,54	3,46	3,39	3,32	19
20	5,62	5,49	5,36	5,24	5,13	5,03	4,93	4,83	4,75	4,67	4,60	4,52	4,45	4,37	4,31	4,25	4,19	4,13	4,08	4,03	3,98	3,88	3,79	3,71	3,62	3,56	20
21	6,00	5,85	5,72	5,60	5,48	5,37	5,26	5,16	5,08	4,99	4,90	4,82	4,75	4,67	4,60	4,54	4,47	4,41	4,35	4,30	4,24	4,14	4,04	3,96	3,88	3,80	21
22	6,41	6,25	6,11	5,97	5,85	5,73	5,62	5,51	5,41	5,31	5,23	5,15	5,06	4,98	4,91	4,85	4,78	4,71	4,65	4,59	4,53	4,42	4,32	4,23	4,13	4,05	22
23	6,80	6,64	6,49	6,35	6,22	6,09	5,97	5,86	5,76	5,66	5,56	5,46	5,38	5,30	5,23	5,15	5,07	5,00	4,94	4,88	4,82	4,70	4,60	4,49	4,40	4,31	23
24	7,23	7,05	6,90	6,73	6,60	6,47	6,35	6,22	6,11	6,00	5,90	5,80	5,71	5,62	5,55	5,46	5,39	5,31	5,25	5,18	5,11	4,99	4,88	4,77	4,67	4,57	24
25	7,65	7,46	7,30	7,13	6,99	6,85	6,72	6,59	6,47	6,35	6,25	6,15	6,05	5,96	5,87	5,79	5,71	5,63	5,55	5,49	5,41	5,28	5,17	5,05	4,94	4,84	25
26	8,08	7,88	7,70	7,53	7,38	7,24	7,10	6,95	6,83	6,71	6,60	6,49	6,39	6,29	6,20	6,11	6,02	5,94	5,85	5,78	5,71	5,58	5,45	5,32	5,21	5,11	26
27		8,31	8,12	7,95	7,77	7,62	7,46	7,32	7,19	7,07	6,95	6,84	6,73	6,62	6,53	6,44	6,35	6,26	6,18	6,10	6,02	5,87	5,74	5,61	5,50	5,39	27
28				8,34	8,16	8,01	7,84	7,70	7,57	7,44	7,31	7,19	7,07	6,96	6,86	6,76	6,67	6,57	6,49	6,40	6,32	6,17	6,03	5,90	5,78	5,65	28
29							8,22	8,07	7,92	7,78	7,66	7,53	7,41	7,30	7,20	7,10	6,99	6,90	6,80	6,71	6,63	6,47	6,32	6,19	6,05	5,93	29
30									8,30	8,15	8,02	7,90	7,77	7,65	7,53	7,43	7,32	7,22	7,12	7,03	6,95	6,78	6,62	6,47	6,34	6,21	30
32												8,63	8,49	8,36	8,25	8,12	8,01	7,90	7,79	7,70	7,60	7,42	7,25	7,09	6,95	6,80	32
34																		8,56	8,45	8,35	8,25	8,05	7,85	7,70	7,53	7,38	34
36																							8,55	8,35	8,18	8,02	36

Maximale Stützweiten von I NP. bei 1200 kg/qcm Beanspruchung, 670 kg/qm Gesamtlast und gegebener Trägerentfernung.

I	Trägerentfernung																									I
NP.	1,00	1,05	1,10	1,15	1,20	1,25	1,30	1,35	1,40	1,45	1,50	1,55	1,60	1,65	1,70	1,75	1,80	1,85	1,90	1,95	2,00	2,10	2,20	2,30	2,40	2,50	NP.
12	2,80	2,73	2,67	2,61	2,56	2,50	2,45	2,40	2,36	2,32	2,28	2,24	2,21	2,17	2,14	2,11	2,08	2,05	2,03	2,00							12
13	3,10	3,02	2,95	2,89	2,83	2,77	2,72	2,67	2,62	2,57	2,53	2,49	2,45	2,41	2,37	2,34	2,31	2,27	2,24	2,21	2,19	2,15					13
14	3,42	3,34	3,27	3,19	3,12	3,06	3,00	2,94	2,89	2,84	2,80	2,75	2,70	2,66	2,62	2,58	2,55	2,51	2,48	2,45	2,42	2,36	2,31				14
15	3,75	3,66	3,57	3,49	3,42	3,35	3,28	3,22	3,16	3,11	3,06	3,01	2,96	2,91	2,87	2,83	2,79	2,75	2,71	2,67	2,64	2,58	2,52	2,47	2,42		15
16	4,09	4,00	3,91	3,82	3,73	3,66	3,59	3,52	3,45	3,39	3,34	3,29	3,24	3,19	3,14	3,09	3,05	3,01	2,97	2,93	2,89	2,82	2,76	2,70	2,64	2,59	16
17	4,43	4,32	4,22	4,13	4,04	3,96	3,88	3,81	3,74	3,68	3,62	3,56	3,50	3,44	3,39	3,34	3,30	3,25	3,21	3,17	3,13	3,05	2,98	2,92	2,86	2,80	17
18	4,80	4,68	4,57	4,47	4,38	4,29	4,21	4,13	4,06	3,99	3,91	3,85	3,79	3,73	3,68	3,63	3,58	3,53	3,48	3,43	3,39	3,31	3,24	3,17	3,10	3,04	18
19	5,16	5,04	4,92	4,81	4,71	4,61	4,52	4,44	4,36	4,28	4,21	4,14	4,08	4,02	3,96	3,90	3,84	3,79	3,74	3,69	3,64	3,56	3,48	3,40	3,33	3,26	19
20	5,54	5,40	5,27	5,16	5,05	4,95	4,85	4,76	4,67	4,59	4,51	4,44	4,37	4,30	4,24	4,18	4,13	4,07	4,01	3,96	3,91	3,82	3,73	3,65	3,57	3,50	20
21	5,90	5,76	5,63	5,51	5,40	5,29	5,18	5,08	4,99	4,90	4,82	4,74	4,66	4,59	4,53	4,46	4,40	4,34	4,28	4,23	4,18	4,08	3,98	3,89	3,81	3,74	21
22	6,30	6,15	6,11	5,88	5,76	5,65	5,54	5,43	5,32	5,21	5,15	5,04	4,94	4,88	4,83	4,76	4,70	4,64	4,58	4,52	4,46	4,35	4,25	4,15	4,06	3,99	22
23	6,70	6,54	6,38	6,25	6,12	6,00	5,88	5,77	5,66	5,56	5,47	5,38	5,30	5,21	5,13	5,06	5,00	4,93	4,86	4,80	4,74	4,62	4,51	4,42	4,33	4,24	23
24	7,10	6,94	6,79	6,64	6,50	6,37	6,24	6,12	6,01	5,90	5,80	5,71	5,62	5,53	5,45	5,37	5,30	5,23	5,16	5,09	5,03	4,91	4,80	4,69	4,59	4,50	24
25	7,52	7,34	7,17	7,02	6,87	6,74	6,61	6,48	6,36	6,25	6,15	6,05	5,95	5,86	5,77	5,69	5,61	5,53	5,46	5,39	5,32	5,20	5,08	4,97	4,86	4,76	25
26	7,95	7,76	7,58	7,41	7,25	7,10	6,96	6,83	6,71	6,60	6,49	6,38	6,28	6,19	6,10	6,01	5,92	5,84	5,76	5,69	5,62	5,49	5,36	5,24	5,13	5,03	26
27	8,38	8,18	7,99	7,82	7,65	7,50	7,35	7,21	7,08	6,96	6,84	6,72	6,61	6,51	6,41	6,33	6,25	6,16	6,08	6,00	5,92	5,78	5,65	5,53	5,41	5,30	27
28			8,39	8,21	8,04	7,88	7,72	7,58	7,45	7,31	7,18	7,06	6,95	6,85	6,75	6,65	6,55	6,46	6,38	6,30	6,22	6,07	5,93	5,80	5,68	5,56	28
29						8,26	8,10	7,94	7,79	7,66	7,53	7,41	7,30	7,18	7,07	6,97	6,87	6,78	6,70	6,61	6,52	6,37	6,22	6,09	5,96	5,84	29
30								8,31	8,15	8,02	7,90	7,77	7,64	7,52	7,40	7,30	7,20	7,10	7,01	6,92	6,83	6,67	6,51	6,37	6,23	6,10	30
32											8,63	8,49	8,35	8,22	8,10	7,99	7,89	7,77	7,66	7,56	7,47	7,29	7,12	6,97	6,82	6,69	32
34																8,68	8,55	8,43	8,32	8,22	8,12	7,93	7,74	7,58	7,42	7,25	34
36																						8,61	8,40	8,23	8,06	7,90	36

Maximale Stützweiten von I NP. bei 1200 kg/qcm Beanspruchung, 690 kg/qm Gesamtlast und gegebener Trägerentfernung.

I NP.	Trägerentfernung 1,00	1,05	1,10	1,15	1,20	1,25	1,30	1,35	1,40	1,45	1,50	1,55	1,60	1,65	1,70	1,75	1,80	1,85	1,90	1,95	2,00	2,10	2,20	2,30	2,40	2,50	I NP.
12	2,76	2,69	2,63	2,57	2,52	2,46	2,42	2,44	2,33	2,29	2,25	2,21	2,18	2,15	2,12	2,08	2,05	2,03	2,00	1,98							12
13	3,06	2,98	2,92	2,86	2,79	2,74	2,68	2,71	2,59	2,54	2,50	2,46	2,42	2,38	2,35	2,31	2,28	2,25	2,22	2,20	2,16						13
14	3,37	3,29	3,22	3,15	3,08	3,02	2,96	3,00	2,86	2,80	2,76	2,71	2,67	2,63	2,59	2,55	2,52	2,48	2,45	2,42	2,39	2,32	2,28				14
15	3,69	3,60	3,52	3,45	3,37	3,30	3,24	3,28	3,12	3,07	3,02	2,97	2,92	2,88	2,84	2,79	2,76	2,72	2,68	2,65	2,61	2,55	2,50	2,44			15
16	4,04	3,94	3,85	3,76	3,68	3,61	3,54	3,48	3,42	3,36	3,30	3,24	3,19	3,15	3,10	3,05	3,02	2,97	2,93	2,90	2,86	2,79	2,72	2,66	2,61		16
17	4,36	4,26	4,16	4,08	3,99	3,90	3,83	3,76	3,70	3,63	3,57	3,51	3,46	3,41	3,35	3,30	3,26	3,22	3,18	3,14	3,08	3,02	2,95	3,37	2,82	2,76	17
18	4,74	4,63	4,52	4,42	4,33	4,24	4,15	4,08	4,00	4,02	3,87	3,80	3,74	3,70	3,64	3,58	3,54	3,49	3,44	3,40	3,35	3,28	3,20	3,12	3,06	3,00	18
19	5,09	4,96	4,86	4,75	4,65	4,55	4,46	4,38	4,31	4,23	4,16	4,09	4,03	3,97	3,91	3,85	3,80	3,75	3,70	3,65	3,60	3,52	3,44	3,36	3,28	3,22	19
20	5,46	5,33	5,21	5,09	4,98	4,88	4,79	4,70	4,62	4,54	4,46	4,38	4,31	4,25	4,20	4,13	4,07	4,02	3,96	3,92	3,86	3,78	3,68	3,60	3,52	3,45	20
21	5,83	5,69	5,56	5,44	5,32	5,21	5,12	5,01	4,93	4,84	4,76	4,69	4,61	4,54	4,48	4,40	4,35	4,29	4,24	4,18	4,12	4,03	3,94	3,84	3,76	3,68	21
22	6,22	6,06	5,94	5,80	5,68	5,56	5,45	5,36	5,26	5,16	5,08	5,00	4,91	4,85	4,78	4,70	4,64	4,58	4,52	4,46	4,39	4,30	4,20	4,10	4,02	3,94	22
23	6,61	6,45	6,30	6,16	6,04	5,91	5,80	5,69	5,60	5,50	5,40	5,30	5,23	5,15	5,07	5,00	4,93	4,86	4,80	4,74	4,67	4,56	4,46	4,36	4,26	4,18	23
24	7,01	6,85	6,70	6,55	6,40	6,27	6,16	6,04	5,94	5,84	5,74	5,64	5,55	5,47	5,39	5,31	5,24	5,16	5,10	5,04	4,96	4,85	4,74	4,63	4,53	4,44	24
25	7,44	7,25	7,10	6,94	6,79	6,65	6,53	6,40	6,30	6,19	6,08	5,96	5,89	5,80	5,71	5,63	5,55	5,48	5,40	5,34	5,26	5,14	5,02	4,91	4,80	4,70	25
26	7,85	7,65	7,50	7,32	7,16	7,00	6,89	6,75	6,65	6,52	6,40	6,30	6,20	6,11	6,03	5,94	5,85	5,77	5,70	5,63	5,55	5,43	5,30	5,18	5,06	4,96	26
27	8,27	8,06	7,90	7,73	7,55	7,40	7,26	7,13	7,00	7,01	6,76	6,65	6,55	6,45	6,35	6,26	6,18	6,09	6,01	5,94	5,85	5,72	5,59	5,46	5,35	5,24	27
28			8,30	8,10	7,95	7,76	7,63	7,49	7,35	7,23	7,12	6,99	6,88	6,78	6,68	6,58	6,50	6,40	6,33	6,24	6,15	6,01	5,86	5,74	5,61	5,50	28
29					8,31	8,14	8,00	7,84	7,70	7,56	7,45	7,31	7,20	7,10	7,00	6,90	6,80	6,70	6,62	6,54	6,44	6,30	6,15	6,00	5,88	5,76	29
30								8,22	8,09	7,94	7,80	7,66	7,55	7,45	7,33	7,21	7,11	7,01	6,94	6,85	6,75	6,60	6,45	6,30	6,16	6,04	30
32												8,39	8,26	8,15	8,03	7,90	7,79	7,69	7,59	7,49	7,39	7,22	7,05	6,90	6,75	6,60	32
34																		8,35	8,24	8,14	8,04	7,85	7,66	7,49	7,33	7,18	34
36																							8,30	8,13	7,95	7,80	36
38																									8,59	8,40	38

Maximale Stützweiten von I NP. bei 1200 kg/qcm Beanspruchung, 700 kg/qm Gesamtlast und gegebener Trägerentfernung.

I NP.	Trägerentfernung 1,00	1,05	1,10	1,15	1,20	1,25	1,30	1,35	1,40	1,45	1,50	1,55	1,60	1,65	1,70	1,75	1,80	1,85	1,90	1,95	2,00	2,10	2,20	2,30	2,40	2,50	I NP
12	2,74	2,67	2,61	2,55	2,49	2,44	2,40	2,35	2,31	2,27	2,23	2,20	2,16	2,13	2,10	2,07	2,04	2,01	1,99								12
13	3,04	2,96	2,89	2,83	2,77	2,71	2,66	2,61	2,56	2,52	2,48	2,44	2,40	2,36	2,33	2,29	2,26	2,23	2,20	2,17	2,14						13
14	3,36	3,27	3,20	3,13	3,06	3,00	2,94	2,88	2,83	2,78	2,73	2,69	2,65	2,61	2,57	2,53	2,50	2,46	2,43	2,40	2,37	2,31	2,26				14
15	3,67	3,58	3,50	3,42	3,35	3,28	3,22	3,15	3,09	3,04	2,99	2,95	2,90	2,85	2,81	2,77	2,73	2,69	2,66	2,62	2,59	2,53	2,47	2,42			15
16	4,01	3,91	3,82	3,74	3,66	3,58	3,51	3,44	3,38	3,32	3,27	3,22	3,16	3,12	3,07	3,03	2,98	2,94	2,90	2,87	2,83	2,76	2,70	2,64	2,58	2,53	16
17	4,33	4,23	4,14	4,05	3,96	3,88	3,81	3,73	3,66	3,60	3,54	3,48	3,43	3,37	3,32	3,27	3,23	3,18	3,14	3,10	3,06	2,99	2,92	2,86	2,80	2,74	17
18	4,70	4,59	4,48	4,38	4,29	4,20	4,12	4,05	3,98	3,91	3,84	3,78	3,72	3,66	3,61	3,56	3,50	3,46	3,41	3,36	3,32	3,24	3,17	3,10	3,03	2,97	18
19	5,05	4,93	4,81	4,71	4,61	4,52	4,43	4,35	4,27	4,19	4,12	4,06	4,00	3,94	3,88	3,82	3,77	3,71	3,66	3,62	3,57	3,49	3,41	3,33	3,26	3,19	19
20	5,42	5,29	5,16	5,05	4,95	4,85	4,75	4,66	4,58	4,50	4,42	4,35	4,28	4,22	4,16	4,10	4,03	3,98	3,93	3,88	3,83	3,74	3,66	3,58	3,50	3,43	20
21	5,79	5,65	5,51	5,39	5,28	5,17	5,07	4,98	4,89	4,81	4,73	4,65	4,57	4,50	4,43	4,37	4,31	4,25	4,19	4,14	4,09	3,99	3,90	3,81	3,73	3,65	21
22	6,18	6,03	5,89	5,76	5,64	5,52	5,41	5,31	5,22	5,13	5,04	4,96	4,88	4,80	4,73	4,66	4,60	4,54	4,47	4,42	4,37	4,26	4,16	4,07	3,98	3,90	22
23	6,56	6,40	6,25	6,11	5,99	5,87	5,76	5,65	5,55	5,45	5,36	5,27	5,18	5,10	5,03	4,96	4,89	4,82	4,76	4,70	4,64	4,53	4,42	4,33	4,24	4,15	23
24	6,97	6,80	6,65	6,50	6,36	6,23	6,11	6,00	5,89	5,79	5,69	5,60	5,51	5,43	5,35	5,27	5,19	5,12	5,05	4,99	4,93	4,81	4,70	4,60	4,50	4,40	24
25	7,38	7,20	7,03	6,88	6,74	6,60	6,47	6,35	6,24	6,13	6,02	5,93	5,84	5,75	5,66	5,58	5,50	5,42	5,35	5,28	5,22	5,10	4,98	4,87	4,76	4,66	25
26	7,78	7,60	7,42	7,26	7,11	6,96	6,83	6,70	6,59	6,48	6,37	6,26	6,16	6,06	5,97	5,89	5,80	5,73	5,65	5,58	5,50	5,38	5,25	5,14	5,03	4,92	26
27	8,20	8,01	7,82	7,65	7,49	7,34	7,19	7,06	6,94	6,82	6,70	6,59	6,49	6,39	6,30	6,21	6,12	6,03	5,95	5,87	5,80	5,66	5,53	5,41	5,29	5,18	27
28			8,22	8,04	7,87	7,71	7,56	7,42	7,30	7,17	7,04	6,93	6,82	6,71	6,61	6,52	6,43	6,34	6,25	6,17	6,10	5,96	5,82	5,69	5,56	5,44	28
29					8,26	8,08	7,92	7,78	7,64	7,51	7,38	7,26	7,15	7,04	6,94	6,84	6,74	6,65	6,55	6,47	6,39	6,25	6,10	5,97	5,84	5,71	29
30							8,30	8,14	8,00	7,86	7,73	7,60	7,48	7,37	7,26	7,16	7,06	6,96	6,86	6,78	6,69	6,54	6,39	6,25	6,11	5,98	30
32										8,60	8,45	8,32	8,19	8,07	7,95	7,83	7,71	7,61	7,51	7,42	7,33	7,15	6,98	6,83	6,69	6,55	32
34															8,63	8,51	8,39	8,27	8,16	8,05	7,96	7,77	7,59	7,42	7,26	7,11	34
36																					8,65	8,44	8,24	8,06	7,89	7,72	36
38																									8,50	8,33	38

Maximale Stützweiten von I NP. bei 1200 kg/qcm Beanspruchung, 720 kg/qm Gesamtlast und gegebener Trägerentfernung.

I	Trägerentfernung																									I
NP.	1,00	1,05	1,10	1,15	1,20	1,25	1,30	1,35	1,40	1,45	1,50	1,55	1,60	1,65	1,70	1,75	1,80	1,85	1,90	1,95	2,00	2,10	2,20	2,30	2,40	2,50	NP.
12	2,70	2,64	2,57	2,52	2,46	2,41	2,36	2,32	2,28	2,24	2,20	2,16	2,13	2,10	2,07	2,04	2,01	1,98	1,96								**12**
13	2,99	2,92	2,85	2,79	2,73	2,68	2,62	2,58	2,53	2,48	2,44	2,40	2,37	2,33	2,30	2,26	2,23	2,20	2,18	2,14	2,11						**13**
14	3,30	3,22	3,14	3,08	3,01	2,95	2,90	2,84	2,89	2,74	2,69	2,65	2,61	2,57	2,53	2,50	2,47	2,43	2,40	2,37	2,34	2,28	2,22				**14**
15	3,61	3,53	3,44	3,37	3,30	3,23	3,17	3,11	3,06	3,00	2,95	2,90	2,86	2,81	2,77	2,73	2,70	2,66	2,62	2,59	2,55	2,49	2,44	2,38			**15**
16	3,94	3,85	3,76	3,68	3,60	3,53	3,46	3,40	3,34	3,28	3,22	3,17	3,12	3,07	3,03	2,98	2,95	2,91	2,87	2,83	2,79	2,73	2,66	2,60	2,55	2,50	**16**
17	4,27	4,17	4,07	3,98	3,90	3,82	3,75	3,68	3,61	3,55	3,48	3,43	3,38	3,32	3,28	3,23	3,19	3,14	3,10	3,06	3,02	2,95	2,88	2,82	2,76	2,70	**17**
18	4,63	4,52	4,41	4,32	4,23	4,14	4,06	3,98	3,92	3,85	3,78	3,72	3,66	3,60	3,56	3,50	3,46	3,41	3,36	3,32	3,27	3,20	3,14	3,06	2,99	2,93	**18**
19	4,97	4,86	4,74	4,64	4,55	4,45	4,37	4,28	4,20	4,14	4,06	4,00	3,94	3,87	3,82	3,76	3,72	3,66	3,62	3,57	3,52	3,44	3,36	3,29	3,22	3,15	**19**
20	5,34	5,21	5,08	4,97	4,87	4,77	4,68	4,59	4,51	4,44	4,35	4,29	4,22	4,15	4,10	4,04	3,99	3,93	3,88	3,83	3,77	3,69	3,60	3,52	3,45	3,38	**20**
21	5,70	5,56	5,43	5,31	5,20	5,10	5,00	4,90	4,82	4,74	4,65	4,58	4,51	4,43	4,37	4,31	4,26	4,20	4,15	4,08	4,02	3,94	3,86	3,76	3,68	3,61	**21**
22	6,08	5,94	5,80	5,67	5,50	5,44	5,33	5,24	5,14	5,05	4,96	4,89	4,81	4,73	4,67	4,60	4,55	4,48	4,42	4,36	4,30	4,20	4,10	4,01	3,93	3,85	**22**
23	6,46	6,31	6,15	6,03	5,90	5,78	5,67	5,56	5,46	5,37	5,27	5,19	5,11	5,03	4,96	4,89	4,83	4,76	4,70	4,63	4,57	4,46	4,36	4,27	4,18	4,09	**23**
24	6,85	6,70	6,53	6,40	6,27	6,14	6,03	5,90	5,80	5,70	5,60	5,51	5,43	5,43	5,26	5,19	5,13	5,05	4,99	4,92	4,85	4,74	4,63	4,53	4,43	4,34	**24**
25	7,26	7,10	6,93	6,69	6,64	6,50	6,34	6,25	6,15	6,05	5,93	5,85	5,75	5,62	5,58	5,50	5,43	5,35	5,29	5,21	5,14	5,02	4,90	4,80	4,70	4,60	**25**
26	7,66	7,50	7,32	7,16	7,00	6,86	6,74	6,56	6,49	6,38	6,26	6,17	6,07	5,97	5,89	5,81	5,73	5,65	5,58	5,50	5,42	5,30	5,17	5,06	4,96	4,86	**26**
27	8,10	7,90	7,71	7,55	7,40	7,22	7,10	6,95	6,85	6,72	6,60	6,50	6,40	6,30	6,20	6,12	6,05	5,96	5,88	5,80	5,72	5,58	5,45	5,35	5,23	5,13	**27**
28		8,30	8,10	7,93	7,76	7,60	7,45	7,35	7,20	7,06	6,94	6,83	6,74	6,61	6,52	6,43	6,35	6,26	6,18	6,10	6,01	5,87	5,73	5,61	5,50	5,38	**28**
29				8,30	8,11	7,95	7,80	7,61	7,53	7,40	7,26	7,15	7,05	6,93	6,84	6,74	6,65	6,56	6,47	6,38	6,30	6,15	6,00	5,88	5,75	5,64	**29**
30						8,35	8,20	8,05	7,90	7,75	7,62	7,50	7,40	7,26	7,16	7,06	6,97	6,88	6,79	6,70	6,60	6,45	6,30	6,16	6,03	5,91	**30**
32									8,63	8,50	8,33	8,20	8,08	7,95	7,84	7,73	7,63	7,52	7,42	7,32	7,22	7,05	6,89	6,75	6,60	6,46	**32**
34														8,64	8,51	8,40	8,30	8,17	8,06	7,95	7,85	7,66	7,48	7,32	7,17	7,03	**34**
36																				8,64	8,53	8,32	8,13	7,95	7,78	7,63	**36**
38																								8,57	8,40	8,22	**38**

Maximale Stützweiten von I NP. bei 1200 kg/qcm Beanspruchung, 740 kg/qm Gesamtlast und gegebener Trägerentfernung.

I	Trägerentfernung																									I
NP.	1,00	1,05	1,10	1,15	1,20	1,25	1,30	1,35	1,40	1,45	1,50	1,55	1,60	1,65	1,70	1,75	1,80	1,85	1,90	1,95	2,00	2,10	2,20	2,30	2,40	2,50	NP.
12	2,66	2,60	2,54	2,48	2,43	2,38	2,34	2,29	2,25	2,21	2,17	2,14	2,10	2,07	2,04	2,01	1,98	1,96	1,93								12
13	2,95	2,88	2,82	2,76	2,69	2,64	2,59	2,54	2,49	2,45	2,41	2,37	2,33	2,30	2,26	2,23	2,20	2,17	2,14	2,11	2,09						13
14	3,26	3,18	3,11	3,04	2,97	2,92	2,86	2,80	2,75	2,70	2,66	2,61	2,57	2,54	2,50	2,46	2,43	2,40	2,36	2,33	2,30	2,25	2,20				14
15	3,57	3,48	3,40	3,33	3,25	3,18	3,13	3,07	3,01	2,96	2,91	2,86	2,82	2,78	2,74	2,70	2,66	2,62	2,58	2,55	2,52	2,46	2,40	2,35			15
16	3,90	3,80	3,72	3,64	3,56	3,49	3,42	3,35	3,29	3,24	3,18	3,13	3,08	3,03	2,99	2,95	2,90	2,86	2,83	2,79	2,75	2,69	2,63	2,57	2,52		16
17	4,22	4,11	4,02	3,94	3,85	3,78	3,70	3,63	3,56	3,50	3,44	3,38	3,34	3,28	3,24	3,19	3,14	3,10	3,06	3,02	2,98	2,91	2,84	2,78	2,72	2,66	17
18	4,57	4,46	4,36	4,26	4,17	4,10	4,01	3,93	3,86	3,79	3,73	3,67	3,62	3,56	3,51	3,46	3,41	3,36	3,32	3,27	3,23	3,16	3,08	3,02	2,95	2,89	18
19	4,92	4,80	4,69	4,58	4,48	4,40	4,31	4,23	4,15	4,08	4,01	3,94	3,88	3,82	3,77	3,72	3,66	3,62	3,56	3,52	3,47	3,39	3,31	3,24	3,17	3,11	19
20	5,28	5,15	5,02	4,92	4,81	4,72	4,62	4,54	4,45	4,38	4,30	4,23	4,17	4,10	4,04	3,99	3,93	3,88	3,82	3,77	3,73	3,64	3,56	3,48	3,40	3,34	20
21	5,63	5,50	5,36	5,25	5,14	5,04	4,94	4,85	4,75	4,67	4,60	4,52	4,45	4,38	4,32	4,26	4,20	4,14	4,08	4,03	3,98	3,88	3,80	3,72	3,64	3,56	21
22	6,00	5,85	5,73	5,60	5,48	5,37	5,27	5,17	5,07	4,98	4,91	4,82	4,75	4,68	4,62	4,54	4,48	4,42	4,36	4,30	4,24	4,14	4,05	3,96	3,88	3,80	22
23	6,39	6,22	6,08	5,95	5,82	5,71	5,60	5,50	5,39	5,30	5,21	5,13	5,05	4,97	4,90	4,83	4,76	4,70	4,63	4,57	4,51	4,40	4,30	4,21	4,12	4,03	23
24	6,78	6,60	6,46	6,32	6,18	6,06	5,95	5,83	5,72	5,63	5,53	5,44	5,36	5,28	5,20	5,12	5,05	4,99	4,91	4,85	4,79	4,68	4,57	4,47	4,38	4,28	24
25	7,20	7,00	6,85	6,70	6,55	6,42	6,30	6,18	6,06	5,95	5,86	5,76	5,67	5,59	5,51	5,43	5,35	5,27	5,20	5,14	5,07	4,95	4,84	4,74	4,64	4,54	25
26	7,58	7,40	7,22	7,06	6,91	6,79	6,65	6,52	6,40	6,29	6,20	6,08	5,99	5,90	5,81	5,73	5,65	5,58	5,50	5,42	5,35	5,23	5,11	5,00	4,80	4,78	26
27	8,00	7,80	7,61	7,45	7,30	7,15	7,01	6,88	6,75	6,63	6,53	6,41	6,31	6,22	6,13	6,04	5,95	5,88	5,80	5,71	5,65	5,51	5,39	5,27	5,16	5,05	27
28		8,20	8,00	7,84	7,65	7,51	7,37	7,22	7,09	6,96	6,85	6,74	6,64	6,54	6,44	6,35	6,25	6,18	6,10	6,01	5,93	5,79	5,66	5,54	5,42	5,31	28
29				8,20	8,02	7,87	7,72	7,56	7,43	7,30	7,18	7,06	6,95	6,85	6,75	6,65	6,55	6,47	6,38	6,30	6,22	6,06	5,93	5,80	5,68	5,56	29
30						8,25	8,10	7,94	7,79	7,65	7,53	7,40	7,28	7,18	7,07	6,97	6,88	6,79	6,69	6,60	6,51	6,36	6,21	6,08	5,95	5,82	30
32								8,67	8,51	8,36	8,24	8,10	7,97	7,85	7,75	7,63	7,51	7,42	7,31	7,21	7,13	6,95	6,80	6,65	6,51	6,37	32
34													8,65	8,53	8,40	8,28	8,16	8,06	7,95	7,85	7,75	7,55	7,39	7,23	7,07	6,92	34
36																			8,63	8,51	8,40	8,21	8,02	7,85	7,69	7,52	36
38																								8,46	8,29	8,11	38

Maximale Stützweiten von I NP. bei 1200 kg/qcm Beanspruchung, 750 kg/qm Gesamtlast und gegebener Trägerentfernung.

I	Trägerentfernung																									I
NP.	1,00	1,05	1,10	1,15	1,20	1,25	1,30	1,35	1,40	1,45	1,50	1,55	1,60	1,65	1,70	1,75	1,80	1,85	1,90	1,95	2,00	2,10	2,20	2,30	2,40	2,50	NP.
12	2,64	2,58	2,52	2,46	2,41	2,36	2,32	2,27	2,23	2,19	2,16	2,12	2,09	2,06	2,03	2,00	1,97	1,94	1,91								**12**
13	2,93	2,86	2,79	2,73	2,67	2,62	2,57	2,52	2,48	2,44	2,39	2,36	2,32	2,28	2,25	2,22	2,18	2,16	2,13	2,10	2,07						**13**
14	3,23	3,16	3,09	3,02	2,96	2,90	2,84	2,78	2,73	2,68	2,64	2,60	2,56	2,52	2,48	2,44	2,41	2,38	2,35	2,32	2,29	2,23					**14**
15	3,54	3,46	3,38	3,30	3,23	3,17	3,11	3,05	2,99	2,94	2,89	2,84	2,79	2,75	2,72	2,68	2,63	2,60	2,56	2,53	2,50	2,43	2,38	2,34			**15**
16	3,87	3,78	3,69	3,61	3,53	3,46	3,39	3,33	3,27	3,21	3,16	3,11	3,05	3,01	2,96	2,92	2,88	2,84	2,80	2,76	2,73	2,67	2,61	2,55	2,49		**16**
17	4,18	4,09	4,00	3,91	3,82	3,74	3,67	3,60	3,54	3,48	3,42	3,36	3,31	3,26	3,21	3,16	3,12	3,08	3,04	3,00	2,96	2,89	2,82	2,76	2,70	2,64	**17**
18	4,54	4,43	4,33	4,23	4,14	4,06	3,98	3,91	3,84	3,77	3,70	3,64	3,58	3,53	3,47	3,42	3,38	3,34	3,29	3,25	3,21	3,14	3,06	3,00	2,93	2,88	**18**
19	4,88	4,77	4,66	4,55	4,46	4,37	4,28	4,20	4,12	4,05	3,99	3,93	3,86	3,80	3,74	3,69	3,63	3,59	3,55	3,50	3,45	3,37	3,29	3,22	3,14	3,09	**19**
20	5,23	5,11	4,99	4,88	4,78	4,68	4,60	4,50	4,42	4,35	4,27	4,21	4,14	4,08	4,03	3,95	3,90	3,85	3,80	3,76	3,70	3,61	3,53	3,45	3,38	3,31	**20**
21	5,59	5,45	5,33	5,21	5,10	5,00	4,90	4,80	4,72	4,64	4,56	4,49	4,42	4,35	4,28	4,22	4,16	4,11	4,05	4,00	3,95	3,86	3,77	3,68	3,60	3,54	**21**
22	5,96	5,82	5,69	5,55	5,45	5,34	5,23	5,12	5,04	4,96	4,87	4,80	4,72	4,65	4,57	4,50	4,44	4,39	4,33	4,27	4,21	4,12	4,02	3,94	3,85	3,77	**22**
23	6,34	6,19	6,05	5,90	5,79	5,67	5,56	5,46	5,36	5,26	5,17	5,09	5,01	4,93	4,86	4,79	4,72	4,66	4,61	4,55	4,48	4,37	4,27	4,18	4,09	4,01	**23**
24	6,73	6,57	6,42	6,27	6,15	6,02	5,90	5,80	5,69	5,59	5,49	5,40	5,32	5,25	5,17	5,09	5,02	4,95	4,88	4,82	4,76	4,65	4,54	4,44	4,34	4,25	**24**
25	7,12	6,95	6,80	6,65	6,50	6,38	6,25	6,14	6,02	5,92	5,83	5,72	5,63	5,55	5,47	5,39	5,31	5,25	5,18	5,11	5,04	4,92	4,81	4,70	4,60	4,50	**25**
26	7,52	7,33	7,18	7,02	6,86	6,73	6,60	6,46	6,35	6,25	6,15	6,05	5,94	5,85	5,77	5,69	5,61	5,53	5,45	5,38	5,32	5,19	5,07	4,96	4,85	4,75	**26**
27	7,92	7,72	7,56	7,39	7,25	7,10	6,95	6,82	6,70	6,58	6,47	6,36	6,26	6,16	6,08	6,00	5,91	5,83	5,75	5,68	5,60	5,47	5,35	5,23	5,11	5,01	**27**
28	8,33	8,13	7,94	7,76	7,60	7,45	7,31	7,17	7,04	6,91	6,80	6,70	6,59	6,48	6,39	6,30	6,21	6,12	6,04	5,96	5,89	5,75	5,62	5,50	5,37	5,31	**28**
29			8,33	8,15	7,97	7,82	7,66	7,51	7,38	7,25	7,13	7,01	6,90	6,80	6,70	6,60	6,51	6,42	6,33	6,25	6,18	6,03	5,89	5,75	5,63	5,51	**29**
30					8,33	8,16	8,02	7,86	7,73	7,60	7,47	7,35	7,23	7,11	7,00	6,90	6,81	6,72	6,63	6,55	6,47	6,31	6,16	6,03	5,90	5,77	**30**
32								8,61	8,45	8,30	8,17	8,03	7,91	7,79	7,67	7,55	7,45	7,35	7,25	7,16	7,08	6,90	6,75	6,60	6,46	6,32	**32**
34													8,58	8,45	8,33	8,21	8,10	8,00	7,89	7,78	7,69	7,50	7,33	7,17	7,01	6,87	**34**
36																			8,56	8,43	8,35	8,15	7,96	7,77	7,61	7,45	**36**
38																							8,59	8,40	8,21	8,05	**38**

Maximale Stützweiten von I NP. bei 1200 kg/qcm Beanspruchung, 770 kg/qm Gesamtlast und gegebener Trägerentfernung.

I NP.	Trägerentfernung 1,00	1,05	1,10	1,15	1,20	1,25	1,30	1,35	1,40	1,45	1,50	1,55	1,60	1,65	1,70	1,75	1,80	1,85	1,90	1,95	2,00	2,10	2,20	2,30	2,40	2,50	I NP.
12	2,61	2,54	2,48	2,43	2,38	2,33	2,29	2,24	2,20	2,17	2,13	2,10	2,06	2,03	2,00	1,97	1,94	1,92									**12**
13	2,89	2,82	2,76	2,70	2,64	2,59	2,54	2,49	2,44	2,40	2,36	2,33	2,29	2,25	2,21	2,18	2,16	2,13	2,10	2,07	2,04						**13**
14	3,19	3,11	3,04	2,98	2,91	2,86	2,80	2,75	2,70	2,65	2,60	2,56	2,52	2,48	2,44	2,41	2,38	2,35	2,32	2,28	2,26	2,20					**14**
15	3,50	3,41	3,33	3,26	3,14	3,12	3,06	3,01	2,95	2,90	2,85	2,81	2,76	2,72	2,68	2,64	2,60	2,57	2,53	2,50	2,47	2,41	2,36	2,31			**15**
16	3,82	3,72	3,64	3,56	3,48	3,42	3,35	3,29	3,23	3,17	3,12	3,07	3,02	2,97	2,93	2,89	2,84	2,81	2,77	2,73	2,70	2,64	2,58	2,52	2,46		**16**
17	4,13	4,03	3,94	3,85	3,77	3,70	3,62	3,56	3,49	3,43	3,37	3,32	3,27	3,22	3,17	3,12	3,08	3,04	3,00	2,96	2,92	2,86	2,79	2,73	2,67	2,61	**17**
18	4,48	4,37	4,27	4,17	4,08	4,01	3,93	3,86	3,78	3,72	3,66	3,60	3,54	3,49	3,43	3,38	3,34	3,30	3,25	3,21	3,17	3,10	3,02	2,96	2,89	2,83	**18**
19	4,81	4,70	4,58	4,49	4,39	4,31	4,22	4,15	4,07	4,00	3,93	3,87	3,81	3,75	3,69	3,64	3,58	3,54	3,49	3,45	3,40	3,32	3,24	3,18	3,11	3,05	**19**
20	5,17	5,04	4,92	4,82	4,72	4,62	4,53	4,45	4,37	4,29	4,22	4,16	4,09	4,02	3,96	3,90	3,84	3,80	3,75	3,70	3,65	3,57	3,48	3,41	3,33	3,27	**20**
21	5,51	5,38	5,25	5,14	5,03	4,93	4,84	4,75	4,66	4,58	4,50	4,43	4,36	4,30	4,23	4,17	4,11	4,06	4,00	3,95	3,90	3,81	3,72	3,64	3,56	3,49	**21**
22	5,88	5,74	5,60	5,48	5,37	5,26	5,16	5,07	4,97	4,89	4,80	4,73	4,66	4,58	4,51	4,45	4,38	4,33	4,27	4,21	4,16	4,06	3,97	3,88	3,80	3,72	**22**
23	6,25	6,10	5,96	5,83	5,70	5,59	5,49	5,39	5,29	5,20	5,10	5,03	4,95	4,87	4,80	4,72	4,66	4,60	4,53	4,48	4,42	4,32	4,22	4,13	4,03	3,96	**23**
24	6,64	6,48	6,32	6,20	6,06	5,94	5,82	5,72	5,61	5,52	5,42	5,34	5,25	5,17	5,10	5,02	4,95	4,88	4,83	4,76	4,70	4,58	4,48	4,38	4,28	4,20	**24**
25	7,03	6,86	6,70	6,56	6,41	6,29	6,17	6,06	5,96	5,84	5,67	5,65	5,56	5,48	5,40	5,31	5,24	5,17	5,10	5,03	4,97	4,86	4,74	4,64	4,54	4,45	**25**
26	7,42	7,24	7,06	6,92	6,77	6,64	6,50	6,40	6,27	6,17	6,06	5,97	5,87	5,78	5,70	5,61	5,53	5,46	5,38	5,31	5,25	5,11	5,01	4,90	4,79	4,70	**26**
27	7,82	7,63	7,45	7,30	7,15	7,00	6,86	6,75	6,61	6,50	6,39	6,30	6,20	6,10	6,00	5,91	5,83	5,75	5,68	5,60	5,53	5,40	5,28	5,16	5,05	4,95	**27**
28	8,22	8,02	7,84	7,66	7,50	7,35	7,22	7,08	6,95	6,84	6,72	6,61	6,51	6,41	6,31	6,22	6,13	6,05	5,97	5,88	5,81	5,68	5,55	5,43	5,31	5,20	**28**
29			8,20	8,03	7,86	7,70	7,56	7,42	7,28	7,16	7,04	6,93	6,82	6,71	6,60	6,50	6,41	6,44	6,25	6,16	6,10	5,95	5,81	5,68	5,56	5,45	**29**
30					8,24	8,08	7,92	7,78	7,64	7,50	7,37	7,26	7,15	7,03	6,92	6,82	6,73	6,63	6,55	6,47	6,39	6,24	6,09	5,96	5,82	5,71	**30**
32							8,66	8,51	8,35	8,20	8,06	7,95	7,82	7,70	7,57	7,46	7,36	7,26	7,16	7,07	6,99	6,83	6,66	6,52	6,37	6,25	**32**
34												8,63	8,50	8,35	8,22	8,10	8,00	7,90	7,79	7,68	7,58	7,42	7,24	7,08	6,92	6,79	**34**
36																		8,56	8,45	8,35	8,25	8,05	7,85	7,69	7,52	7,37	**36**
38																							8,47	8,30	8,10	7,95	**38**

Maximale Stützweiten von I NP. bei 1200 kg/qcm Beanspruchung, 790 kg/qm Gesamtlast und gegebener Trägerentfernung.

I NP.	Trägerentfernung 1,00	1,05	1,10	1,15	1,20	1,25	1,30	1,35	1,40	1,45	1,50	1,55	1,60	1,65	1,70	1,75	1,80	1,85	1,90	1,95	2,00	2,10	2,20	2,30	2,40	2,50	I NP.
12	2,57	2,51	2,45	2,40	2,35	2,30	2,26	2,22	2,18	2,14	2,10	2,07	2,04	2,00	1,97	1,95	1,92	1,89									12
13	2,86	2,80	2,72	2,66	2,60	2,56	2,52	2,46	2,41	2,37	2,33	2,30	2,26	2,22	2,19	2,16	2,12	2,10	2,07	2,05	2,02						13
14	3,15	3,07	3,00	2,94	2,87	2,82	2,76	2,71	2,66	2,62	2,57	2,53	2,49	2,45	2,42	2,38	2,35	2,32	2,28	2,26	2,23	2,17					14
15	3,45	3,36	3,28	3,22	3,15	3,08	3,02	2,97	2,91	2,86	2,82	2,77	2,72	2,68	2,64	2,61	2,57	2,54	2,50	2,47	2,44	2,38	2,33				15
16	3,76	3,68	3,59	3,51	3,44	3,37	3,30	3,24	3,18	3,13	3,08	3,03	2,98	2,94	2,89	2,85	2,81	2,77	2,73	2,70	2,66	2,60	2,54	2,48	2,43		16
17	4,08	3,98	3,88	3,80	3,72	3,65	3,58	3,51	3,44	3,39	3,33	3,28	3,22	3,18	3,13	3,08	3,04	3,00	2,96	2,92	2,88	2,81	2,75	2,69	2,63	2,58	17
18	4,42	4,31	4,21	4,12	4,03	3,96	3,88	3,80	3,74	3,67	3,61	3,55	3,50	3,44	3,40	3,34	3,30	3,25	3,21	3,17	3,13	3,05	2,98	2,91	2,86	2,80	18
19	4,75	4,63	4,53	4,43	4,34	4,25	4,17	4,09	4,02	3,95	3,88	3,82	3,76	3,70	3,64	3,59	3,54	3,50	3,45	3,41	3,36	3,28	3,20	3,13	3,07	3,01	19
20	5,10	4,97	4,86	4,75	4,65	4,56	4,47	4,39	4,31	4,23	4,17	4,10	4,03	3,97	3,91	3,86	3,80	3,75	3,70	3,66	3,61	3,52	3,44	3,36	3,29	3,22	20
21	5,45	5,30	5,18	5,07	4,97	4,87	4,78	4,69	4,60	4,52	4,44	4,38	4,30	4,23	4,18	4,12	4,06	4,00	3,94	3,90	3,85	3,75	3,67	3,58	3,51	3,44	21
22	5,81	5,66	5,53	5,41	5,30	5,20	5,10	5,00	4,90	4,82	4,74	4,67	4,59	4,52	4,46	4,39	4,33	4,27	4,21	4,16	4,11	4,00	3,92	3,83	3,75	3,67	22
23	6,18	6,01	5,88	5,75	5,63	5,52	5,42	5,31	5,21	5,13	5,04	4,96	4,88	4,80	4,73	4,67	4,60	4,53	4,48	4,43	4,37	4,25	4,16	4,07	3,98	3,90	23
24	6,55	6,39	6,25	6,11	5,98	5,86	5,75	5,64	5,54	5,44	5,35	5,27	5,18	5,10	5,03	4,96	4,88	4,81	4,75	4,70	4,63	4,52	4,42	4,32	4,23	4,14	24
25	6,94	6,76	6,61	6,47	6,34	6,21	6,10	5,98	5,87	5,77	5,67	5,58	5,49	5,40	5,32	5,25	5,18	5,10	5,04	4,98	4,91	4,79	4,68	4,57	4,48	4,39	25
26	7,34	7,14	6,98	6,83	6,69	6,55	6,43	6,30	6,18	6,08	5,98	5,89	5,79	5,70	5,62	5,54	5,46	5,38	5,30	5,25	5,18	5,05	4,95	4,82	4,73	4,63	26
27	7,72	7,52	7,35	7,20	7,05	6,91	6,78	6,65	6,52	6,42	6,31	6,21	6,10	6,01	5,93	5,85	5,76	5,68	5,60	5,54	5,46	5,33	5,21	5,09	4,99	4,88	27
28	8,11	7,91	7,73	7,56	7,41	7,26	7,12	7,00	6,86	6,75	6,63	6,52	6,42	6,33	6,23	6,14	6,05	5,97	5,88	5,82	5,74	5,60	5,48	5,35	5,24	5,13	28
29		8,29	8,10	7,93	7,76	7,60	7,46	7,32	7,18	7,06	6,94	6,83	6,72	6,62	6,52	6,43	6,34	6,25	6,17	6,10	6,01	5,86	5,74	5,60	5,49	5,38	29
30				8,30	8,13	7,97	7,82	7,66	7,52	7,40	7,28	7,16	7,05	6,94	6,83	6,74	6,64	6,55	6,46	6,38	6,30	6,15	6,01	5,87	5,75	5,63	30
32						8,72	8,56	8,40	8,24	8,10	7,96	7,84	7,70	7,60	7,49	7,38	7,26	7,17	7,07	7,00	6,90	6,72	6,58	6,43	6,30	6,17	32
34											8,65	8,51	8,37	8,25	8,12	8,01	7,90	7,79	7,68	7,60	7,50	7,30	7,15	6,98	6,84	6,70	34
36																	8,58	8,45	8,34	8,24	8,14	7,93	7,76	7,58	7,43	7,28	36
38																						8,55	8,36	8,17	8,00	7,85	38
40																										8,43	40

Maximale Stützweiten von I NP. bei 1200 kg/qcm Beanspruchung, 800 kg/qm Gesamtlast und gegebener Trägerentfernung.

I	Trägerentfernung																									I
NP.	1,00	1,05	1,10	1,15	1,20	1,25	1,30	1,35	1,40	1,45	1,50	1,55	1,60	1,65	1,70	1,75	1,80	1,85	1,90	1,95	2,00	2,10	2,20	2,30	2,40	2,50	NP.
12	2,55	2,49	2,44	2,39	2,34	2,29	2,24	2,20	2,16	2,12	2,09	2,06	2,03	2,00	1,97	1,94	1,91										12
13	2,84	2,77	2,71	2,65	2,59	2,54	2,49	2,44	2,40	2,36	2,32	2,28	2,24	2,20	2,17	2,14	2,11	2,08	2,06								13
14	3,13	3,06	2,99	2,92	2,86	2,80	2,75	2,69	2,65	2,60	2,56	2,52	2,48	2,44	2,40	2,37	2,34	2,31	2,27	2,24	2,21						14
15	3,43	3,35	3,27	3,20	3,13	3,07	3,01	2,95	2,90	2,84	2,79	2,75	2,71	2,67	2,63	2,59	2,55	2,51	2,48	2,45	2,42	2,37	2,32				15
16	3,75	3,66	3,57	3,49	3,42	3,35	3,28	3,22	3,16	3,11	3,06	3,01	2,96	2,91	2,87	2,83	2,79	2,75	2,71	2,68	2,65	2,58	2,52	2,47			16
17	4,06	3,96	3,87	3,78	3,70	3,63	3,56	3,49	3,43	3,37	3,31	3,25	3,20	3,16	3,10	3,06	3,02	2,98	2,94	2,90	2,86	2,80	2,74	2,68	2,62	2,57	17
18	4,40	4,29	4,19	4,10	4,01	3,93	3,85	3,78	3,72	3,64	3,58	3,52	3,47	3,42	3,37	3,32	3,28	3,23	3,18	3,14	3,11	3,03	2,96	2,90	2,84	2,78	18
19	4,73	4,61	4,51	4,41	4,31	4,22	4,14	4,07	4,00	3,93	3,86	3,80	3,74	3,68	3,62	3,57	3,52	3,47	3,42	3,38	3,34	3,26	3,19	3,12	3,05	2,99	19
20	5,07	4,95	4,83	4,73	4,63	4,54	4,45	4,36	4,28	4,21	4,14	4,07	4,01	3,94	3,89	3,84	3,78	3,73	3,68	3,63	3,58	3,50	3,42	3,34	3,27	3,21	20
21	5,41	5,28	5,16	5,06	4,95	4,84	4,75	4,66	4,57	4,49	4,42	4,35	4,28	4,21	4,15	4,09	4,03	3,98	3,93	3,88	3,83	3,73	3,65	3,57	3,49	3,42	21
22	5,78	5,64	5,51	5,39	5,28	5,16	5,06	4,97	4,88	4,80	4,72	4,64	4,57	4,49	4,43	4,37	4,30	4,24	4,18	4,13	4,08	3,98	3,89	3,81	3,73	3,65	22
23	6,14	5,99	5,85	5,72	5,60	5,49	5,38	5,28	5,18	5,09	5,01	4,93	4,85	4,78	4,71	4,64	4,57	4,51	4,45	4,40	4,34	4,24	4,14	4,05	3,96	3,88	23
24	6,51	6,36	6,21	6,08	5,95	5,83	5,71	5,61	5,51	5,41	5,32	5,23	5,15	5,07	5,00	4,93	4,86	4,79	4,72	4,66	4,61	4,50	4,40	4,30	4,21	4,12	24
25	6,90	6,74	6,58	6,43	6,30	6,17	6,05	5,94	5,84	5,74	5,63	5,55	5,46	5,37	5,30	5,22	5,14	5,07	5,01	4,94	4,88	4,76	4,66	4,55	4,45	4,37	25
26	7,29	7,11	6,94	6,79	6,65	6,51	6,39	6,28	6,16	6,05	5,94	5,85	5,76	5,67	5,58	5,50	5,43	5,36	5,28	5,22	5,15	5,03	4,91	4,80	4,70	4,61	26
27	7,68	7,49	7,32	7,16	7,01	6,87	6,73	6,61	6,49	6,38	6,26	6,17	6,07	5,98	5,89	5,80	5,72	5,65	5,57	5,50	5,43	5,29	5,18	5,06	5,96	4,86	27
28	8,06	7,87	7,70	7,53	7,37	7,22	7,07	6,94	6,82	6,70	6,59	6,48	6,38	6,28	6,19	6,10	6,01	5,93	5,85	5,78	5,71	5,56	5,44	5,32	5,21	5,10	28
29		8,26	8,06	7,89	7,72	7,56	7,41	7,28	7,15	7,02	6,90	6,80	6,69	6,58	6,49	6,40	6,31	6,22	6,14	6,06	5,98	5,84	5,71	5,58	5,46	5,35	29
30				8,26	8,09	7,92	7,77	7,62	7,48	7,36	7,23	7,13	7,12	6,89	6,80	6,70	6,60	6,51	6,42	6,34	6,26	6,11	5,97	5,84	5,72	5,60	30
32						8,65	8,49	8,34	8,19	8,05	7,91	7,78	7,66	7,53	7,44	7,33	7,22	7,12	7,02	6,93	6,85	6,69	6,54	6,40	6,26	6,13	32
34											8,58	8,46	8,33	8,20	8,08	7,96	7,85	7,74	7,64	7,54	745,	7,26	7,10	6,95	6,80	6,66	34
36																8,65	8,52	8,40	8,30	8,20	8,10	7,89	7,72	7,54	7,39	7,24	36
38																						8,50	8,31	8,12	7,96	7,80	38
40																									8,55	8,38	40

Maximale Stützweiten von I NP. bei 1200 kg/qcm Beanspruchung, 840 kg/qm Gesamtlast und gegebener Trägerentfernung.

I NP.	Trägerentfernung 1,00	1,05	1,10	1,15	1,20	1,25	1,30	1,35	1,40	1,45	1,50	1,55	1,60	1,65	1,70	1,75	1,80	1,85	1,90	1,95	2,00	2,10	2,20	2,30	2,40	2,50	I NP.
12	2,50	2,44	2,38	2,33	2,28	2,23	2,19	2,15	2,12	2,08	2,04	2,01	1,98	1,95	1,92	1,89	1,86										12
13	2,77	2,71	2,64	2,59	2,54	2,48	2,43	2,38	2,34	2,30	2,26	2,22	2,19	2,16	2,12	2,09	2,06	2,04	2,00	1,98							13
14	3,06	2,98	2,92	2,85	2,79	2,74	2,68	2,63	2,59	2,54	2,50	2,46	2,42	2,38	2,34	2,31	2,28	2,25	2,22	2,19	2,16	2,11					14
15	3,34	3,26	3,19	3,12	3,06	2,99	2,93	2,89	2,84	2,79	2,75	2,69	2,65	2,60	2,57	2,53	2,49	2,45	2,43	2,40	2,36	2,31	2,26				15
16	3,66	3,57	3,48	3,41	3,34	3,27	3,21	3,14	3,09	3,04	3,00	2,94	2,90	2,85	2,80	2,76	2,73	2,69	2,67	2,62	2,59	2,52	2,47	2,42			16
17	3,96	3,86	3,77	3,69	3,62	3,54	3,47	3,40	3,34	3,28	3,23	3,18	3,12	3,08	3,04	2,99	2,95	2,92	2,87	2,84	2,80	2,73	2,68	2,61	2,56		17
18	4,01	4,19	4,08	4,00	3,92	3,84	3,75	3,69	3,63	3,57	3,50	3,45	3,39	3,34	3,29	3,24	3,19	3,15	3,12	3,07	3,04	2,96	2,90	2,83	2,78	2,72	18
19	4,62	4,50	4,40	4,30	4,22	4,12	4,04	3,97	3,90	3,83	3,77	3,71	3,64	3,60	3,54	3,49	3,43	3,39	3,35	3,31	3,26	3,19	3,12	3,05	2,99	2,92	19
20	4,95	4,83	4,71	4,64	4,52	4,42	4,34	4,26	4,19	4,12	4,05	3,97	3,92	3,86	3,80	3,75	3,69	3,64	3,59	3,54	3,50	3,41	3,34	3,26	3,20	3,14	20
21	5,29	5,16	5,04	4,92	4,83	4,72	4,63	4,52	4,48	4,40	4,32	4,25	4,18	4,12	4,05	3,99	3,94	3,89	3,84	3,79	3,75	3,65	3,57	3,48	3,41	3,34	21
22	5,64	5,50	5,37	5,25	5,15	5,04	4,94	4,86	4,76	4,70	4,62	4,53	4,45	4,39	4,33	4,27	4,20	4,15	4,09	4,04	3,99	3,89	3,81	3,72	3,64	3,57	22
23	5,99	5,84	5,71	5,88	5,47	5,35	5,25	5,16	5,06	4,98	4,90	4,80	4,72	4,67	4,61	4,54	4,48	4,41	4,35	4,29	4,25	4,13	4,04	3,95	3,87	3,80	23
24	6,36	6,21	6,06	5,94	5,81	5,69	5,57	5,48	5,39	5,30	5,20	5,11	5,01	4,95	4,88	4,80	4,75	4,67	4,62	4,57	4,50	4,43	4,31	4,20	4,12	4,05	24
25	6,75	6,58	6,43	6,29	6,15	6,03	5,90	5,80	5,71	5,60	5,50	5,43	5,33	5,24	5,16	5,08	5,02	4,96	4,89	4,82	4,76	4,65	4,55	4,44	4,36	4,27	25
26	7,12	6,94	6,78	6,54	6,50	6,36	6,24	6,12	6,00	5,92	5,82	5,71	5,61	5,54	5,46	5,38	5,30	5,22	5,15	5,10	5,04	4,90	4,80	4,70	4,61	4,52	26
27	7,50	7,33	7,15	7,00	6,85	6,70	6,56	6,45	6,33	6,25	6,13	6,04	5,93	5,84	5,76	5,68	5,61	5,52	5,44	5,39	5,31	5,18	5,06	4,95	4,85	4,74	27
28	7,89	7,70	7,51	7,35	7,21	7,05	6,90	6,78	6,65	6,55	6,42	6,33	6,24	6,13	6,04	5,95	5,88	5,80	5,71	5,65	5,57	5,44	5,31	5,19	5,08	4,98	28
29	8,25	8,06	7,86	7,70	7,54	7,37	7,25	7,11	7,00	6,88	6,76	6,65	6,54	6,45	6,33	6,25	6,17	6,09	6,00	5,92	5,84	5,72	5,57	5,47	5,34	5,23	29
30	8,64	8,43	8,25	8,05	7,90	7,74	7,59	7,44	7,32	7,18	7,05	6,94	6,82	6,73	6,64	6,52	6,44	6,36	6,28	6,19	6,12	5,96	5,83	5,71	5,59	5,47	30
32	9,46	9,22	9,00	8,84	8,64	8,46	8,29	8,13	8,00	7,85	7,72	7,61	7,49	7,38	7,25	7,15	7,07	6,97	6,87	6,78	6,69	6,53	6,38	6,23	6,10	5,95	32
34	10,24	10,00	9,78	9,57	9,39	9,19	9,00	8,85	8,69	8,52	8,40	8,25	8,13	8,00	7,88	7,75	7,65	7,55	7,45	7,35	7,28	7,08	6,93	6,78	6,63	6,49	34
36	11,18	10,86	10,63	10,39	10,17	9,98	9,78	9,60	9,44	9,28	9,12	8,95	8,84	8,67	8,55	8,43	8,31	8,20	8,09	7,98	7,89	7,69	7,52	7,35	7,19	7,04	36
38	11,97	11,73	11,47	11,22	10,95	10,72	10,53	10,34	10,15	9,98	9,80	9,65	9,49	9,39	9,22	9,09	8,95	8,84	8,72	8,61	8,49	8,31	8,10	7,94	7,75	7,58	38
40	12,92	12,65	12,32	12,04	11,83	11,53	11,33	11,13	10,90	10,72	10,53	10,38	10,22	10,04	9,90	9,78	9,65	9,52	9,41	9,28	9,17	8,92	8,72	8,54	8,37	8,19	40

Maximale Stützweiten von I NP. bei 1200 kg/qcm Beanspruchung, 850 kg/qm Gesamtlast und gegebener Trägerentfernung.

I	Trägerentfernung																									I
NP.	1,00	1,05	1,10	1,15	1,20	1,25	1,30	1,35	1,40	1,45	1,50	1,55	1,60	1,65	1,70	1,75	1,80	1,85	1,90	1,95	2,00	2,10	2,20	2,30	2,40	2,50	NP.
12	2,48	2,42	2,37	2,32	2,26	2,21	2,18	2,14	2,10	2,06	2,03	2,00	1,97	1,94	1,91	1,88	1,85	1,82									12
13	2,75	2,68	2,62	2,56	2,51	2,46	2,42	2,37	2,33	2,29	2,25	2,21	2,17	2,13	2,11	2,08	2,05	2,02	1,99	1,97							13
14	3,04	2,97	2,90	2,83	2,77	2,72	2,67	2,62	2,57	2,53	2,48	2,44	2,40	2,37	2,34	2,30	2,26	2,23	2,21	2,18	2,15	2,10					14
15	3,33	3,24	3,16	3,09	3,03	2,97	2,92	2,87	2,81	2,77	2,72	2,68	2,63	2,59	2,56	2,52	2,47	2,43	2,40	2,38	2,35	2,30	2,25				15
16	3,63	3,55	3,47	3,39	3,32	3,25	3,18	3,12	3,07	3,01	2,96	2,91	2,87	2,82	2,78	2,74	2,71	2,67	2,63	2,60	2,57	2,51	2,45	2,40			16
17	3,94	3,84	3,74	3,66	3,59	3,52	3,45	3,39	3,32	3,27	3,21	3,15	3,10	3,06	3,02	2,97	2,93	2,89	2,85	2,82	2,78	2,71	2,65	2,60	2,54		17
18	4,26	4,16	4,07	3,97	3,89	3,81	3,74	3,67	3,61	3,54	3,47	3,42	3,37	3,32	3,27	3,22	3,18	3,13	3,09	3,06	3,01	2,94	2,88	2,82	2,76	2,70	18
19	4,58	4,47	4,37	4,28	4,18	4,10	4,02	3,95	3,88	3,81	3,74	3,68	3,62	3,57	3,52	3,47	3,42	3,37	3,32	3,28	3,24	3,16	3,09	3,02	2,96	2,90	19
20	4,91	4,80	4,69	4,58	4,49	4,39	4,31	4,23	4,16	4,09	4,03	3,95	3,89	3,83	3,78	3,72	3,67	3,61	3,57	3,52	3,48	3,39	3,31	3,24	3,17	3,10	20
21	5,25	5,13	5,01	4,89	4,79	4,69	4,60	4,52	4,43	4,36	4,28	4,21	4,15	4,08	4,02	3,97	3,91	3,86	3,81	3,76	3,71	3,62	3,54	3,46	3,39	3,32	21
22	5,60	5,47	5,35	5,22	5,12	5,01	4,91	4,82	4,73	4,65	4,57	4,50	4,43	4,36	4,30	4,24	4,18	4,12	4,06	4,01	3,96	3,87	3,78	3,70	3,62	3,54	22
23	5,95	5,81	5,68	5,55	5,44	5,31	5,23	5,13	5,03	4,94	4,86	4,78	4,71	4,64	4,57	4,51	4,43	4,37	4,31	4,26	4,21	4,11	4,02	3,93	3,84	3,76	23
24	6,32	6,17	6,03	5,89	5,77	5,65	5,55	5,45	5,35	5,26	5,17	5,08	5,00	4,92	4,85	4,77	4,71	4,65	4,58	4,52	4,47	4,36	4,26	4,16	4,08	4,00	24
25	6,70	6,54	6,39	6,24	6,11	5,98	5,87	5,76	5,66	5,56	5,47	5,38	5,30	5,21	5,13	5,06	4,99	4,92	4,85	4,79	4,73	4,62	4,51	4,41	4,33	4,27	25
26	7,06	6,89	6,73	6,58	6,46	6,31	6,20	6,08	5,97	5,86	5,77	5,67	5,58	5,49	5,41	5,33	5,26	5,19	5,12	5,06	4,99	4,87	4,76	4,65	4,55	4,46	26
27	7,45	7,28	7,11	6,94	6,80	6,65	6,53	6,41	6,30	6,19	6,08	5,99	5,89	5,80	5,71	5,63	5,55	5,47	5,40	5,33	5,26	5,13	5,02	4,91	4,80	4,70	27
28	7,82	7,63	7,46	7,29	7,15	6,99	6,86	6,73	6,61	6,50	6,39	6,29	6,19	6,09	6,00	5,91	5,83	5,75	5,67	5,60	5,53	5,40	5,28	5,16	5,05	4,95	28
29	8,20	8,01	7,82	7,64	7,49	7,33	7,20	7,07	6,94	6,82	6,70	6,59	6,49	6,39	6,30	6,20	6,11	6,03	5,94	5,87	5,80	5,66	5,53	5,41	5,29	5,18	29
30			8,19	8,01	7,85	7,67	7,53	7,39	7,26	7,12	7,00	6,90	6,80	6,69	6,59	6,49	6,40	6,31	6,23	6,15	6,06	5,92	5,79	5,66	5,55	5,44	30
32					8,59	8,40	8,25	8,10	7,95	7,83	7,67	7,55	7,44	7,32	7,20	7,10	7,00	6,90	6,81	6,73	6,65	6,48	6,34	6,20	6,07	5,94	32
34									8,63	8,47	8,33	8,20	8,08	7,95	7,83	7,71	7,60	7,50	7,40	7,30	7,21	7,04	6,88	6,73	6,59	6,45	34
36														8,63	8,50	8,38	8,27	8,16	8,05	7,95	7,84	7,65	7,48	7,31	7,16	7,01	36
38																				8,55	8,46	8,24	8,06	7,88	7,71	7,55	38
40																								8,46	8,29	8,13	40

Maximale Stützweiten von I NP. bei 1200 kg/qcm Beanspruchung, 870 kg/qm Gesamtlast und gegebener Trägerentfernung.

I NP.	Trägerentfernung 1,00	1,05	1,10	1,15	1,20	1,25	1,30	1,35	1,40	1,45	1,50	1,55	1,60	1,65	1,70	1,75	1,80	1,85	1,90	1,95	2,00	2,10	2,20	2,30	2,40	2,50	I NP.
12	2,45	2,40	2,34	2,29	2,24	2,19	2,15	2,11	2,07	2,04	2,00	1,97	1,94	1,91	1,88	1,85	1,83	1,80									12
13	2,72	2,65	2,59	2,54	2,48	2,43	2,39	2,34	2,30	2,26	2,22	2,18	2,15	2,12	2,09	2,05	2,03	2,00	1,98	1,95							13
14	3,00	2,93	2,87	2,80	2,74	2,69	2,64	2,59	2,54	2,49	2,45	2,41	2,38	2,34	2,30	2,27	2,24	2,21	2,18	2,15	2,12						14
15	3,29	3,21	3,14	3,07	3,00	2,94	2,89	2,83	2,78	2,73	2,68	2,64	2,60	2,56	2,52	2,48	2,45	2,42	2,39	2,35	2,32	2,27	2,22				15
16	3,59	3,50	3,43	3,35	3,28	3,21	3,15	3,09	3,04	2,99	2,94	2,89	2,84	2,80	2,76	2,72	2,68	2,64	2,61	2,58	2,54	2,48	2,42	2,37			16
17	3,89	3,80	3,71	3,62	3,55	3,48	3,41	3,35	3,29	3,23	3,18	3,12	3,08	3,03	2,98	2,94	2,90	2,86	2,82	2,79	2,75	2,68	2,62	2,56	2,51		17
18	4,21	4,11	4,02	3,93	3,85	3,77	3,70	3,63	3,56	3,50	3,45	3,38	3,33	3,28	3,23	3,18	3,14	3,10	3,06	3,02	2,98	2,91	2,84	2,78	2,72	2,66	18
19	4,53	4,42	4,32	4,23	4,14	4,05	3,97	3,90	3,83	3,76	3,70	3,64	3,58	3,52	3,47	3,42	3,38	3,33	3,29	3,24	3,20	3,12	3,05	2,99	2,92	2,86	19
20	4,86	4,75	4,64	4,54	4,44	4,35	4,26	4,19	4,11	4,04	3,97	3,90	3,84	3,78	3,73	3,67	3,62	3,57	3,53	3,48	3,44	3,36	3,28	3,20	3,14	3,07	20
21	5,18	5,06	4,95	4,84	4,74	4,64	4,55	4,46	4,38	4,30	4,23	4,16	4,10	4,04	3,98	3,92	3,87	3,82	3,77	3,71	3,67	3,58	3,50	3,42	3,35	3,28	21
22	5,54	5,42	5,28	5,16	5,06	4,96	4,86	4,77	4,68	4,60	4,53	4,45	4,38	4,32	4,25	4,19	4,13	4,07	4,03	3,97	3,92	3,82	3,74	3,65	3,58	3,50	22
23	5,88	5,74	5,62	5,49	5,36	5,26	5,16	5,06	4,98	4,88	4,80	4,73	4,65	4,58	4,52	4,44	4,38	4,33	4,27	4,22	4,16	4,06	3,97	3,88	3,80	3,72	23
24	6,25	6,10	5,96	5,83	5,71	5,60	5,48	5,38	5,28	5,19	5,10	5,02	4,94	4,86	4,80	4,72	4,66	4,60	4,53	4,48	4,42	4,32	4,22	4,12	4,04	3,95	24
25	6,62	6,46	6,31	6,17	6,05	5,92	5,81	5,70	5,59	5,50	5,40	5,32	5,23	5,15	5,08	5,00	4,93	4,87	4,80	4,74	4,68	4,56	4,46	4,36	4,27	4,18	25
26	6,98	6,82	6,66	6,52	6,38	6,25	6,13	6,02	5,90	5,80	5,69	5,61	5,53	5,44	5,36	5,28	5,20	5,14	5,07	5,00	4,94	4,82	4,72	4,61	4,51	4,42	26
27	7,35	7,18	7,02	6,86	6,72	6,58	6,45	6,33	6,22	6,12	6,02	5,92	5,82	5,73	5,65	5,56	5,48	5,41	5,34	5,27	5,20	5,08	4,96	4,85	4,75	4,65	27
28	7,74	7,55	7,38	7,22	7,16	6,91	6,78	6,66	6,54	6,42	6,32	6,22	6,12	6,03	5,93	5,84	5,76	5,68	5,61	5,54	5,46	5,34	5,21	5,10	5,00	4,90	28
29	8,10	7,90	7,74	7,56	7,40	7,25	7,11	6,98	6,85	6,73	6,62	6,51	6,41	6,31	6,21	6,12	6,03	5,96	5,88	5,81	5,73	5,58	5,47	5,34	5,23	5,12	29
30	8,50	8,29	8,10	7,92	7,75	7,60	7,45	7,32	7,17	7,05	6,93	6,82	6,72	6,62	6,52	6,46	6,33	6,24	6,16	6,07	6,00	5,86	5,73	5,60	5,48	5,37	30
32				8,66	8,48	8,30	8,15	8,00	7,85	7,72	7,58	7,46	7,35	7,23	7,13	7,02	6,92	6,83	6,74	6,65	6,57	6,41	6,26	6,12	6,00	5,87	32
34								8,68	8,52	8,38	8,26	8,11	7,98	7,86	7,75	7,63	7,52	7,42	7,33	7,23	7,13	6,96	6,81	6,66	6,52	6,38	34
36												8,82	8,68	8,54	8,42	8,29	8,18	8,07	7,97	7,86	7,75	7,57	7,40	7,24	7,08	6,93	36
38																8,94	8,82	8,69	8,58	8,47	8,36	8,16	7,98	7,79	7,63	7,47	38
40																					8,98	8,76	8,57	8,37	8,20	8,03	40

Maximale Stützweiten von I NP. bei 1200 kg/qcm Beanspruchung, 890 kg/qm Gesamtlast und gegebener Trägerentfernung.

I NP.	Trägerentfernung 1,00	1,05	1,10	1,15	1,20	1,25	1,30	1,35	1,40	1,45	1,50	1,55	1,60	1,65	1,70	1,75	1,80	1,85	1,90	1,95	2,00	2,10	2,20	2,30	2,40	2,50	I NP.
12	2,43	2,37	2,31	2,26	2,21	2,17	2,13	2,09	2,05	2,02	1,98	1,95	1,92	1,89	1,86	1,83											12
13	2,69	2,62	2,56	2,51	2,46	2,41	2,36	2,32	2,27	2,23	2,20	2,16	2,13	2,09	2,06	2,03	2,00	1,98	1,95								13
14	2,97	2,93	2,83	2,77	2,71	2,67	2,61	2,56	2,51	2,47	2,43	2,39	2,35	2,31	2,28	2,25	2,22	2,18	2,16	2,13	2,10						14
15	3,25	3,20	3,10	3,03	2,96	2,91	2,85	2,80	2,75	2,70	2,65	2,61	2,57	2,53	2,49	2,46	2,42	2,39	2,36	2,33	2,30	2,24	2,19				15
16	3,55	3,47	3,39	3,31	3,24	3,18	3,12	3,06	3,00	2,95	2,90	2,86	2,81	2,77	2,73	2,69	2,65	2,61	2,58	2,55	2,51	2,45	2,40	2,34			16
17	3,84	3,75	3,66	3,58	3,51	3,44	3,37	3,31	3,25	3,19	3,14	3,09	3,04	2,99	2,95	2,91	2,86	2,83	2,79	2,75	2,72	2,65	2,59	2,54	2,48	2,43	17
18	4,15	4,05	3,95	3,83	3,79	3,71	3,64	3,57	3,50	3,45	3,39	3,33	3,28	3,23	3,18	3,14	3,09	3,05	3,01	2,97	2,93	2,86	2,80	2,74	2,68	2,62	18
19	4,48	4,37	4,27	4,17	4,09	4,01	3,93	3,85	3,79	3,72	3,66	3,60	3,54	3,49	3,44	3,39	3,34	3,29	3,25	3,21	3,17	3,09	3,02	2,95	2,89	2,83	19
20	4,81	4,70	4,58	4,48	4,39	4,30	4,22	4,14	4,06	4,00	3,93	3,86	3,80	3,74	3,69	3,64	3,59	3,54	3,49	3,45	3,40	3,32	3,24	3,17	3,11	3,04	20
21	5,13	5,01	4,89	4,79	4,69	4,59	4,51	4,42	4,34	4,26	4,20	4,13	4,06	4,00	3,94	3,88	3,83	3,77	3,73	3,68	3,63	3,54	3,46	3,39	3,32	3,25	21
22	5,48	5,38	5,22	5,12	5,00	4,91	4,81	4,72	4,64	4,60	4,47	4,40	4,43	4,26	4,21	4,14	4,08	4,03	3,98	3,92	3,87	3,78	3,69	3,62	3,54	3,47	22
23	5,82	5,68	5,54	5,43	5,31	5,21	5,10	5,01	4,92	4,83	4,75	4,67	4,60	4,53	4,46	4,40	4,33	4,27	4,22	4,16	4,11	4,02	3,92	3,84	3,76	3,68	23
24	6,18	6,04	5,89	5,77	5,64	5,53	5,43	5,32	5,23	5,13	5,05	4,96	4,89	4,81	4,74	4,67	4,61	4,55	4,48	4,43	4,37	4,27	4,17	4,08	4,00	3,91	24
25	6,54	6,39	6,23	6,10	5,97	5,86	5,73	5,63	5,53	5,43	5,34	5,25	5,17	5,10	5,02	4,95	4,88	4,81	4,75	4,69	4,63	4,52	4,42	4,32	4,23	4,14	25
26	6,90	6,74	6,58	6,45	6,30	6,18	6,06	5,95	5,84	5,74	5,64	5,55	5,46	5,37	5,30	5,22	5,15	5,08	5,01	4,94	4,88	4,76	4,66	4,56	4,46	4,36	26
27	7,28	7,10	6,93	6,78	6,64	6,51	6,38	6,26	6,15	6,04	5,94	5,84	5,75	5,66	5,58	5,50	5,43	5,36	5,28	5,21	5,14	5,02	4,90	4,80	4,70	4,60	27
28	7,66	7,48	7,30	7,15	7,00	6,86	6,72	6,60	6,48	6,37	6,26	6,15	6,06	5,97	5,88	5,80	5,71	5,64	5,56	5,49	5,42	5,28	5,16	5,06	4,95	4,85	28
29	8,02	7,83	7,64	7,48	7,32	7,18	7,03	6,90	6,78	6,66	6,56	6,44	6,34	6,24	6,16	6,06	5,98	5,89	5,82	5,74	5,67	5,53	5,41	5,29	5,18	5,07	29
30	8,40	8,20	8,02	7,85	7,67	7,52	7,37	7,24	7,10	6,97	6,86	6,75	6,64	6,54	6,45	6,36	6,27	6,18	6,10	6,02	5,94	5,80	5,66	5,55	5,43	5,31	30
32			8,75	8,57	8,38	8,22	8,06	7,91	7,77	7,63	7,50	7,38	7,26	7,15	7,05	6,94	6,84	6,75	6,67	6,58	6,50	6,34	6,20	6,06	5,93	5,81	32
34						8,94	8,76	8,58	8,43	8,30	8,15	8,02	7,90	7,78	7,67	7,55	7,45	7,35	7,25	7,15	7,05	6,88	6,73	6,58	6,45	6,31	34
36											8,85	8,70	8,58	8,44	8,32	8,20	8,08	7,97	7,86	7,76	7,67	7,48	7,32	7,16	7,02	6,86	36
38															8,97	8,83	8,70	8,59	8,47	8,37	8,27	8,06	7,88	7,72	7,65	7,38	38
40																					8,87	8,66	8,46	8,28	8,11	7,93	40

Maximale Stützweiten von I NP. bei 1200 kg/qcm Beanspruchung, 900 kg/qm Gesamtlast und gegebener Trägerentfernung.

I	Trägerentfernung																										I
NP.	**1,00**	**1,05**	**1,10**	**1,15**	**1,20**	**1,25**	**1,30**	**1,35**	**1,40**	**1,45**	**1,50**	**1,55**	**1,60**	**1,65**	**1,70**	**1,75**	**1,80**	**1,85**	**1,90**	**1,95**	**2,00**	**2,10**	**2,20**	**2,30**	**2,40**	**2,50**	NP.
12	2,41	2,35	2,30	2,25	2,20	2,16	2,12	2,08	2,04	2,00	1,97	1,94	1,91	1,88	1,85	1,82											**12**
13	2,67	2,61	2,55	2,49	2,44	2,39	2,35	2,30	2,26	2,22	2,18	2,14	2,11	2,08	2,05	2,02	1,99	1,96									**13**
14	2,96	2,88	2,82	2,75	2,69	2,64	2,59	2,54	2,50	2,45	2,41	2,37	2,33	2,29	2,26	2,23	2,20	2,17	2,14	2,11							**14**
15	3,23	3,15	3,08	3,01	2,95	2,89	2,83	2,78	2,73	2,68	2,63	2,59	2,55	2,51	2,47	2,43	2,40	2,37	2,34	2,31	2,28	2,23					**15**
16	3,53	3,44	3,36	3,29	3,22	3,16	3,10	3,04	2,98	2,93	2,88	2,83	2,79	2,75	2,71	2,67	2,63	2,59	2,55	2,52	2,49	2,43	2,38	2,33			**16**
17	3,82	3,73	3,65	3,57	3,49	3,42	3,35	3,29	3,23	3,17	3,12	3,07	3,02	2,97	2,93	2,89	2,85	2,81	2,77	2,73	2,70	2,64	2,58	2,52	2,46		**17**
18	4,14	4,05	3,96	3,87	3,78	3,70	3,63	3,56	3,50	3,44	3,38	3,33	3,28	3,23	3,18	3,14	3,09	3,05	3,01	2,97	2,93	2,86	2,79	2,73	2,67	2,61	**18**
19	4,46	4,35	4,25	4,16	4,07	3,99	3,91	3,84	3,77	3,70	3,63	3,57	3,52	3,47	3,42	3,37	3,32	3,27	3,22	3,18	3,14	3,07	3,00	2,93	2,87	2,81	**19**
20	4,78	4,66	4,55	4,45	4,36	4,27	4,19	4,11	4,03	3,97	3,90	3,84	3,78	3,72	3,67	3,61	3,56	3,51	3,46	3,42	3,38	3,30	3,22	3,15	3,08	3,01	**20**
21	5,10	4,98	4,87	4,76	4,66	4,56	4,47	4,39	4,31	4,23	4,16	4,09	4,03	3,97	3,91	3,86	3,80	3,75	3,70	3,65	3,60	3,52	3,44	3,36	3,29	3,22	**21**
22	5,45	5,31	5,19	5,08	4,97	4,87	4,78	4,69	4,60	4,52	4,44	4,37	4,30	4,24	4,18	4,12	4,06	4,00	3,95	3,90	3,85	3,76	3,67	3,59	3,51	3,53	**22**
23	5,79	5,65	5,51	5,39	5,28	5,17	5,07	4,98	4,89	4,80	4,72	4,64	4,57	4,50	4,43	4,37	4,31	4,25	4,20	4,14	4,09	3,99	3,90	3,81	3,73	3,65	**23**
24	6,15	6,00	5,86	5,73	5,61	5,49	5,39	5,29	5,19	5,10	5,02	4,94	4,86	4,78	4,71	4,65	4,58	4,52	4,46	4,40	4,34	4,24	4,14	4,05	3,96	3,87	**24**
25	6,50	6,35	6,20	6,08	5,94	5,83	5,71	5,61	5,50	5,40	5,31	5,22	5,14	5,06	4,99	4,92	4,85	4,78	4,72	4,66	4,60	4,49	4,38	4,29	4,20	4,11	**25**
26	6,86	6,70	6,55	6,41	6,28	6,15	6,02	5,91	5,80	5,71	5,61	5,52	5,43	5,34	5,26	5,19	5,12	5,05	4,98	4,91	4,85	4,73	4,62	4,52	4,43	4,34	**26**
27	7,25	7,06	6,90	6,75	6,61	6,47	6,35	6,23	6,12	6,01	5,91	5,81	5,72	5,63	5,55	5,47	5,39	5,32	5,25	5,18	5,11	4,99	4,87	4,77	4,67	4,57	**27**
28	7,60	7,42	7,25	7,10	6,94	6,80	6,67	6,55	6,43	6,32	6,21	6,11	6,01	5,92	5,83	5,75	5,67	5,59	5,51	5,44	5,37	5,24	5,12	5,01	4,91	4,81	**28**
29	7,97	7,78	7,60	7,44	7,28	7,13	6,99	6,87	6,74	6,63	6,51	6,41	6,31	6,21	6,11	6,03	5,94	5,86	5,78	5,70	5,63	5,50	5,37	5,25	5,15	5,05	**29**
30	8,33	8,14	7,96	7,79	7,62	7,47	7,32	7,19	7,06	6,94	6,81	6,70	6,60	6,50	6,40	6,31	6,22	6,13	6,05	5,97	5,90	5,76	5,62	5,50	5,39	5,28	**30**
32			8,70	8,52	8,34	8,17	8,01	7,86	7,71	7,58	7,45	7,33	7,22	7,11	7,00	6,90	6,80	6,71	6,62	6,54	6,46	6,30	6,15	6,02	5,90	5,78	**32**
34								8,55	8,39	8,25	8,10	7,97	7,85	7,72	7,60	7,50	7,40	7,30	7,20	7,10	7,01	6,85	6,70	6,55	6,40	6,25	**34**
36												8,66	8,52	8,39	8,27	8,15	8,03	8,02	7,81	7,71	7,61	7,43	7,26	7,10	6,95	6,80	**36**
38																			8,42	8,31	8,21	8,01	7,82	7,65	7,50	7,35	**38**
40																							8,41	8,22	8,05	7,88	**40**

Maximale Stützweiten von I NP. bei 1200 kg/qcm Beanspruchung, 920 kg/qm Gesamtlast und gegebener Trägerentfernung.

I NP.	Trägerentfernung																									I NP.
	1,00	1,05	1,10	1,15	1,20	1,25	1,30	1,35	1,40	1,45	1,50	1,55	1,60	1,65	1,70	1,75	1,80	1,85	1,90	1,95	2,00	2,10	2,20	2,30	2,40	2,50	
12	2,39	2,33	2,28	2,23	2,18	2,14	2,09	2,05	2,02	1,97	1,95	1,92	1,89	1,86	1,83	1,80	1,78	1,75									12
13	2,65	2,58	2,53	2,47	2,42	2,37	2,32	2,28	2,24	2,20	2,16	2,13	2,09	2,06	2,03	2,00	1,97	1,95	1,92	1,90							13
14	2,92	2,85	2,79	2,72	2,67	2,61	2,56	2,51	2,47	2,43	2,39	2,35	2,31	2,28	2,24	2,21	2,18	2,15	2,12	2,09	2,07	2,02					14
15	3,20	3,12	3,05	2,98	2,92	2,86	2,81	2,75	2,70	2,66	2,61	2,57	2,53	2,49	2,45	2,42	2,38	2,35	2,32	2,29	2,26	2,21	2,16	2,11			15
16	3,49	3,41	3,33	3,26	3,19	3,12	3,07	3,02	2,95	2,90	2,85	2,81	2,76	2,72	2,68	2,64	2,61	2,57	2,53	2,50	2,47	2,41	2,36	2,31	2,26	2,21	16
17	3,78	3,69	3,61	3,53	3,46	3,38	3,32	3,26	3,20	3,14	3,09	3,04	2,99	2,95	2,90	2,86	2,82	2,78	2,75	2,71	2,67	2,61	2,55	2,50	2,44	2,39	17
18	4,10	4,00	3,91	3,83	3,75	3,67	3,60	3,53	3,47	3,41	3,35	3,29	3,25	3,19	3,15	3,10	3,06	3,01	2,97	2,94	2,90	2,83	2,76	2,71	2,65	2,59	18
19	4,40	4,30	4,20	4,11	4,03	3,94	3,87	3,79	3,73	3,67	3,60	3,54	3,49	3,43	3,38	3,33	3,29	3,24	3,20	3,16	3,11	3,04	2,97	2,91	2,85	2,79	19
20	4,73	4,62	4,51	4,41	4,32	4,23	4,15	4,07	3,99	3,93	3,86	3,80	3,74	3,68	3,63	3,57	3,52	3,47	3,43	3,39	3,34	3,26	3,19	3,12	3,05	2,99	20
21	5,04	4,93	4,82	4,71	4,61	4,51	4,44	4,35	4,27	4,20	4,12	4,06	4,00	3,93	3,87	3,82	3,77	3,71	3,66	3,62	3,57	3,49	3,40	3,33	3,26	3,19	21
22	5,38	5,26	5,14	5,03	4,92	4,82	4,74	4,64	4,55	4,47	4,40	4,33	4,26	4,20	4,14	4,07	4,02	3,96	3,91	3,86	3,81	3,72	3,63	3,55	3,48	3,41	22
23	5,72	5,58	5,45	5,34	5,22	5,11	5,02	4,92	4,83	4,76	4,67	4,60	4,52	4,46	4,38	4,32	4,27	4,21	4,15	4,10	4,04	3,95	3,85	3,77	3,69	3,62	23
24	6,08	5,93	5,80	5,67	5,56	5,44	5,33	5,23	5,15	5,06	4,96	4,88	4,81	4,73	4,66	4,59	4,53	4,47	4,41	4,35	4,30	4,20	4,10	4,01	3,92	3,84	24
25	6,43	6,28	6,14	6,00	5,88	5,76	5,65	5,55	5,44	5,35	5,26	5,17	5,09	5,02	4,94	4,87	4,80	4,74	4,67	4,61	4,55	4,44	4,34	4,25	4,15	4,07	25
26	6,78	6,63	6,48	6,33	6,21	6,08	5,96	5,85	5,73	5,65	5,55	5,46	5,37	5,28	5,21	5,13	5,07	4,99	4,93	4,87	4,80	4,68	4,58	4,48	4,38	4,29	26
27	7,16	6,98	6,83	6,68	6,54	6,44	6,28	6,16	6,05	5,95	5,84	5,75	5,66	5,57	5,49	5,41	5,34	5,26	5,19	5,13	5,06	4,94	4,82	4,72	4,62	4,52	27
28	7,52	7,34	7,17	7,02	6,87	6,73	6,60	6,48	6,35	6,26	6,15	6,05	5,96	5,87	5,78	5,70	5,62	5,54	5,47	5,39	5,32	5,20	5,08	4,97	4,86	4,76	28
29	7,88	7,69	7,52	7,35	7,20	7,05	6,92	6,78	6,66	6,55	6,43	6,33	6,23	6,14	6,05	5,96	5,88	5,80	5,72	5,65	5,57	5,44	5,31	5,20	5,08	4,98	29
30	8,25	8,07	7,88	7,70	7,55	7,39	7,25	7,10	6,98	6,87	6,74	6,63	6,53	6,43	6,33	6,24	6,16	6,07	5,99	5,92	5,83	5,70	5,56	5,44	5,32	5,22	30
32		8,82	8,62	8,43	8,25	8,08	7,94	7,78	7,63	7,51	7,37	7,26	7,15	7,03	6,93	6,83	6,73	6,64	6,55	6,48	6,39	6,24	6,08	5,96	5,83	5,72	32
34					8,96	8,78	8,62	8,45	8,30	8,15	8,02	7,88	7,77	7,65	7,52	7,42	7,32	7,22	7,12	7,03	6,94	6,77	6,62	6,47	6,34	6,21	34
36										8,86	8,71	8,56	8,43	8,31	8,18	8,06	7,95	7,84	7,73	7,64	7,55	7,36	7,19	7,04			36

Maximale Stützweiten von I NP. bei 1200 kg/qcm Beanspruchung, 940 kg/qm Gesamtlast und gegebener Trägerentfernung.

I NP.	Trägerentfernung 1,00	1,05	1,10	1,15	1,20	1,25	1,30	1,35	1,40	1,45	1,50	1,55	1,60	1,65	1,70	1,75	1,80	1,85	1,90	1,95	2,00	2,10	2,20	2,30	2,40	2,50	I NP.
12	2,36	2,30	2,25	2,20	2,15	2,11	2,07	2,03	1,99	1,96	1,93	1,90	1,87	1,84	1,81	1,78											12
13	2,62	2,56	2,50	2,44	2,39	2,34	2,30	2,25	2,21	2,18	2,14	2,10	2,07	2,04	2,01	1,98	1,95	1,92	1,90								13
14	2,89	2,82	2,76	2,70	2,64	2,58	2,53	2,48	2,44	2,40	2,36	2,32	2,38	2,25	2,22	2,19	2,16	2,13	2,10	2,07	2,04						14
15	3,16	3,08	3,02	2,95	2,89	2,82	2,77	2,72	2,67	2,63	2,58	2,54	2,50	2,46	2,43	2,39	2,36	2,32	2,29	2,26	2,23	2,18					15
16	3,46	3,37	3,30	3,22	3,16	3,09	3,03	2,97	2,92	2,87	2,82	2,78	2,73	2,69	2,65	2,61	2,58	2,54	2,51	2,48	2,45	2,39	2,33				16
17	3,74	3,65	3,57	3,49	3,42	3,34	3,28	3,22	3,16	3,10	3,05	3,00	2,95	2,92	2,87	2,83	2,79	2,75	2,72	2,68	2,65	2,58	2,52	2,46	2,41		17
18	4,06	3,95	3,86	3,78	3,70	3,62	3,56	3,49	3,43	3,37	3,31	3,26	3,20	3,16	3,11	3,07	3,02	2,98	2,94	2,90	2,87	2,80	2,73	2,67	2,62	2,56	18
19	4,36	4,25	4,15	4,06	3,98	3,89	3,82	3,75	3,68	3,62	3,56	3,50	3,44	3,40	3,34	3,30	3,25	3,21	3,16	3,12	3,08	3,01	2,94	2,87	2,81	2,75	19
20	4,68	4,56	4,46	4,36	4,27	4,18	4,10	4,02	3,95	3,88	3,82	3,75	3,69	3,64	3,58	3,54	3,49	3,44	3,39	3,35	3,31	3,23	3,15	3,08	3,02	2,95	20
21	5,00	4,87	4,76	4,65	4,56	4,46	4,38	4,29	4,22	4,15	4,08	4,01	3,94	3,89	3,83	3,78	3,72	3,67	3,62	3,58	3,53	3,45	3,36	3,29	3,22	3,15	21
22	5,33	5,20	5,08	4,97	4,87	4,76	4,67	4,58	4,51	4,42	4,35	4,28	4,21	4,15	4,08	4,03	3,97	3,92	3,86	3,82	3,77	3,68	3,59	3,51	3,44	3,37	22
23	5,66	5,52	5,40	5,27	5,17	5,06	4,97	4,87	4,79	4,70	4,63	4,55	4,47	4,41	4,34	4,28	4,22	4,16	4,10	4,06	4,00	3,91	3,81	3,73	3,65	3,58	23
24	6,01	5,86	5,73	5,60	5,50	5,38	5,28	5,17	5,18	5,00	4,92	4,83	4,75	4,68	4,61	4,55	4,48	4,42	4,36	4,31	4,25	4,15	4,05	3,96	3,88	3,80	24
25	6,37	6,21	6,07	5,93	5,82	5,69	5,59	5,48	5,38	5,28	5,20	5,11	5,03	4,96	4,88	4,81	4,74	4,68	4,62	4,56	4,50	4,40	4,29	4,20	4,12	4,03	25
26	6,72	6,55	6,41	6,26	6,13	6,00	5,90	5,78	5,68	5,58	5,49	5,40	5,31	5,23	5,15	5,08	5,01	4,94	4,88	4,82	4,75	4,64	4,53	4,43	4,34	4,25	26
27	7,09	6,91	6,75	6,60	6,47	6,33	6,22	6,10	5,99	5,88	5,78	5,68	5,59	5,51	5,43	5,36	5,28	5,21	5,14	5,07	5,00	4,89	4,78	4,67	4,57	4,48	27
28	7,45	7,26	7,10	6,95	6,81	6,65	6,53	6,40	6,30	6,19	6,08	5,98	5,88	5,80	5,71	5,63	5,55	5,47	5,40	5,33	5,26	5,14	5,02	4,91	4,81	4,71	28
29	7,80	7,60	7,44	7,26	7,12	6,96	6,84	6,70	6,60	6,48	6,37	6,26	6,16	6,08	5,99	5,90	5,81	5,73	5,66	5,58	5,51	5,39	5,26	5,14	5,03	4,93	29
30	8,18	7,98	7,80	7,62	7,46	7,30	7,18	7,03	6,91	6,79	6,68	6,56	6,46	6,37	6,28	6,19	6,10	6,02	5,94	5,86	5,78	5,65	5,51	5,38	5,27	5,16	30
32		8,73	8,52	8,34	8,21	8,00	7,85	7,70	7,56	7,43	7,31	7,18	7,07	6,97	6,87	6,77	6,67	6,58	6,50	6,41	6,33	6,19	6,03	5,90	5,78	5,65	32
34							8,52	8,35	8,21	8,06	7,94	7,80	7,67	7,57	7,46	7,35	7,25	7,15	7,05	6,96	6,87	6,70	6,54	6,40	6,27	6,14	34
36											8,61	8,47	8,34	8,22	8,10	7,99	7,88	7,76	7,65	7,55	7,46	7,28	7,11	6,96	6,81	6,67	36
38																8,60	8,48	8,37	8,25	8,15	8,05	7,85	7,67	7,50	7,35	7,20	38
40																						8,45	8,25	8,06	7,90	7,74	40
42½																									8,60	8,34	42½

Maximale Stützweiten von I NP. bei 1200 kg/qcm Beanspruchung, 950 kg/qm Gesamtlast und gegebener Trägerentfernung.

I	Trägerentfernung																									I
NP.	1,00	1,05	1,10	1,15	1,20	1,25	1,30	1,35	1,40	1,45	1,50	1,55	1,60	1,65	1,70	1,75	1,80	1,85	1,90	1,95	2,00	2,10	2,20	2,30	2,40	2,50	NP
12	2,35	2,30	2,24	2,19	2,14	2,10	2,06	2,02	1,99	1,95	1,91	1,88	1,86	1,83	1,80	1,77											**12**
13	2,60	2,54	2,48	2,43	2,38	2,33	2,28	2,24	2,20	2,16	2,13	2,09	2,06	2,02	1,99	1,96	1,94	1,91									**13**
14	2,87	2,80	2,74	2,68	2,62	2,57	2,52	2,47	2,43	2,39	2,35	2,31	2,27	2,24	2,21	2,17	2,14	2,11	2,09	2,06	2,03						**14**
15	3,14	3,07	3,00	2,93	2,87	2,81	2,76	2,71	2,66	2,61	2,56	2,52	2,48	2,44	2,41	2,37	2,34	2,31	2,28	2,25	2,22	2,17					**15**
16	3,44	3,36	3,28	3,20	3,13	3,07	3,01	2,95	2,90	2,85	2,80	2,75	2,71	2,67	2,64	2,60	2,56	2,52	2,49	2,46	2,43	2,37	2,31				**16**
17	3,72	3,63	3,55	3,47	3,39	3,33	3,27	3,21	3,14	3,09	3,04	2,99	2,94	2,89	2,85	2,81	2,77	2,73	2,70	2,66	2,63	2,56	2,51	2,47	2,40		**17**
18	4,03	3,93	3,84	3,76	3,68	3,61	3,54	3,47	3,41	3,35	3,29	3,23	3,18	3,13	3,09	3,04	3,00	2,96	2,92	2,88	2,85	2,78	2,71	2,65	2,60	2,55	**18**
19	4,34	4,23	4,13	4,04	3,96	3,88	3,80	3,73	3,66	3,60	3,55	3,48	3,42	3,37	3,32	3,27	3,23	3,18	3,14	3,10	3,06	2,99	2,92	2,86	2,80	2,74	**19**
20	4,65	4,54	4,43	4,33	4,24	4,16	4,08	4,00	3,93	3,86	3,80	3,74	3,68	3,62	3,57	3,51	3,46	3,41	3,37	3,33	3,29	3,21	3,13	3,06	3,00	2,94	**20**
21	4,96	4,84	4,73	4,63	4,53	4,44	4,35	4,27	4,19	4,12	4,05	3,99	3,93	3,87	3,81	3,75	3,70	3,65	3,60	3,55	3,50	3,42	3,34	3,27	3,20	3,14	**21**
22	5,30	5,17	5,05	4,94	4,84	4,74	4,65	4,55	4,47	4,39	4,33	4,25	4,18	4,11	4,06	4,00	3,95	3,89	3,84	3,79	3,75	3,65	3,57	3,50	3,42	3,35	**22**
23	5,63	5,49	5,36	5,24	5,13	5,03	4,94	4,84	4,76	4,68	4,61	4,53	4,45	4,38	4,31	4,25	4,20	4,14	4,08	4,03	3,98	3,88	3,79	3,71	3,63	3,56	**23**
24	5,98	5,84	5,70	5,57	5,46	5,35	5,25	5,15	5,05	4,97	4,88	4,80	4,72	4,65	4,58	4,51	4,45	4,39	4,34	4,28	4,22	4,12	4,03	3,94	3,86	3,78	**24**
25	6,33	6,18	6,03	5,91	5,79	5,62	5,55	5,45	5,35	5,26	5,18	5,09	5,01	4,93	4,85	4,78	4,71	4,65	4,60	4,53	4,47	4,36	4,26	4,17	4,08	4,00	**25**
26	6,68	6,52	6,36	6,23	6,10	5,97	5,85	5,75	5,65	5,55	5,45	5,36	5,28	5,20	5,12	5,04	4,97	4,91	4,85	4,78	4,72	4,61	4,50	4,40	4,31	4,22	**26**
27	7,05	6,87	6,70	6,56	6,43	6,30	6,18	6,06	5,95	5,84	5,75	5,66	5,57	5,48	5,40	5,32	5,25	5,17	5,10	5,03	4,97	4,86	4,75	4,64	4,54	4,45	**27**
28	7,40	7,22	7,05	6,90	6,76	6,62	6,49	6,37	6,25	6,14	6,04	5,94	5,85	5,76	5,67	5,58	5,50	5,43	5,36	5,29	5,23	5,10	4,98	4,87	4,77	4,67	**28**
29	7,76	7,58	7,40	7,23	7,08	6,93	6,80	6,67	6,55	6,44	6,33	6,23	6,14	6,04	5,94	5,86	5,78	5,70	5,62	5,54	5,48	5,35	5,23	5,11	5,00	4,90	**29**
30	8,12	7,93	7,75	7,58	7,42	7,26	7,12	6,99	6,86	6,74	6,63	6,52	6,42	6,32	6,23	6,14	6,05	5,97	5,89	5,81	5,74	5,60	5,47	5,35	5,24	5,13	**30**
32		8,66	8,46	8,28	8,11	7,94	7,79	7,64	7,51	7,38	7,25	7,13	7,02	6,91	6,81	6,71	6,62	6,53	6,45	6,36	6,28	6,13	5,99	5,85	5,73	5,61	**32**
34						8,62	8,45	8,30	8,16	8,02	7,89	7,76	7,64	7,52	7,40	7,29	7,19	7,09	7,00	6,91	6,82	6,65	6,50	6,35	6,22	6,10	**34**
36											8,56	8,42	8,30	8,17	8,05	7,92	7,80	7,70	7,60	7,50	7,41	7,25	7,08	6,91	6,77	6,63	**36**
38																8,53	8,40	8,30	8,20	8,09	8,00	7,79	7,62	7,45	7,30	7,15	**38**
40																						8,38	8,19	8,00	7,83	7,67	**40**

Maximale Stützweiten von I NP. bei 1200 kg/qcm Beanspruchung, 990 kg/qm Gesamtlast und gegebener Trägerentfernung.

I NP.	Trägerentfernung 1,00	1,05	1,10	1,15	1,20	1,25	1,30	1,35	1,40	1,45	1,50	1,55	1,60	1,65	1,70	1,75	1,80	1,85	1,90	1,95	2,00	2,10	2,20	2,30	2,40	2,50	I NP.
12	2,30	2,25	2,20	2,15	2,10	2,06	2,02	1,98	1,95	1,91	1,88	1,85	1,82	1,79	1,77												12
13	2,55	2,49	2,43	2,38	2,33	2,28	2,24	2,20	2,16	2,12	2,08	2,05	2,02	1,99	1,96	1,93	1,90	1,88									13
14	2,82	2,75	2,69	2,63	2,57	2,52	2,47	2,43	2,38	2,34	2,30	2,27	2,23	2,19	2,16	2,13	2,10	2,07	2,04	2,02							14
15	3,08	3,01	2,94	2,88	2,82	2,76	2,70	2,65	2,61	2,56	2,52	2,48	2,44	2,40	2,37	2,33	2,30	2,27	2,24	2,21	2,18	2,13					15
16	3,37	3,29	3,22	3,14	3,08	3,01	2,96	2,90	2,85	2,80	2,75	2,70	2,66	2,62	2,58	2,55	2,51	2,48	2,44	2,41	2,38	2,33	2,27				16
17	3,64	3,56	3,48	3,40	3,33	3,26	3,20	3,14	3,08	3,03	2,98	2,93	2,88	2,84	2,80	2,76	2,72	2,68	2,64	2,61	2,58	2,52	2,46	2,44			17
18	3,95	3,86	3,77	3,69	3,61	3,53	3,46	3,40	3,34	3,28	3,23	3,17	3,12	3,08	3,03	2,99	2,95	2,90	2,86	2,83	2,79	2,73	2,67	2,61	2,55	2,50	18
19	4,25	4,15	4,05	3,97	3,88	3,80	3,72	3,66	3,59	3,53	3,47	3,41	3,36	3,31	3,26	3,22	3,17	3,12	3,08	3,04	3,00	2,93	2,87	2,80	2,74	2,69	19
20	4,55	4,45	4,35	4,25	4,16	4,08	4,00	3,92	3,85	3,78	3,72	3,66	3,60	3,55	3,50	3,45	3,40	3,35	3,30	3,26	3,22	3,14	3,07	3,01	2,94	2,89	20
21	4,87	4,75	4,64	4,54	4,44	4,35	4,27	4,18	4,12	4,04	3,97	3,91	3,84	3,79	3,73	3,68	3,62	3,58	3,53	3,48	3,44	3,36	3,28	3,21	3,14	3,08	21
22	5,20	5,07	4,95	4,85	4,74	4,65	4,55	4,47	4,39	4,31	4,25	4,17	4,10	4,04	3,99	3,93	3,87	3,82	3,77	3,72	3,67	3,58	3,50	3,42	3,35	3,29	22
23	5,52	5,39	5,26	5,15	5,04	4,94	4,84	4,75	4,67	4,58	4,51	4,43	4,37	4,30	4,24	4,18	4,12	4,06	4,00	3,95	3,90	3,81	3,72	3,64	3,56	3,49	23
24	5,86	5,72	5,59	5,47	5,35	5,24	5,14	5,04	4,95	4,86	4,79	4,71	4,63	4,56	4,50	4,43	4,36	4,31	4,25	4,20	4,14	4,05	3,95	3,86	3,78	3,71	24
25	6,20	6,05	5,92	5,78	5,66	5,55	5,44	5,34	5,25	5,15	5,06	4,98	4,90	4,83	4,76	4,69	4,62	4,56	4,50	4,44	4,38	4,28	4,18	4,08	4,00	3,93	25
26	6,55	6,40	6,25	6,11	5,97	5,85	5,74	5,64	5,54	5,44	5,35	5,26	5,18	5,10	5,03	4,95	4,88	4,82	4,75	4,69	4,63	4,52	4,42	4,32	4,23	4,15	26
27	6,90	6,74	6,57	6,44	6,29	6,16	6,04	5,94	5,83	5,72	5,64	5,54	5,45	5,37	5,29	5,22	5,14	5,07	5,00	4,93	4,88	4,76	4,65	4,55	4,45	4,36	27
28	7,24	7,07	6,92	6,76	6,61	6,48	6,35	6,24	6,13	6,01	5,92	5,82	5,72	5,64	5,56	5,48	5,40	5,33	5,25	5,19	5,12	5,00	4,89	4,78	4,68	4,58	28
29	7,60	7,42	7,25	7,09	6,94	6,80	6,66	6,54	6,43	6,30	6,20	6,10	6,00	5,92	5,83	5,75	5,66	5,58	5,51	5,44	5,37	5,24	5,12	5,02	4,91	4,81	29
30	7,96	7,78	7,60	7,43	7,26	7,12	6,98	6,85	6,74	6,61	6,51	6,40	6,29	6,20	6,10	6,02	5,94	5,85	5,77	5,70	5,63	5,50	5,37	5,25	5,14	5,04	30
32	8,70	8,50	8,31	8,13	7,95	7,80	7,64	7,50	7,36	7,23	7,11	7,00	6,88	6,78	6,68	6,58	6,49	6,40	6,31	6,24	6,16	6,02	5,87	5,75	5,62	5,51	32
34					8,63	8,45	8,30	8,14	8,00	7,85	7,72	7,60	7,47	7,37	7,26	7,15	7,05	6,96	6,86	6,77	6,69	6,53	6,38	6,24	6,10	5,99	34
36										8,53	8,40	8,25	8,12	8,00	7,89	7,77	7,66	7,56	7,45	7,35	7,26	7,10	6,93	6,78	6,64	6,50	36
38															8,50	8,37	8,25	8,15	8,03	7,94	7,83	7,65	7,46	7,30	7,15	7,01	38
40																				8,52	8,42	8,21	8,03	7,86	7,69	7,54	40

Maximale Stützweiten von I NP. bei 1200 kg/qcm Beanspruchung, 1000 kg/qm Gesamtlast und gegebener Trägerentfernung.

I	Trägerentfernung																									I
NP.	1,00	1,05	1,10	1,15	1,20	1,25	1,30	1,35	1,40	1,45	1,50	1,55	1,60	1,65	1,70	1,75	1,80	1,85	1,90	1,95	2,00	2,10	2,20	2,30	2,40	2,50	NP.
12	2,29	2,23	2,18	2,13	2,09	2,05	2,01	1,97	1,93	1,90	1,87	1,84	1,81	1,78	1,75												12
13	2,54	2,48	2,42	2,36	2,32	2,27	2,22	2,18	2,14	2,10	2,07	2,03	2,00	1,97	1,94	1,92	1,89										13
14	2,80	2,73	2,67	2,61	2,55	2,51	2,46	2,41	2,37	2,33	2,29	2,25	2,21	2,18	2,15	2,12	2,09	2,06	2,03								14
15	3,07	2,99	2,92	2,85	2,79	2,73	2,68	2,63	2,59	2,54	2,50	2,46	2,42	2,38	2,35	2,31	2,28	2,25	2,22	2,19	2,16						15
16	3,35	3,27	3,19	3,12	3,05	2,99	2,94	2,88	2,83	2,78	2,73	2,69	2,65	2,61	2,57	2,53	2,49	2,46	2,43	2,40	2,37	2,31	2,26				16
17	3,63	3,54	3,46	3,39	3,31	3,24	3,18	3,12	3,06	3,01	2,96	2,91	2,86	2,82	2,78	2,74	2,70	2,66	2,63	2,60	2,57	2,50	2,44	2,39			17
18	3,93	3,84	3,75	3,66	3,58	3,51	3,44	3,38	3,32	3,26	3,21	3,16	3,11	3,06	3,01	2,97	2,93	2,89	2,85	2,81	2,78	2,71	2,65	2,59	2,53		18
19	4,22	4,12	4,03	3,94	3,86	3,78	3,70	3,63	3,57	3,51	3,45	3,39	3,34	3,29	3,24	3,19	3,14	3,10	3,06	3,02	2,99	2,92	2,85	2,78	2,72	2,67	19
20	4,54	4,42	4,32	4,23	4,14	4,06	3,98	3,90	3,83	3,76	3,70	3,64	3,58	3,53	3,48	3,43	3,38	3,33	3,29	3,25	3,21	3,12	3,05	2,99	2,93	2,87	20
21	4,84	4,72	4,61	4,51	4,42	4,33	4,24	4,16	4,09	4,02	3,95	3,89	3,83	3,77	3,71	3,65	3,60	3,55	3,50	3,46	3,42	3,34	3,26	3,18	3,12	3,06	21
22	5,16	5,04	4,92	4,82	4,72	4,62	4,53	4,44	4,37	4,29	4,21	4,14	4,08	4,02	3,96	3,90	3,85	3,80	3,75	3,70	3,65	3,56	3,48	3,40	3,33	3,26	22
23	5,49	5,36	5,23	5,12	5,01	4,91	4,82	4,72	4,64	4,56	4,48	4,41	4,34	4,27	4,21	4,15	4,09	4,03	3,98	3,93	3,88	3,79	3,70	3,62	3,54	3,47	23
24	5,83	5,69	5,55	5,43	5,32	5,21	5,11	5,02	4,93	4,84	4,76	4,68	4,61	4,54	4,47	4,40	4,34	4,28	4,22	4,17	4,12	4,02	3,93	3,84	3,76	3,68	24
25	6,17	6,02	5,88	5,75	5,63	5,52	5,41	5,31	5,22	5,13	5,04	4,96	4,88	4,81	4,73	4,66	4,60	4,53	4,47	4,42	4,37	4,26	4,16	4,07	3,98	3,90	25
26	6,51	6,35	6,21	6,07	5,94	5,82	5,71	5,61	5,50	5,41	5,32	5,23	5,15	5,07	4,99	4,92	4,85	4,78	4,72	4,66	4,61	4,50	4,39	4,30	4,21	4,12	26
27	6,87	6,70	6,55	6,40	6,26	6,14	6,02	5,91	5,80	5,70	5,60	5,51	5,43	5,35	5,26	5,18	5,11	5,04	4,97	4,91	4,86	4,74	4,63	4,53	4,43	4,34	27
28	7,22	7,04	6,87	6,73	6,59	6,45	6,32	6,21	6,10	5,99	5,89	5,80	5,71	5,62	5,53	5,44	5,37	5,30	5,23	5,16	5,10	4,98	4,87	4,76	4,66	4,56	28
29	7,56	7,38	7,21	7,05	6,90	6,76	6,63	6,51	6,39	6,29	6,18	6,08	5,98	5,89	5,80	5,71	5,63	5,55	5,48	5,41	5,35	5,22	5,10	4,99	4,88	4,78	29
30	7,92	7,73	7,55	7,39	7,23	7,09	6,95	6,81	6,69	6,58	6,47	6,36	6,26	6,16	6,06	5,98	5,90	5,82	5,74	5,67	5,60	5,47	5,34	5,22	5,11	5,00	30
32	8,65	8,45	8,26	8,08	7,91	7,75	7,60	7,45	7,33	7,20	7,08	6,96	6,85	6,75	6,65	6,55	6,46	6,37	6,28	6,20	6,13	5,98	5,84	5,71	5,59	5,48	32
34					8,58	8,41	8,25	8,10	7,96	7,82	7,69	7,57	7,45	7,33	7,21	7,11	7,01	6,91	6,82	6,74	6,66	6,50	6,35	6,21	6,08	5,95	34
36									8,65	8,49	8,35	8,22	8,09	7,96	7,84	7,72	7,61	7,51	7,41	7,32	7,24	7,06	6,90	6,74	6,60	6,47	36
38														8,59	8,46	8,33	8,21	8,10	8,00	7,90	7,80	7,60	7,42	7,26	7,11	6,97	38
40																				8,48	8,37	8,17	7,98	7,80	7,64	7,49	40

Bezugsquellen-Verzeichnis

für poröse Deckensteine und Falzziegel verschiedener Systeme.

Hierzu Skizzenblatt, siehe Seite 174.

Königreich und Provinz Sachsen, Thüringen und Anhalt.

Lfd. Nr.	Wohnort resp. Versandstation	Name der Firma	Steinsorten Nr (s. Skizzenbl.)
1	Aue i. Erzgeb.	Lederer & Strobel, Ziegel-, Ton- u. Schamottewerk	1. 2. 3. 4. 9.
2	Bautzen, Hintergasse	Architekt William Kempe	1. 9.
3	Bitterfeld	Friedersdorfer Ziegelwerke, G. m. b. H.	1. 3. 4.
4	Brandis, Bez. Leipzig	Brandiser Tonwerke G. m. b.H.	1. 9.
5	Cöthen (Anh.)	Cöthener Dampfziegelei vorm. Rich. Schliebitz, G. m. b. H.	11.
6	Cöthen (Anh.)	Simon Neuwohner, Dampfziegelei	1. 11.
7	Ebersdorf (Werrabahn)	Ebersdorfer Schamotte- und Tonwerke, G. m. b. H.	24.
8	Eibau (Sachsen)	Schamottewerk Eibau, Otto Hänsel	1. 2. 3. 4. 10.
9	Eisenach (Thür.)	D. Drewes, Maurermeister	1. 2. 3. 4. 9. 10.
10	Gera (Reuß)	A. Dressel, Bauwaren-Großhandlung	17.
11	Gr. Poritsch b. Zittau	Dampfziegelei Gr. Poritsch Ludw. Dehr	1. 3. 4. 9.
12	Guben i. Sa.	Deckensteinfabrik Ferdinand Beitsch, Inh. H. Beitsch	
13	Greppinwerke Kr. Bitterfeld	Greppiner Werke, Dampfziegelei	1. 3. 4.
14	Langenweddingen bei Magdeburg	Walter Heyer, Ziegelei	1. 3. 4. 9. 11.
15	Muldenstein b. Bitterfeld	Muldensteiner Werke, G. m. b. H.	1. 3. 4.

Lfd. Nr.	Wohnort resp. Versandstation	Name der Firma	Steinsorten Nr. (s. Skizzenbl.)
16	Neustadt (i. Sachsen)	Arthur Eyßler, Dampfziegelwerke	11.
17	Rotta b. Kanberg	Rottaer Dampfziegelei u. Tonwerk Grube Gertrud, G. m. b. H.	1. 2. 3. 4. 9.
18	Schweinitz a. Elster	G. P. Jahn, Ziegelei	1. 3. 4. 11.
19	Teuchern (Sachsen)	Chr. Erfurth & Sohn, Ziegelei	1. 9. 18.
20	Wansleben, Bez. Halle	Gewerkschaftl. Mansfeldsche Ziegelei	
21	Wittenberg, Bez. Halle	Gniest-Bergwitzer Braunkohlenwerke A.-G.	
22	Wittenberg, Bez. Halle	Wilhelm Rudolph, Ziegelei	1. 3. 4. 10. 11.

Rheinprovinz, Westfalen, Hessen und Hessen-Nassau.

1	Arenshausen	Falzziegelwerke Joh. Jung	1.
2	Bergkamen (Kr. Hamm)	Bergkamener Tonwerke C. Barenberg	1. 2.
3	Bierstadt b. Wiesbaden	Maschinen-Ziegelei Wilhelm Ritzel	1. 9. 21. 22.
4	Bodenheim a. Rh.	Ziegelei Jakob Albrecht	1. 2. 3. 4. 9.
5	Borghorst i. Westf.	Borghorster Dampfziegelei Dalhoff & Ruck	1. 2. 3. 4. 9. 10.
6	Bottrop	Ziegelei E. Bremer & Cie.	1. 2. 3. 4.
7	Brambauer, Kr. Dortmund	Brambauer Verblendstein- u. Tonwarenfabrik, G. m. b. H.	1. 2. 3. 4.
8	Burgbrohl b. Brühl a. Rh.	Stein- u. Tonindustrie-Ges. Burgbrohl	
9	Calden, Bez. Cassel	Baugesellschaft m. b. H.	13.
10	Cassel, Möncheberg-str. 102.	Aktien-Gesellschaft Mönche-berger Gewerkschaft	1. 13. 19.
11	Cassel, Ottostr. 4 u. 6	Ziegelei Grebe & Hafer	6.
12	Dortmund, Olgastr. 22	Verkaufsstelle der Brambauer Tonwerke, G. m. b. H.	

Lfd Nr.	Wohnort resp. Versandstation	Name der Firma	Steinsorten Nr. (s. Skizzenbl.)
13	Düsseldorf-Eller	Dampfziegelei Gerh. Belles	
14	Eving b. Dortmund	Evinger Tonwerke	
15	Frankfurt a. M.-Bornheim	Ziegelei Gebr. Leihner	
16	Haltern i. Westf.	Ziegelei Janninhoff & Co.	1. 10.
17	Hamm i. Westf.	Ziegelei u. Baugeschäft G. Klute Söhne	1. 3. 4.
18	Hamm i. Westf.	Hammer Dampfziegelei H. Leising	
19	Hangelar b. Beuel	Bonner Verblendstein- u. Tonwarenfabrik A.-G.	1. 2. 3. 4. 5. 9. 17. 21. 22. 27. 28.
20	Heddersdorf b. Hersfeld	Heddersdorfer Dampfziegelei, G. m. b. H.	
21	Hergenrath b. Aachen	Hergenrather Tonwerk, G. m. b. H.	1.
22	Horrem, Bez. Cöln	Rhein. Dampfziegelei Simons	1. 2. 3. 4.
23	Kinzenbach b. Gießen	Dampfziegelei Anton Müller	1. 2. 3. 4. 9. 10. 14.
24	Langendreer i. Westf.	Ziegelei Paul Eichelberg	
25	Lippstadt i. Westf.	Gebr. Timmermann	1.
26	Niederpleis b. Siegburg	Tonwerk Niederpleis, Mauelshagen & Co., G. m. b. H.	
27	Nierstein	Niersteiner Blend- u. Hohlziegelfabrik G. Schneider III	1. 2. 3. 4. 10. 25. 26.
28	Offenbach a. M.	Georg Achen, Baumaterialien en gros	9.
29	Paffrath b. Berg.-Gladbach	Paffrather Ton- u. Chamottewerke G. m. b. H.	1.
30	Ravolzhausen, Stat. der Hanauer Kleinbahn	Ziegelei Ravolzhausen, G. m. b. H.	1. 2. 3. 4. 10. 12.
31	Recklinghausen i. Westf.	Emschertaler Falzziegelwerke, G. m. b. H.	1. 2.

Lfd. Nr.	Wohnort resp. Versandstation	Name der Firma	Steinsorten Nr. (s. Skizzenbl.)
32	Sprendlingen	Dampfziegelei Joh. Schnell IX Wwe. Nachf.	
33	St. Wendel	St. Wendeler Dampfziegelei	1. 2. 3. 4. 10.
34	Totenhausen b. Minden	Dampfziegelei Schmellius, Engelen & Co.	
35	Wöllstein (Rheinhessen)	Ernst Jungk, Dampfziegelei	8.

Posen und Schlesien.

Lfd. Nr.	Wohnort resp. Versandstation	Name der Firma	Steinsorten Nr. (s. Skizzenbl.)
1	Bröthen-Hoyerswerda	Lorenz'sche Dampfziegelei Inh. H. & M. Michel	1. 10.
2	Borganie bei Mettkau	Josef Kleiner, Ton- u. Dachsteinwerke	1. 9.
3	Görlitz	Rob. Kirchner, Baumaterialien-Großhandlung	
4	Graetz (Posen)	W. Gutsche, Baugeschäft	18.
5	Guhrau, Bez. Breslau	Ringofen-Dampfziegelei P. Neumann & Co.	1. 9.
6	Guhrau, Bez. Breslau	R. F. Wandel	1. 2. 3. 4. 9.
7	Herzogswaldau (Schles.)	Dachsteinwerk Weiche	1. 3. 4. 11.
8	Kodersdorf (Schlesien)	Schles. Dachfalzziegel- u. Schamottefabrik A.-G., vorm. A. Dannenberg	1. 3. 4. 9.
9	Krotoschin (Posen)	W. Robinski, Dampfziegelei	1. 2. 3. 4. 9.
10	Leippa, Kr. Rothenburg, O.-L.	Schlesische Tonwerke, G. m. b. H.	1. 2. 3. 4. 9.
11	Liebschütz, Post Neusalz a. Oder	Liebschützer Dampfziegelei, G. m. b. H.	9.
12	Liegnitz (Schles.)	Arthur Werner	1. 2. 3. 4. 9.
13	Lulinko, Post Pamiontkowo (Richtung Kreuz-Posen)	Franz Bartsch, Ziegelei	1. 2. 3. 4. 9. 10. 11.

Lfd. Nr.	Wohnort resp. Versandstation	Name der Firma	Steinsorten Nr (s. Skizzenbl.)
14	Mallmitz (i. Schl.)	Mallmitzer Tonwerke	11.
15	Maltsch a. O.	Alfred Lange	1. 9.
16	Mittel-Bilau b. Haynau (Schles.)	Kunstziegelei Bruno Postpischil, Inh. G. Baum und R. Kaiser	1. 16.
17	Morgenroth	Godulla-Schacht der kons. Paulus-Hohenzollern-Grube	1. 9.
18	Oberlangenöls, Bez. Liegnitz (Schles.)	Elektr. Tonwerke Ober-Langenöls	
19	Olbersdorf	Olbersdorfer Dampfziegelei	1. 9.
20	Grube Theresia b. Muskau (Schlesien)	Ton- und Dampfziegelwerk „Grube Theresia“	1.
21	Paulsdorf b. Zabrze	Richard Geuke, Ziegelwerke	1. 9.
22	Penzig, O.-L.	Albert Getzel Söhne	1. 9.
23	Penzig, O.-L.	Penziger Ziegel- u. Tonwarenfabrik Alfr. Schöpke	
24	Penzig, O.-L.	Elektr. Tonwerke Bruno Zingel	1. 9.
25	Quolsdorf, Post Hähnichen, O.-L.	Georg Ebert	
26	Gewerkschaft Quolsdorf	Braunkohlen- u. Tonwerke	1. 2. 3. 4. 9.
27	Rausse b. Maltsch a. d. Od.	Verblend- u. Dachsteinwerke	1. 2. 3. 4. 9. 10.
28	Reußendorf, Kreis Waldenburg (Schles.)	Verwaltung des Fideikommisses	1. 9.
29	Rudelstädt i. Schles.	Merzdorf-Rudelstädter Dampfziegelei u. Tonwarenfabrik G. m. b. H.	1. 9.
30	Samter (Posen)	Oskar Krause, Neue Dampfziegelei	1. 9.
31	Stradam b. Canth (Schles.)	Stradamer Tonwerke, G. m. b. H.	
32	Schloß Waldenburg (Schles.)	Fürstl. Plessische Bergwerks-Direktion	9.
33	Schwerin a. W. (Posen)	Max Hennig, Ziegeleibesitzer	1. 2. 3. 4. 9. 10

Lfd. Nr.	Wohnort resp. Versandstation	Name der Firma	Steinsorten Nr. (s. Skizzenbl.)
34	Tarnowitz O.-S.	Kotzullasche Dampfziegelei E. Rurainski	1. 9.
35	Tschöpeln, O.-L.	Tschöpelner Werke A.-G.	1. 3. 4. 9. 10.
36	Weißwasser, O.-L.	Willi von Lewinski'sche Werke	

Bayern, Württemberg, Baden und Elsaß-Lothringen.

1	Alpirsbach i. Württbg.	Falzziegelei Alpirsbach	1. 2. 3. 4. 9. 10.
2	Bischberg, Stat. Bamberg	Bamberger Ziegel- u. Tonwerke A.-G.	1. 9.
3	Freiburg i. Baden	Vereinigte Freiburger Ziegelwerke A.-G.	1. 2. 3. 4. 9. 10. 21. 22.
4	Heimenkirch (bayr. Allgäu)	Tonwerke Heimenkirch (Gebr. Karch)	23. 29.
5	Karlsruhe (Baden)	Ziegelei Hermann Walder	
6	Klingenmünster (Pfalz)	Ziegelwerk Klingenmünster	1. 2. 3. 4. 10.
7	Kirchheimbolanden (Pfalz)	Dampfziegelei Kirchheimbolanden A. Curschmann & Cie.	1. 27.
8	Kolbermoor i. Bayern	Tonwerk Kolbermoor	
9	Lochhausen b. München	Kalk- u. Tonwerke Lochhausen	1. 2. 3. 4. 9. 10.
0	Mering b. Augsburg	L. Zelter, Ton- u. Schamottewerke	1.
11	Niederweiler (Lothr.)	Dampfziegelei A.-G. Niederweiler	1. 2. 3. 4. 10.
12	Nürnberg	Weber & Körner, Bau-Unternehmung	1. 9. 21. 22.
13	Oos (Baden)	Ziegelwerke Oos in Oos	6.
14	Regensburg-Kareth	Ver. Neue Münchener Aktien-Ziegelei u. Dachziegelwerke A. Zinstag, A.-G.	1. 5. 28.
15	Rümmingen b. Lörrach	Mech. Ziegeleien Rümmingen u. Lörrach-Stetten, Gebr. Lange	

Lfd. Nr.	Wohnort resp. Versandstation	Name der Firma	Steinsorten Nr. (s. Skizzenbl.)
16	Spardorf, Post Erlangen	Gebr. Schultheiß, Ziegelwarenfabrik	1. 3.
17	Speyer a. Rh.	Rheinische Dampfziegelei, G. m. b. H.	1. 2. 3. 4. 10.
18	Straubing (Bayern)	Dampfziegelwerk und Tonwarenfabrik Hans Dendl	1. 2. 3. 4. 9. 10.
19	Stuttgart	Verkaufsverein süddeutscher Ziegelwerke, G. m. b. H.	5.
20	Windschläg (Baden)	August & Karl Schindler, Ziegelwerke	
21	Zweibrücken (Pfalz)	Vereinigte Zweibrücker Dampfziegelwerke, G. m. b. H.	1. 2. 3. 4. 9.

Hannover, Braunschweig, Brandenburg, Oldenburg, Schleswig-Holstein und Hansa.

1	Alfeld a. Leine	A. Menge, Dampftonwerke	1. 16.
2	Baudach b. Sommerfeld, Bez. Frankfurt a. Oder	Philipp Groß, Ziegelei	
3	Behrenbostel	Ziegelei Schünhoff & Comp., m. b. H.	
4	Berlin SW 47	Großhandlg. Ernst Scheldt	1, 9.
5	Berlin-Wilmersdorf, Berlinerstr. 31	Verkaufsabtlg. d. Tonwerke der Bergwitzer Braunkohlenwerke A.-G. in Dresden	
6	Brunkensen, Bez. Hannover	Hohenbüchener Hilstonwerke e. G. m. b. H.	1. 3. 4. 9. 10.
7	Cabel b. Calau, N.-L.	Niederlausitzer Ton- u. Verblendsteinwerke W. Brüggemann	1. 2. 3. 4.
8	Celle	Ch. Lühmann, Dampfziegelei u. Dachsteinfabrik	
9	Döbern, N.-L.	Hermann Jaeserich, Ziegelei	1. 2. 3. 4. 9. 10.
10	Emden	Uttumer Dampfziegelei J. & E. Smidt	1. 5. 9.
11	Ernestinenhof (Post Adamsdorf)	C. L. Gorkewitz & Co.	1. 9.

Lfd. Nr.	Wohnort resp. Versandstation	Name der Firma	Steinsorten Nr. (s. Skizzenbl.)
12	Freienwalde a. O.	Freienwalder Ratsziegelei J. F. Benekendorff	1. 2. 3. 4.
13	Frankfurt a. O.	Gewerkschaft Kohlmetzwerke	1, 2. 3. 4. 9.
14	Freienwalde a. O.	F. W. Rath, Ziegelei	1. 3. 4.
15	Glasow b. Lippehne, Kr. Soldin	F. Gorkewitz & Co., Ziegelei	1. 9.
16	Gleidingen b. Hannover	Betriebsgesellschaft des Gleidinger Verblendsteinwerkes m. b. H.	
17	Hannover	Bartling, Brodthagen & Co., Dampfziegelei	1. 2. 4.
18	Hann. Münden	Gewerkschaft Steinberg, Braunkohlen- und Tonwerk	1. 9. 12.
19	Helmstedt (Braunschw.)	Ziegelwerke Heinrich Lehrmann	1. 9.
20	Jüterbog, Markt 2	A. Lehmann, Dampfziegelei	
21	Lehrte b. Hannover	A. C. Mundt, Fabrik u. Großhandlung für Baustoffe	6.
22	Lichterfeld, N.-L.	Theresienhütte, Ton- u. Kohlenwerke E. Klingmühl	
23	Mellendorf, Prov. Hannover, Kr. Burgdorf	Mellendorfer Ziegelei	1.
24	Müchenburg (Neumark)	Müchenburger Dampfziegelei u. Tonwerke A. Niermann	1.
25	Packebusch	Reeder & Wapler. Inh. W. Reeder	
26	Rethorn, Post Grüppenbühren i. O.	Rethorner Aktien-Ziegelei	
27	Schniebinchen b. Sommerfeld, Bez. Frankfurt a. O.	Schäfer & Kuleke, Ziegelei	16.
28	Sommerfeld, Bez. Frankfurt a. O.	Ton- u. Dachsteinwerke Oberklinge	
29	Stendal	Robert Uchtenhagen, Ziegeleibesitzer	9.

Lfd. Nr.	Wohnort resp. Versandstation	Name der Firma	Steinsorten Nr. (s. Skizzenbl.)
30	Teichdorf b. Ober-Ullersdorf, N.-L.	Tonwerk Teichdorf, G. m. b.H.	1. 11.
31	Trattendorf-Spremberg, N.-L.	Dampfziegelei E. Gundermann	1. 9.
32	Undersdorf b. Wittenberg	Tonwaren- u. Verblendsteinwerke	
33	Vietz a. Ostbahn	Vereinigte Vier Vietzer Ziegeleien Hermann Strunck	1.
34	Vietz a. Ostbahn, Post Vietzer Schmelze	L. Hartmann Nachf., L. Rothmann	1. 3. 4.
35	Vorwerk bei Lübeck	Hans Herr, Dampziegelei.	1.
36	Wendisch Drehna, N.-L.	Drehnaer Werke, G. m. b. H.	

Pommern, Mecklenburg, Ost- und Westpreußen.

1	Gramtschen b. Thorn (Westpr.)	Gramtschener Ziegelwerke Georg Wolff	
2	Groß-Golmkau, Kreis Dirschau i. Wpr.	Dampfziegelei Groß-Golmkau	1. 9.
3	Klützow i. Pomm.	Jens. K. von Jensen	1. 9.
4	Königsberg i. Pr., Neue Dammstr. 20.	Fritz Cohn, Bauwaren en gros	
5	Marggrabowa, Reg.-Bez. Gumbinnen	Collubier-Dampfziegelwerk, Inh. Joh. Fleischer	11.
6	Parchim Klein-Sien b. Bernitt (Mecklbrg.)	Dampfziegelwerk C. Ebert & Köster, Inh. Carl Ebert	
7	Rostock i. Meckl.	Wahrstorffer Dampfziegelei	20.
8	Schöneck i. Wpr.	H. Basse, Ziegelei	1. 9.
9	Schloß Gerdauen i. Wpr.	Dampfsägewerk, Abt. Ziegelei	1. 9.
10	Schönau, Kreis Schwetz a. d. Weichsel	Johannes Nehlipp, Dampfziegelei	1. 2. 3. 4. 9.
11	Stettin-Stolzenhagen	Dampfziegelwerke Ed. Schwinning	1. 2. 3. 4. 9. 10.
12	Stettin, Friedrich-Carlstraße 8.	Walter Mügge	

Lfd. Nr.	Wohnort resp. Verbandstation	Name der Firma	Steinsorten (s. Skizzenbl.)
13	Thorn i. Wpr. 3, Mellienstraße 129	H. Lüttmann, G. m. b. H.	
14	Vogelsang, Kr. Uckermünde	Vogelsanger Dampfziegelwerke F. Reimer & Co.	
		Westschweiz:	
1	Guin	Tuilerie de Fribourg	1, 5. 21, 22. 23. 27. 29.
2	Lausanne	Tuilerie Barraud, frères	6. 27.
		Ostschweiz:	
1	Heerbrugg	J. Schmidheiny & Cie.	1. 2. 5. 6. 21. 22. 27.
2	Thaingen	Vergt. Ziegelfabriken Thaingen, Hofen & Rickenshausen	6. 9. 17.
3	Emmishofen	Noppel & Gie.	1. 5. 6. 21. 22. 28.
4	Diessenhofen	Mech. Ziegelei A.-G.	1. 5. 6.
5	Zürich	Ziegel A.-G.	1. 5. 6.
6	Langenthal	Ziegel- u. Backsteinfabrik A.-G.	1. 6. 22.
7	Eymatt	Ziegelei Eymatt & Tiefenau A.-G.	28.
8	Pieterlen	Seeländische Ziegelwerke A.-G.	1. 5. 6. 21. 22. 23. 27.
9	Nebikon	A.-G. Ziegel- u. Backsteinfabriken	27.

Bemerkung: Bei größerem Bedarf fertigen die genannten Firmen sämtliche gewünschten Steinarten an.

Schwemmsteine zu Deckenkonstruktionen, welche in folgenden Formaten hergestellt werden, sind durch das „Rheinische Schwemmstein-Syndikat G. m. b. H. in Neuwied a. Rh." als Voll- oder gelochte Steine zu beziehen:

Steinformate:

ca. 9½ — 12 — 25; 7½ — 12 — 25; 6½ — 12 — 25;
ca. 12 — 14 — 25; 12 — 16 — 25; 14 — 16 — 25;
ca. 12 — 14 — 30 cm.

Steinformen zum Bezugsquellen-Verzeichnis, Seite 164—173.

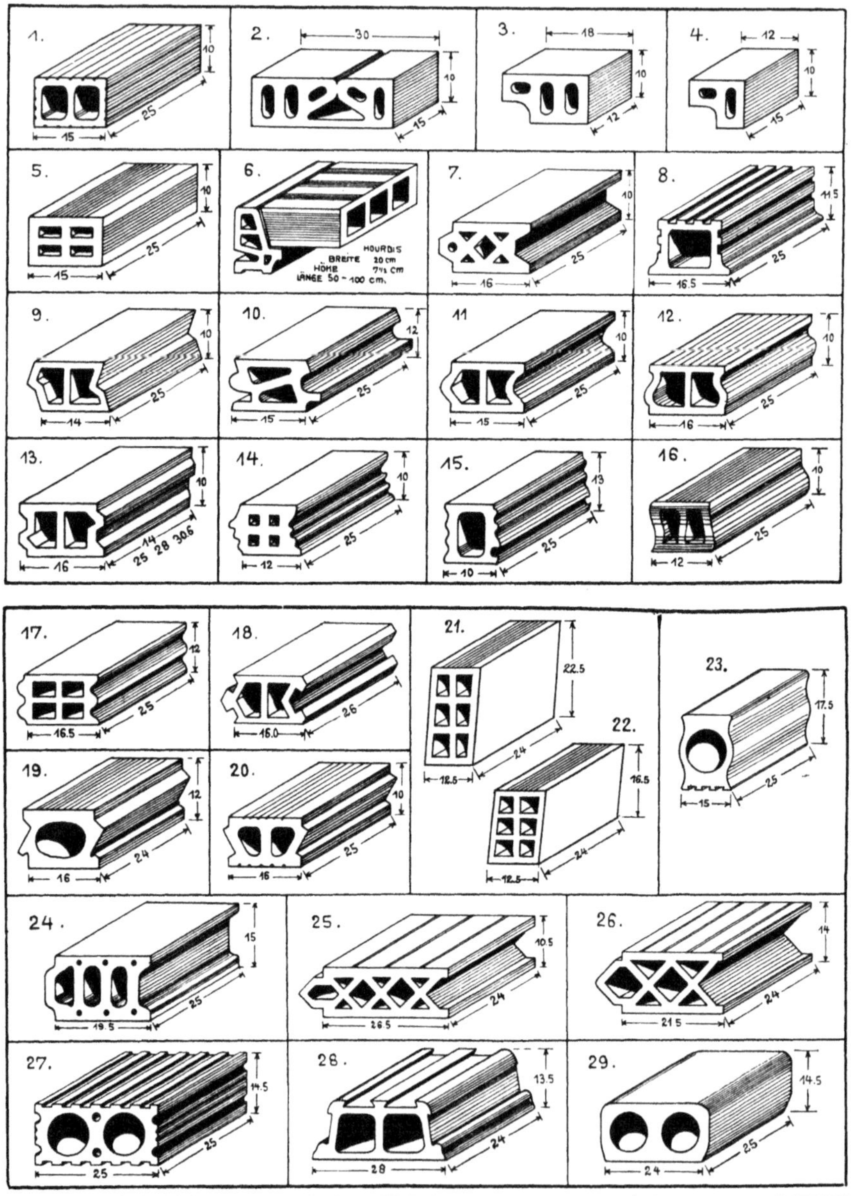

Druck der Königl. Universitätsdruckerei H. Stürtz A. G., Würzburg.

GPSR Compliance

The European Union's (EU) General Product Safety Regulation (GPSR) is a set of rules that requires consumer products to be safe and our obligations to ensure this.

If you have any concerns about our products, you can contact us on ProductSafety@springernature.com

In case Publisher is established outside the EU, the EU authorized representative is:

Springer Nature Customer Service Center GmbH
Europaplatz 3
69115 Heidelberg, Germany

Batch number: 10682323

Printed by Printforce, the Netherlands